すぐわかる化学業界

ケミカルビジネス
情報MAP 2021

化学工業日報社

ひとりの商人、無数の使命

ひとりの商人がいる。そしてそこには、数限りない使命がある。

伊藤忠商事の商人は、たとえあなたが気づかなくても、日々の暮らしのなかにいる。

目の前の喜びから100年後の希望まで、ありとあらゆるものを力強く商っている。

彼らは跳ぶことを恐れない。壁を超え、新しい生活文化をつくる。そして

「その商いは、未来を祝福しているだろうか？」といつも問いつづける。

商人として、人々の明日に貢献したい。なにか大切なものを贈りたい。

商いの先に広がる、生きることの豊かさこそが、本当の利益だと信じているから。

人をしあわせにできるのは、やはり人だと信じているから。

だから今日も全力で挑む。それが、この星の商人の使命。伊藤忠商事。

www.itochu.co.jp/

化学は、人の何になれるだろう。

問う。
創造する。

TOSOH

東ソー株式会社

自然には
つくれない
未来がある。

自然は偉大だ。けれど自然だけでは、できない
こともある。私たち昭和電工は、もっと世界に
驚きや感動を届けるために生まれ変わります。
これまで以上に、みなさまの声に深く耳を傾け、
技術を磨き上げることで「こころ」動かす製品や
サービスを、「社会」をより良い方向へ動かす
ソリューションを提供します。化学の可能性は
無限だ。その可能性をひとつでも多く実現していく。
そのために、まず私たちが自分自身を動かし、一歩を
踏み出します。こころを、社会を、動かす。新しい
昭和電工の舞台の幕開けに、ご期待ください。

KAITEKI Value for Tomorrow

未来を描く。明日が変わる。

未来はどんな姿だろうか。持続可能な未来のためになにができるだろう。

人、社会、地球の心地よさがずっと続いていく、KAITEKIの実現をめざして、

私たちは明日を変えるソリューションをつくり続けたい。はるか先の未来を見つめながら。

www.mitsubishichem-hd.co.jp

株式会社三菱ケミカルホールディングス

MITSUBISHI CHEMICAL　田辺三菱製薬　LSII　日本酸素ホールディングス

TechnoAmenity

～私たちはテクノロジーをもって人と社会に豊かさと快適さを提供します～

紙おむつに使われる高吸水性樹脂。
その保水力を砂漠の緑化に活かすプロジェクトに
取り組んでいます。

クリーンに発電する燃料電池。
その中心部材であるジルコニアシートには、
触媒づくりの技術が活きています。

日本触媒

風雨や紫外線から外装を守る、超耐候性塗料用樹脂。
美しい外観を保つ性能が評価され、
国内で高いシェアを獲得しています。

1970年、他にはない技術でアクリル酸を工業化。
効率のよい触媒は、
世界の有力メーカーに採用されています。

株式会社 日本触媒　大阪本社　〒541-0043 大阪府大阪市中央区高麗橋4-1-1 興銀ビル
東京本社　〒100-0011 東京都千代田区内幸町1-2-2 日比谷ダイビル

写真提供:JAXA
化薬事業

油化事業

化成事業

バイオから宇宙まで。

私たちは、お客様や社会にどう貢献できるかをテーマに、
日々開発に取り組んできました。
その領域は今や、「バイオから宇宙まで」広がっています。

私たちは、これからもさまざまな事業を通じて
暮らしと豊かな未来に「役立つ化学」を届けます。

DDS事業

防錆事業

ライフサイエンス事業

食品事業

☉ 日油 株式会社

本社／東京都渋谷区恵比寿4-20-3(恵比寿ガーデンプレイス19F)　TEL：03-5424-6600　URL：http://www.nof.co.jp
大阪支社／06-6454-6550　名古屋支店／052-551-6261　福岡支店／092-741-5131

究めるを、ずっと。

アスリートは
ナンバーワンを目指し
日々努力を積み重ねています。

安全を究める。
品質向上を究める。
環境保全を究める。
技術を究める。

いままでも、そしてこれからも…
私たち丸善石油化学は
究めることを続けていきます。

Chemiway
丸善石油化学株式会社

社会と分かち合える
価値の創造。

時代のニーズをとらえ、持続的な社会の成長に貢献すること。

それが、私たちの使命です。限りない、技術の挑戦へ。

これからも、化学のチカラで多様なソリューションを提供します。

三菱ガス化学
MITSUBISHI GAS CHEMICAL

**ナケレバ、
ツクレバ。**

夢がなければ ──→ つくればいい。希望がなければ ──→ つくればいい。元気がなければ ──→ つくればいい。どこにもないという理由で、あきらめるクセは、もうやめよう。コドモの頃を思い出そう。無敵のヒーローだって、魔法のお城だって、タイムマシンだって、みんな自分のアタマで、素敵につくりだしてたよね。今ないものを思い描く「発想力」が、クレハの強み。それをカタチにする「技術力」が、クレハの誇り。ナケレバ、ツクレバ。その気持ちを忘れずに、どこにもない今日を、想像もつかない明日を、どんどんつくれば ──→ 未来がもっと好きになる（と、いいね）。

株式会社クレハ 〒103-8552 東京都中央区日本橋浜町3-3-2

東亞合成

化学の オドロキ
未来の トキメキ

これまで誰も見たことがない、モノやコトを生む出す化学のチカラ。
私たちは素材と機能の可能性を追求し、より豊かな環境に変えていく
取組みをこれからも続けてまいります。幸せな未来への夢を乗せて、
あなたのもとへ。

明日の
しあわせに
化ける術。

人知れずこっそり、世界中の"すきま"に潜んでいる。
火薬の力を使って瞬時にエアバッグを膨らませたり、
電子機器の半導体に使われる樹脂をつくったり、
また、人々の健康を守る抗がん剤などの医薬品や
食料の安定供給に欠かせない農薬を提供していたり。
私たちは、技術をしあわせに化けさせる会社です。
現在から未来へ。すきまから世界へ。これからの
暮らしになくてはならない価値を、次々と発想します。

みてね!

世界的すきま発想。

日本化薬

化学が
人のためにできること、
また見つけました。

日産化学では社員みんなで心がけていることがあります。それは体温の
ある化学製品づくり。数式や実験から生まれるものだからこそ、使う人の
うれしい顔を想像してつくるようにしています。それを起点にすると、
発想力が変わります。情報通信、ライフサイエンス、環境エネルギーと
いう未来へ続く化学のフィールドと、常識にとらわれない社員の挑戦が
触れ合うと、どんな化学反応が起きて新しい価値や提案が生まれるのか。
ワクワクします。化学の可能性を信じる会社。私たちは日産化学です。

Nissan Chemical
CORPORATION
日産化学株式会社

未来のための、はじめてをつくる。

はたらきを化学する。

Tomorrow's solutions,today

360°
business
innovation.

三井物産株式会社

©Sakhalin Energy

世界の未来を、世界とつくる。

三井物産。それは、人。
人の意志。人の挑戦。人の創造。
私たちは、一人ひとりが世界に新たな価値を生みだします。
世界中の情報を、発想を、技術を、資源を、国をつなぎ、
あらゆるビジネスを革新します。
これからの時代に、新しい豊かさを生み、
大切な地球とそこに住む人びとの
夢あふれる未来をつくっていきます。

MITSUI & CO.

豊かさって、なんだろう？

誰かの笑顔で、
心が満たされること。
必要なひとに、
必要なものが届くこと。
自然とともに、
ずっと暮らしがつづくこと。

いま、世界じゅうのみんなが夢を描いて、
いつか、その夢が叶うということ。

目の前のことも、世界のことも。
今日のことも、未来のことも。
考えて、考えて、考えながら、
歩みつづける。

Enriching lives and the world

 住友商事　100th ANNIVERSARY SINCE 1919

とがった丸になれ、丸紅。

Global crossvalue platform

Marubeni

これまでの正解を並べても、
これからの世界には通用しない。
社会やビジネスの課題を先取りし、
ソリューションを創出できる
企業で在り続けるために
丸紅は自己変革に取り組みます。

幅広い事業資源を持ちながらも、
縦割りの発想にしばられてきた総合商社の
ビジネスモデルを一新し、事業間、社内外、
国境、あらゆる障壁を突き破って
タテの進化とヨコの拡張、価値と価値の融合で
新たな変化を生みだします。

無限の可能性を秘めたその舞台を
「グローバル クロスバリュー プラットフォーム」
と名づけました。ひとり一人の夢と夢、志と志、
さまざまなものを縦横無尽にクロスさせ、
時代が求めるソリューションを
旧態や常識を超えた自由な発想で。

「丸は丸、とがった丸など存在しない」
そんな既成概念を覆せ。
さあ世界が見たことのない答え、
◯を見せようじゃないか。

発想 × *sojitz*

ハッソウジツ。
それは、発想を実現する会社。

疑問と向き合うことで
新しいアイデアをつくり出す。
それをカタチにすることで、
ビジネスを切り拓き、
この世界の明日を変えてゆく。

さあ、次の発想はなんだろう?

発想を実現する双日。

Hassojitz

sojit

New way, New val

心を動かす商いは、人がつくっている。

どんなに技術が進歩しても、人にしかつくれないものがある。稲畑産業の商いも、その一つ。私たちは、化学系商社として情報電子・化学品・生活産業・合成樹脂など、多岐に渡る事業を世界中で展開しています。私たちの商いの要となっているのは、人の力。お客様のパートナーとして、ともに可能性を追い求める。創業から130年の間、人が人を想う力を信じて、商いを紡いできました。これからも、未来へつなげていくために。稲畑産業は、歩みつづけます。

それ、稲畑が、つなげます。

IK 稲畑産業株式会社

https://www.inabata.co.jp/　　証券コード 8098

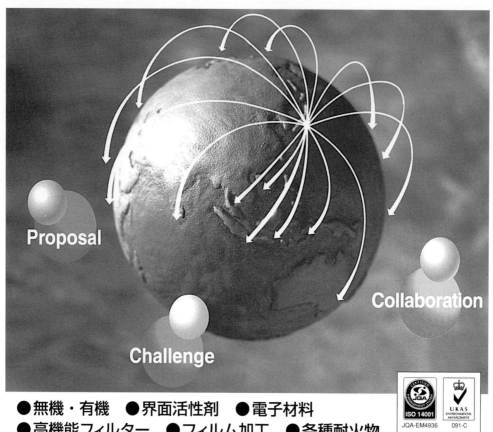

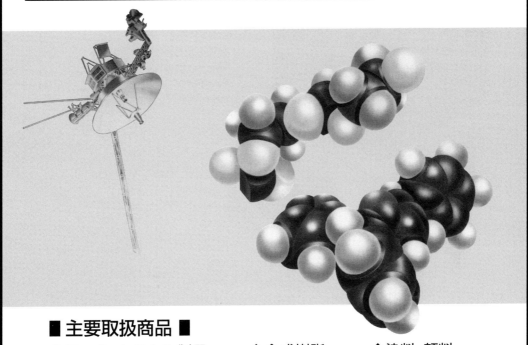

化学でつくろう
明るい未来

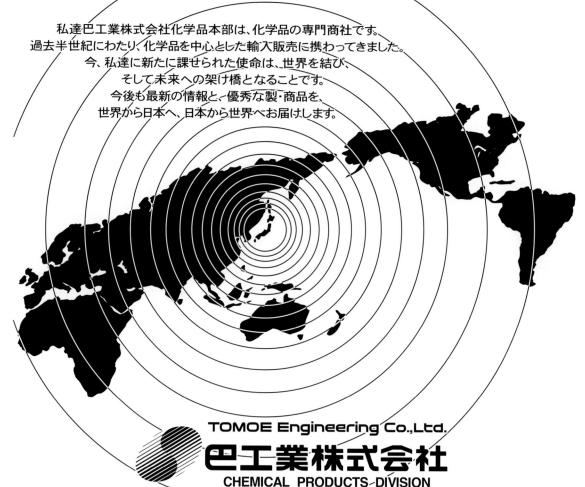

は　じ　め　に

　これまで「化学」は産業の発展を下支えする"黒子"として貢献してきました。環境汚染、食糧危機、世界的な人口増加、化石資源の枯渇、温暖化などの気候変動、食料や水資源の偏在、高齢化社会の到来など、私たちを取り巻く様々な問題を解決するには、化学の役割はこれまで以上に大きくなっています。また、社会基盤を支える化学技術は一見、化学と関係がなさそうなものにも応用され、安全で快適な社会にとってますます重要になっています。こうした状況にあって、化学業界に関連する情報をすばやく、的確に入手し、ビジネスに活用していくことは、あらゆる産業に関わる方々にとってきわめて重要なことといえます。本書は、化学業界の動向をコンパクトにご理解いただけるよう、様々な工夫を凝らして編集しました。

　「第1部　化学産業の概要」では、化学産業の位置づけを俯瞰し、化学品規制の法律と近年の安全の取り組みや化学産業全体の最新状況をまとめました。「第2部　分野別化学産業」では、基礎原料から汎用品、製品材料、最終製品までをそれぞれ体系的に解説し、サプライチェーンの流れが理解できるよう努めました。各項目は、需給動向、生産能力、品目別の流れなどを図表で示し、立体的に把握することができます。続く「第3部　主な化学企業・団体」では日本および世界の化学企業売上高ランキングを収載するとともに、国内主要企業および団体などの情報をまとめました。「第4部　化学産業の情報収集」では、法令、統計、化学物質情報、災害情報などのデータベース、さらに関連図書館や博物館などに加えて、スキルアップを目指す際に取得しておきたい資格を紹介しています。

　食糧の増産を可能にした農薬や化学肥料、日用品から工業製品まであらゆる分野に浸透したプラスチック、情報電子技術の進歩を支えた半導体・エレクトロニクス、健康を支える医薬品など、化学産業はいつの時代も技術の力で新しい価値を創造しながら発展し、世の中に貢献してきました。ビッグデータの活用や5Gといった情報通信技術の進歩を背景に第4次産業革命ともいうべき大転換期に差し掛かっている一方で、地球温暖化や海洋プラスチック問題など、喫緊の課題もあります。このような歴史的な局面において、社会が必要とするソリューションを提供する産業として、化学産業にはこれまで以上の貢献が期待されています。

　化学および関連産業に従事される企業の方々をはじめ、これからの化学産業を担う新入社員の方々に本書をご活用いただき、日頃のビジネスや勉強、研究にお役立ていただければ幸いです。

2020年11月

化学工業日報社

目　　次

第3部　主な化学企業・団体

第4部　化学産業の情報収集

┌─ コ ラ ム ─────────────────────────────────┐

└──────────────────────────────────────┘

第**1**部

化学産業の
概要

1. 化学産業とは

化学産業は一言で定義するのが難しい産業です。製品や用途が多岐にわたるため、解釈によって定義を拡大できるからです。本書では便宜上、日本標準産業分類（日本の統計の基本）の大分類【E.製造業】のなかの中分類【16.化学工業】、【18.プラスチック製品製造業】、【19.ゴム製品製造業】の3つを合わせて「化学産業」と定義します。このなかには別産業とみなされることの多い「医薬品工業」も含みます。

化学産業は石油や天然ガス、石炭を原料として、合成樹脂（プラスチック）や合成繊維、合成ゴム、塗料、接着剤、化粧品など幅広い分野の製品を生み出しており、衣食住に加えて、自動車、エレクトロニクス、航空・宇宙、環境など私たちの生活と密接な関わりを持っています。

また、化学産業は自然科学の1つである化学と密接な関係を保っており、基礎原料から最終製品まで広範な製品で構成されています（第2部参照）。

製品を、そのユーザーにより区分すると、企業により原料として使用される製品（中間財＝素材）と、消費者により使用される製品（最終財＝消費製品）に分けられます。化学産業の製品は、①基礎化学品（石油化学品、ソーダ、樹脂原料など）、②汎用化学品（汎用樹脂、合成繊維、合成ゴムなど）、③機能性化学品（電子材料など）、④消費製品（化粧品、家庭用雑貨・消耗品、家庭用医薬品など）に区分されます。前三者はいずれも他の企業で原料・材料として使用されます。化学産業は消費者向けの成形品・最終製品よりも中間財（一次製品）が多く、産業内取引（B to B）の割合が大きい産業で、そのほとんどが化学産業内で消費されます。大手化学企業のほとんどは素材産業であり、消費製品を主力と

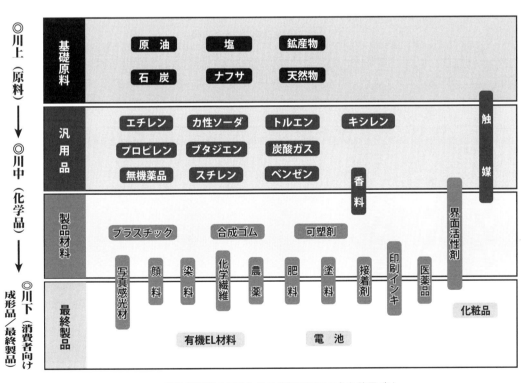

◎化学工業の原料から最終製品までの主な位置づけ

◎化学工業の付加価値額、出荷額、従業員数、研究費（2017年）

	付加価値額 （10億円）	出荷額 （10億円）	従業員数 （人）	研究費 （10億円）
広義の化学工業	17,332 （16.7%；2位）	44,335 （13.9%；2位）	917,296 （11.9%；3位）	2,675 （22.3%；2位）
【広義の内訳】 ◎化学工業 ＋ ◎プラスチック製品 ◎ゴム製品	計：17,332〔100%〕 ※化学工業 11,473〔66.2%〕 プラスチック製品 4,524〔26.1%〕 ゴム製品 1,335〔7.7%〕	計：44,345〔100%〕 ※化学工業 28,724〔64.8%〕 プラスチック製品 12,443〔28.1%〕 ゴム製品 3,168〔7.1%〕	計：917,296〔100%〕 ※化学工業 366,260〔39.9%〕 プラスチック製品 435,564〔47.5%〕 ゴム製品 115,472〔12.6%〕	計：2,675〔100%〕 ※化学工業 2,318〔19.3%〕 〔うち医薬品1,465〕 プラスチック製品 196〔1.6%〕 ゴム製品 162〔1.3%〕
（参考） 他産業	輸送用機械器具 18,767 （18.1%；1位） 食料品 10,026 （9.7%；3位）	輸送用機械器具 68,263 （21.4%；1位） 食料品 29,056 （9.1%；3位）	食料品 1,138,973 （14.8%；1位） 輸送用機械器具 1,083,760 （14.1%；2位）	輸送用機械器具 3,065 （25.6%；1位） 情報通信機械器具 1,338 （11.2%；3位）
製造業合計	103,535（100%）	302,036（100%）	7,697,321（100%）	11,982（100%）

〔注〕（ ）は全製造業における順位と割合。
　　　付加価値＝生産額－原材料使用料等－製品出荷額に含まれる国内消費税等－減価償却費
　　資料：経済産業省『工業統計表　産業編』、総務省『科学技術研究調査』

◎製造業の業種別出荷額の推移

（単位：10億円）

業　種	2015年	2016年	2017年	構成比率（%）
化　学　工　業	28,622	27,250	28,724	9.0
プラスチック製品	11,767	11,764	12,443	3.9
ゴ　ム　製　品	3,499	3,113	3,168	1.0
広義の化学工業合計	43,889	42,127	44,335	13.9
食　　料　　品	28,102	28,426	29,056	9.1
石油製品・石炭製品	14,555	11,580	13,287	4.2
鉄　　　　　鋼	17,842	15,669	17,687	5.5
非　鉄　金　属	9,680	8,889	9,763	3.0
金　属　製　品	14,306	14,399	15,199	4.8
汎用機械器具	10,823	11,125	11,780	3.7
生産用機械器具	17,837	18,107	20,521	6.4
業務用機械器具	7,311	7,130	6,927	2.2
電気機械器具	17,366	16,388	17,259	5.4
情報通信機械器具	8,652	6,755	15,930	5.0
電子部品・デバイス・電子回路	14,788	14,532	6,707	2.1
輸送用機械器具	64,654	64,991	68,263	21.4
そ　の　他	39,259	3,844	4,156	1.3
製　造　業　合　計	313,129	302,036	319,167	100.0

〔注〕従業者4人以上の事業所
　　資料：経済産業省『工業統計表　産業編』

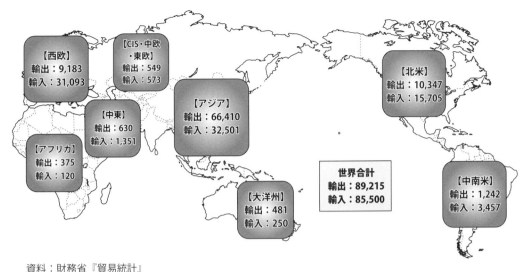

【西欧】
輸出：9,183
輸入：31,093

【CIS・中欧・東欧】
輸出：549
輸入：573

【中東】
輸出：630
輸入：1,351

【アフリカ】
輸出：375
輸入：120

【アジア】
輸出：66,410
輸入：32,501

【大洋州】
輸出：481
輸入：250

世界合計
輸出：89,215
輸入：85,500

【北米】
輸出：10,347
輸入：15,705

【中南米】
輸出：1,242
輸入：3,457

資料：財務省『貿易統計』
◎化学製品の地域別輸出入額（2018年）（単位：億円）

する大手企業は少数です。普段の生活で化学産業の存在を実感することがあまりないのは、このためです。

　化学産業の最大の特徴は1人当たりの付加価値生産性が非常に高いところにあります。2017年における年間の付加価値額は17兆円を超え、製造業全体の16.7％（第2位）を占めます（第1位は輸送用機械器具）。広義の化学工業の出荷額は44兆円超で、製造業全体の13.9％（第2位）です（第1位は輸送用機械器具）。就業者数は91万人超で全製造業の11.9％を占め、食料品、輸送用機械器具に次ぐ規模です。

　さきほど化学産業の特徴として付加価値生産性の高さを取り上げましたが、これを支えるのが高水準の研究開発投資です。開発費は年間2兆6,000億円に上り、製造業全体の22.3％（第2位）にのぼり、日本の「研究開発型の」基幹工業といえます（第1位は輸送用機械器具）。2017年度の売上に対する研究費の比率は、化学工業は6％となっています。輸出入額を見てみますと、化学製品の貿易収支（輸出額－輸入額）は、2018年は約3,715億円の黒字で推移しています。地域別にみると、アジアへの輸出が群を抜いています。

2．化学品管理の取り組み

　「化学品は安全か？」と問われたときに「イエス」と答えられるのは、化学品を正しく管理・使用しているときに限られます。化学品を研究したり、現場で取り扱ったりする人は、常にそのことを意識しなければなりません。では、どうすれば安全を確保できるでしょうか。

　まずは化学品規制に基づいて取り扱うことです。化学品は法律で取り扱いが規定され、対象となる物質も法律で指定されます。日本における化学品規制は、「人が身近な製品などを経由して摂取する化学物質の規制（製造・用途面からアプローチ＝労働安全衛生法、農薬取締法、食品衛生法、薬事法、毒物及び劇物取締法など）」と、「人が環境経由で影響を受ける化学物質の規制（環境面からアプローチ＝化学物質審査規制法、化学物質排出把握管理促進法、大気汚染防止法など）」に大別されます。このほかに、化学品を危険物として規制する消防法、貯蔵・輸出に関する船舶法や航空法などがあります。

　化学品規制法のうち代表的なのが、1973年

10月16日に公布された化学物質審査規制法（化審法）です。「人の健康を損なうおそれ又は動植物の生息若しくは生育に支障を及ぼすおそれがある化学物質による環境の汚染を防止するため、新規の化学物質の製造又は輸入に際し事前にその化学物質の性状に関して審査する制度を設けるとともに、その有する性状等に応じ、化学物質の製造、輸入、使用等について必要な規制を行うこと」を目的とします。

化審法では以下のように物質を分類しており、その分類に応じて製造、販売、使用を規制します。

[第一種特定化学物質]

難分解性かつ高蓄積性を示し、人や高次捕食動物への長期毒性を示す化学物質。製造・輸入は許可制で、必要不可欠用途以外の製造・輸入は禁止。2020年10月現在、33物質。

[第二種特定化学物質]

人や生活環境動植物への長期毒性を示す化学物質。製造・輸入（予定及び実績）数量、用途等の届出、環境汚染の状況によっては、製造予定数量等の変更が必要。2020年10月現在、23物質。

[優先評価化学物質]

人又は生活環境動植物への長期毒性のリスクが疑われており優先的に評価する必要がある化学物質。製造・輸入実績数量・詳細用途別出荷量等の届出が必要。情報伝達の努力義務あり。2011年4月の改正にともない新設された分類。2020年4月現在、226物質。

[監視化学物質]

難分解性かつ高蓄積性を示すが、人又は高次捕食動物に対する長期毒性が不明な化学物質。製造・輸入実績数量、詳細用途等の届出が必要。情報伝達の努力義務あり。2020年10月現在、38物質。

[一般化学物質]

既存化学物質名簿のうち、上記の化学物質を除いたもの。製造・輸入実績数量、用途等の届出が必要。

[新規化学物質]

白公示化学物質、第一種特定化学物質・第二種特定化学物質・監視化学物質・優先評価化学物質、既存化学物質名簿収載化学物質を除いた化学物質。

近年の国際的な化学物質管理の動きは、1992

資料：経済産業省作成資料より

◎日本における化学品管理に係わる主な法規制体系

◎日本の主な化学品規制法

法 令 名	担 当 省 庁	制 定 年	概　　　要
化学物質審査規制法	厚生労働省、経済産業省、環境省	昭和48年（1973年）	新規化学物質の上市前届出、申出、登録、危険有害性情報の提供など
労働安全衛生法	厚生労働省	昭和47年（1972年）	化学物質の上市前届出、ラベルおよびSDSによる危険有害性の通知
化学物質管理促進法	経済産業省、環境省	平成11年（1999年）	対象化学物質の表示、SDS提供、排出量の届出
有害家庭用品規制法	厚生労働省	昭和48年（1973年）	上市前製品の検査、審査、監視、回収、品質管理など
毒物劇物取締法	厚生労働省	昭和25年（1950年）	毒物、劇物の登録、容器包装表示、SDS、取り扱い注意
農 薬 取 締 法	農林水産省、環境省	昭和23年（1948年）	新規農薬の登録、SDSとラベルの表示
食 品 衛 生 法	厚生労働省（表示に関してのみ消費者庁）	昭和22年（1947年）	飲食により生ずる危害発生の防止
医薬品医療機器等法［旧 薬事法］	厚生労働省	平成26年（2014年）［昭和35年（1960年）］	医薬品、医薬部外品、化粧品、医療機器及び再生医療等製品の運用
建 築 基 準 法	国土交通省	昭和25年（1950年）	建築物に対する基準など
オゾン層保護法	経済産業省、環境省	昭和63年（1988年）	オゾン層の保護
大気汚染防止法	環境省	昭和43年（1968年）	大気汚染の防止
水質汚濁防止法	環境省	昭和45年（1970年）	公共用水域の水質汚濁の防止
土壌汚染対策法	環境省	平成14年（2002年）	土壌汚染の防止、人の健康被害の防止
廃棄物処理法等	環境省	昭和45年（1970年）	廃棄物の抑制と適正な処理、生活環境の保全と公衆衛生の向上
化学兵器禁止法	経済産業省	平成 7 年（1995年）	化学兵器の製造等の禁止・特定物質の製造等の規制
家庭用品品質表示法	消費者庁	昭和37年（1962年）	分類と表示
高圧ガス保安法	経済産業省	昭和26年（1951年）	表示とプラントなどの安全基準順守
消 防 法	総務省	昭和23年（1948年）	消防法分類、プラントなどの安全基準順守、表示
火薬類取締法	経済産業省	昭和25年（1950年）	火薬類の分類、登録、容器包装、表示
肥 料 取 締 法	農林水産省	昭和25年（1950年）	新規肥料の登録、SDSの提供
航空機爆発物輸送告示	国土交通省	昭和58年（1983年）	航空機で危険物を輸送する際にラベル表示等の実施
船 舶 安 全 法	国土交通省	昭和 8 年（1933年）	危険物を海運する際にIMDGコードの適用およびSDS・ラベル表示を実施

年の地球サミットでまとめられた環境と開発に関する行動計画「アジェンダ21」までさかのぼります。次いで2002年にWSSD（持続可能な開発に関する世界首脳会議）において「2020年までに、すべての化学物質を人の健康や環境への影響を最小化する方法で生産・利用する」という目標が合意され、その後、戦略・行動計画であるSAICM（国際的な化学物質管理に関する戦略的アプローチ）が採択されました。近年、日本、EU、米国は化審法やREACH、TSCAといった法規制の整備・見直しを進めており、中国、韓国、台湾も対応を急いでいます。今後、この動きはASEAN（東南アジア諸国連合）を含め全世界に波及していくとみられます。

現在の規制の底流には、化学物質を正しく管理・運営することでリスクを回避しつつ、そのメリットを享受しようという考えがあり、ハザードベースの管理からリスクベースの管理へと転換が進んでいます。たとえハザードが高くとも曝露量を小さくすればリスクは小さくできますし、逆にハザードが低くとも曝露量が大きければリスクは増大します。

化学物質は製造から貯蔵、使用、廃棄、リサイクルまで、すべての工程に関連し、サプライチェーン全体に広がっています。リスクアセスメントの実施は自社のリスク把握のみならず、

●化審法の歩み

1973年に制定された化審法は、一般工業化学物質の事前審査制度としては世界で最初のものです。制定後45年以上を経た化審法は、これまでに4回の大改正が行われています。ここでは制定から現在までの流れを簡単に紹介します。

（1）1973年制定

ポリ塩化ビフェニル（PCB）による環境汚染などをきっかけに制定されました。新規化学物質の事前審査制度が設けられるとともに、PCB類似の化学物質（難分解性、高蓄積性、長期毒性を有する物質）を特定化学物質（現　第一種特定化学物質）として規制されました。

（2）1986年改正

生物濃縮性は低いものの難分解性・長期毒性を有し、継続して摂取されると有害な物質（トリクロロエチレンなど）についても規制されることになり、指定化学物質（現　第二種監視化学物質）および第二種特定化学物質の制度が導入されました。

（3）2003年改正

動植物への影響に着目した審査・規制制度、や環境中への放出可能性を考慮した審査制度が導入されました。また、難分解性・高蓄積性を有する既存化学物質を第一種監視化学物質として指定されました。さらに環境中の放出可能性に着目した審査制度が導入されたほか、事業者が入手した有害性情報の報告が義務付けられました。

（4）2009年改正

WSSD（2002年）の取り決めを受けて、従来のハザードベースの評価から、曝露の要素を取り入れたリスクベースの評価へと転換しました。具体的には、既存化学物質を含むすべての化学物質について、一定数量以上を製造・輸入した事業者に、その数量等の届出が義務付けられました。上記届出をもとに、詳細な安全性評価の対象とすべき化学物質が優先評価化学物質として指定されます。また、ストックホルム条約との整合性を図るため、一部の規制が緩和され、厳格な管理のもとでエッセンシャルユースが認められるようになりました。

（5）2017年改正

審査特例制度（少量新規、低生産量新規）において、従来は全国数量上限が決められていましたが、これが環境排出量換算（製造量・輸入量と用途別の排出係数より求める）に改められました。従来は、数量上限を守るために国による数量調整が行われ、事業者のビジネス機会を制限する恐れがありましたが、改正により規制が緩和されました。また、新規化学物質のうち毒性が強いものについて、新たに特定一般化学物質が設定され、不用意な環境排出を防止する規制が設けられることになりました。

参考文献
北野大編著（2017）「なぜ」に答える　化学物質審査規制法のすべて、化学工業日報社

取引先に対する信頼性・付加価値向上にもつながります。

　化学物質の適正な管理を進めるため、2016年4月に製品含有化学物質の新たな情報伝達スキーム「ｃｈｅｍＳＨＥＲＰＡ（ケムシェルパ）」がスタートし、サプライチェーンを通じた情報の共有化が進むことが期待されています。同年6月には改正労働安全衛生法が施行され、化学物質のリスクアセスメント義務化やラベル表示対象の拡大など規制が強化されています。しかし周知不足は否めません。化学物質を取り扱う現場は化学関連産業に限らず、食品製造、機械・器具製造、建設関連、商社、物流、病院、学校など多岐にわたります。義務化されたことをまだ知らない事業者も数多く、500万社にも及ぶとされる対象事業者にどう周知するかが大きな課題となっています。

3．安全への取り組み

　日本のエチレンプラントの約6割は稼働40年以上を迎え、2025年には8割に達すると予測されています。また現場の技術者の高年齢化が進み、石油精製事業所における年齢構成は50歳以上が3割を占め、ノウハウの伝承や人材育成が課題とされます。一方で石油化学の国際競争は激化し、製品のライフサイクルが短期化したことで設備を常に稼働させなければならず、機動的な設備検査や改修が難しい状況にあります。こうした状況を背景に近年、化学プラントの事故が相次いでいます。事故による被害はもちろんのこと、サプライチェーン全体へ影響が及んでしまうことから、プラントでの安全対策は企業にとって最重要課題といえます。

　化学プラントの安全確保においては法令を順守した対策だけでは不十分で、自主管理が重要です。自主管理による安全確保に必要なのがリスクマネジメントです。プラントのどこにどの程度の危険性があるのかをしっかりと把握し対策をとることが重要です。また、プラントで働く人たちの間で安全に関する意識が定着していなければいけません。こうした意識のことを安全文化といい、企業の安全活動のベースとなります。具体的には、組織統率、学習伝承、作業管理、相互理解、積極関与、資産管理、危険認識、動機付けの8項目を強化することが安全文化を創り出すもとになります。

　安全文化は日本のプロセス産業の安全を支えてきた強みでした。しかし、プラントを熟知する団塊世代が引退しプラントの新設も少なくなったことで、若手がプロセスへの理解を深める機会が減少してしまいました。相次ぐ化学プラント事故の直接的な引き金は緊急装置誤作動や用役トラブル、非定常作業ですが、現場の安全意識や危険感性が低下したこと（安全文化の低下）も直接的な要因として考えられます。

　安全の意識、知識、技術、技能が弱体化する一方で、企業の海外展開や社会におけるコンピューター利用が進展するなど新たな課題も浮上しています。

　こうした社会変化、新たな動きに対応すべく2016年夏に安全工学グループが発足しました。安全工学会、保安力向上センター、総合安全工学研究所、災害情報センター、リスクセンス研究会の5機関が連携し、従来以上に広い視野に立った安全活動の創造を目指しています。安全は工学、社会学、心理学など様々な学問分野にまたがるだけに、広い視野が求められます。これまでそれぞれに安全工学の研究や普及、教育体系の構築、産業界の安全レベル評価と強化のための情報提供などを担ってきましたが、グループ化によって相互連携・補完が進み、効果的で効率的な保安活動につながると期待されます。まず注目されるのが従来になかった安全の相談窓口機能です。安全に関する相談は窓口が分からず躊躇しやすいものでしたが、間口が広がることで多種多様な問い合わせへの対応が期

待されます。

　事故リスクを抑制するため、IoTやビッグデータなどを活用した産業保安のスマート化も進められています。配管外部を走行するロボットが腐食箇所を自動的に把握し、プラント内の運転データの相関性から早期に異常を検知する、ビッグデータから設備の腐食や事故を予測するといった取り組みがみられます。

　こうした状況を踏まえ、自主保安の高度化を促進するため、経済産業省は産業保安のスマート化の検討に着手し、2017年度から新たな認証事業所制度をスタートしました。IoTやビッグデータの活用を進め、自主的に保安の高度化に取り組む事業所を「スーパー認定事業所」と認定するものです。付与されるインセンティブ（保安検査猶予期間の拡大、許可不要範囲の拡大）を活用すれば、設備を停止して実施する検査の回数が減り、機会損失を少なくすることで生産性が向上するという効果が生まれます。日本には高経年設備が多く、コスト面から新設は考えづらいものの、これを逆に膨大な保安データが蓄積されているとプラスに捉えることもできます。スマート保安で世界の先頭を走るのも決して不可能ではありません。

4．2019年の化学産業まとめ

　化学産業は大きな転換点を迎えています。金属、繊維など異業種との垣根を越えた製品開発によって革新的な高機能マテリアルを生み出す動きが加速しており、素材供給にとどまらないサービスやソリューションの提供、一般消費者に商品やサービスを売り込むBtoC系事業の拡充など、ビジネスモデル転換の動きも急激に進んでいます。こうした取り組みを日本経済の新たな成長に結び付けるためにも、未来の化学産業の姿を、より具体的かつ魅力に溢れたものとして打ち出す必要がありそうです。

　化学産業の変革の動きは、国の産業政策にもみてとれます。経済産業省は2016年6月、製造産業局で素材を担当する化学、繊維、鉄鋼など6つの課を「素材産業課」「金属課」「生活製品課」の3課に再編しました。製造業の構造変化が進み、新素材開発など従来の業種概念に収まらない共通の政策課題が顕在化していることに対応するものです。業種横断的に素材産業全体を俯瞰した政策を打ち出し、既存の枠組みを越えた産業分野の融合を図り、競争力強化につなげる考えです。

　欧米の化学産業では1980年代以降、大型合併や事業交換などの再編を繰り返しながら、大きな流れとしてライフサイエンス分野やアグリ分野への事業シフトが進んでいます。日本の化学産業各社は、環境・エネルギー、ライフサイエンス、情報通信技術（ICT）といった今後の成長分野に経営資源を積極的に投入する構えですが、どのビジネスが新たな収益の柱となるかは不明確です。またビッグデータと人工知能（AI）の融合といった新たな潮流への対応も、まだ定まっていません。

　日本の化学産業の中で重要な位置を占めるのが石油化学工業です。石油（ナフサ）を原料とする石油化学工業は、ナフサ分解装置（ナフサクラッカー）で生産されるエチレンを中心に多様な誘導品で構成されています。石化製品の基礎原料である2019年のエチレンの生産量は641万7,100トンと国内で定期修理が重なった2018年に比べて4.2％増えました。エチレン設備の稼働率は95.4％（前年は96.4％）で、実質フル稼働水準といわれる95％を上回りました。2019年12月のエチレン生産量は前年同月比0.3％増の56万4,400トンで、稼働率は95.4％と2カ月連続で95％を超えました。好不況の目安となる稼働率の90％超えは73カ月連続です。一方で2020年1月の稼働率は91.1％で、好不況の目安とされる90％をわずかに上回る水準となりました。中国などの景気減速による

石化製品の需要減、アジア域外からのエチレン流入などによる市況安が国内の生産にも影響を及ぼしました。景気下降局面での新型肺炎の感染拡大で先行きの不確実性が強まるなか、エチレンセンターは難しい舵取りを迫られています。

2019年のポリオレフィン樹脂国内出荷は、低密度ポリエチレン（ＬＤ）が前年比2.9％減127万6,300トン、高密度ポリエチレン（ＨＤ）が前年比2.7％減の71万3,600トン、ポリプロピレン（ＰＰ）は4.5％増の283万2,200トンでした。ＬＤ、ＨＤが微減となった一方、ＰＰは増加し、国内出荷で堅調さを保ちました。

ＢＴＸ（ベンゼン、トルエン、キシレン）の2019年の需要は、内需と輸出の合計で前年比6％減の1,223万3,000トンにとどまり、2年連続で減少した。誘導品を含む国内生産設備の停止や、中国におけるパラキシレン（ＰＸ）の大規模新設などが影響しました。

2019年の化学品貿易（暦年、財務省通関統計）は、米中貿易摩擦、中国経済の減速傾向などが影響し、輸出入ともに3年ぶりにマイナスとなりました。貿易収支は2年連続の赤字となり赤字幅も拡大しました。原油価格下落に端を発するナフサ、石油化学製品の価格低迷などにより有機化学品の輸出入額が落ち込んだこと、医療用品、化粧品関係が輸出入とも増加傾向を維持していることなどが目立っています。

一方、輸入は原油価格下落で大幅減となり、3年ぶりの減少でした。数量ベースでも1.1％減と3年ぶりに減少に転じました。商品別では、原油価格の下落を背景に原油および粗油、石油製品、ＬＮＧが減少しました。国別では、最大の輸入相手国である中国から18.4兆円（同4％減）となり3年ぶりに減少しました。

化学大手8社の2020年3月期決算は、信越化学工業を除く7社が減収減益となりました。米中貿易摩擦などで世界経済が停滞し自動車や半導体など主要顧客産業が低迷するなか、年明けには新型コロナウイルスの感染が拡大し、業績への下押し圧力が強まっています。

2019年は世界経済が低迷し、化学大手の4～12月累計業績は全8社が営業減益となりました。ただ、この10年間ほど進めてきた汎用化学の構造改革と高機能化学へのシフトというポートフォリオ変革が進んだ結果、リーマン・ショック後の損益悪化に比べ、厳しい環境下でも稼げる筋肉質の体質に変わり、減益幅を押さえ込んでいました。しかし、新たにコロナの感染拡大の影響が重くのし掛かっています。素材産業はサプライチェーンの構造上、最終製品に比べ数カ月遅れて市場変化の影響が顕在化するケースが多いといわれますが、今回はコロナに加え、原油価格下落も業績への下押し圧力となりそうです。国内の石油化学製品の多くはナフサを原料に用いています。原油価格が急落しナフサ価格も大きく下落し、2019年度の国産ナフサ価格平均は1キロリットル当たり4万2,900円でしたが、すでに2万円台まで下落。今期通年でも2万円台前半を想定する企業が大半といわれています。

各社は不測の事態に備え、長期借り入れを増額したり、新たにコミットメントライン（融資枠）を設定したり、手元資金を厚くしつつあります。一方で中長期の成長投資を目指す姿勢に変化はないようで今期は前期並みの設備投資予算を組む企業が多いようです。コロナ拡大を受け、予算を精査し直す必要もありますが、コロナ収束後をにらんだ機動的な経営資源投入判断が求められそうです。

●平成と化学

　平成元年（1989年）には、ベルリンの壁崩壊、中国の天安門事件、米国の軍事・学術ネットワークの商用ネットワークとの接続、温室効果ガスの安定化などに関するノールトヴェイク宣言などがありました。グローバル化、中国の台頭、インターネット時代、そしてデジタル化、サスティナブル社会への移行など、その後の30年を支配する潮流が生まれ始めた年だったといえます。

　一方、国内はバブル絶頂期でした。消費税が導入され、日経平均株価が史上最高値を記録した後、間もなくバブル崩壊という混乱が始まります。その後の日本経済はまさに「激動」という言葉そのままの展開を余儀なくされました（金融崩壊、ITバブル崩壊、リーマンショック、史上最高の円高、そして東日本大震災と電力問題など）。

　化学業界においても動きは激しく、昭和とともに産構法（特定産業構造改善臨時措置法）の時代は終焉し、化学産業は平成とともに自由化の時代を迎えました。欧米の化学業界の大型再編が進行するなかで、またアジアの石油化学が急成長するなかで、国際競争力確保の経営規模が問われるようになり国内化学産業の再編が進行しました。一方、各企業は、横並び体質からの脱却を目指し、技術優位性や付加価値の観点からコアコンピタンスのある製品や事業分野に経営資源を重点配分する「選択と集中」に取り組み始めました。この傾向は現在も続いており、なかでもライフサイエンス分野に重点をシフトする傾向が目立ってきています。また、レスポンシブルケアに代表されるサスティナビリティ（持続可能性）への取り組みも年を追うごとに強まってきているといえます。

　起伏の激しい年月を経てきた化学業界が、今後はどうあるべきなのか。「21世紀は化学の時代」という惹句があるように、化学の優位性が際立つ時代であるという共通認識のもとに、化学産業に向けて様々なメッセージが送られてきています。それらを総合すると、時代時代に世界が抱える様々な課題にソリューションを提供できるのは化学と化学産業であり、サスティナビリティを基盤に据えながら、グローバルトレンドを捉え、そのなかで各企業が強みを発揮できる領域や事業を定め、そこに集中するということになるでしょう。このようなソリューション型ビジネス、知識集約型ビジネスを展開するためのバリューチェーンを構築していくという動きは、今後ますます強まっていくと考えられます。

第2部

分野別
化学産業

1 基礎原料

基礎原料 ▶ 汎用品 ▶ 製品材料 ▶ 最終製品

1.1 原 料

化学工業では多くの粗原料が使用されています。代表的に挙げられるのは、原油を精製して生産されるナフサ、塩、石炭、鉱石などですが、日本は資源小国のため、その多くを輸入品に依存しているのが現状です。原料価格は基本的に需給で決められ、国際市況が立っています。輸送コストや製造コストが高い日本の産業にとって産油国の中東、中国やASEANなど低コストで製造可能な国々との競争は比較劣位な状況にありますが、日本はプロセス制御、高付加価値誘導品の開発など技術力の高さで国際競争力を維持しています。

資源の少ない日本にとって原料の安定確保は大きな課題です。一方で、設備の保安を徹底しトラブルなく安定して生産できる体制を整えることも重要です。

【石油（原油）】

「石油」は明治時代にできた言葉で、古くは『日本書紀』に "燃ゆる水" "燃ゆる土" と記されています。石油が近代産業となったのは、1859年に米・ペンシルバニア州でエドウィン・ドレークが機械を使って井戸を掘り、産油〔当時、1日当たり35バーレル（約5.6kL）〕をみたこと

に始まります。

石油は「天然にできた燃える鉱物油（原油と天然ガソリン）とその製品」の総称であり、日本と中国では「石油」、英国と米国では「ペトロリアム」（Petroleum）と表し、そこから天然に産する油とそれを精製してできる油を区別して、前者を「原油」（Crude Oil）、後者を「石油製品」（Petroleum Products）と呼んでいます。化学的にみると、多数の似通った（炭素と水素がいろいろの割合で結びついた）分子式を持つ液状炭化水素の混合物をいいます。

炭化水素は炭素と水素の結びつきが実に様々で、一番簡単なのは炭素1に水素4の割合で結びついたメタンです。続いて炭素2に水素6のエタン、炭素3に水素8のプロパン、炭素4に水素10のブタンなどがあり、これらは常温常圧では気体です。また、炭素数が5～15まではガソリン、灯油、軽油、重油などの液体、16～40ぐらいまではアスファルト、パラフィンなどのように固体となります。これら炭化水素のうち、液体のものを狭義の「石油」と呼び、気体のプロパン、ブタンや固体のアスファルト、パラフィンなど親類筋にあたるものを含めて「石油類」と呼んでいます。

原油価格は2019年1月頃からOPEC主導によ

る協調減産の状況やイランと米国・サウジアラビアの対立激化などから上昇し、同年4月半ば頃からは米中貿易摩擦の激化や米国の原油在庫の積み増しなどを受け、下落しました。6月中旬から7月にかけては米中摩擦の協議の進展に対する期待が拡大したことや、イランと米国との間で軍事的緊張が高まったことなどが原油価格の上昇要因となりました。その後、米中貿易摩擦の再燃などから一旦下落したものの、9月にはサウジアラビアの石油関連施設への攻撃から原油の供給途絶リスクが強く意識され、原油価格は急激に上昇しました。その後、一旦下落したものの、10月中旬から年末にかけては米中貿易摩擦の進展によって世界経済の先行き不透明感が弱まったこと、OPECプラスによる協調減産拡大の合意などから原油価格は上昇しました。

【ナ　フ　サ】

原油の常圧蒸留で得られるガソリンの沸点範囲約25〜200℃前後にあたる留分で、"粗製ガソリン" とも呼ばれています。ナフサ留分はさらに軽質ナフサ（沸点約25〜100℃）と重質ナフサ（同約80〜200℃）に分けられます。石油化学工業の基礎原料となるエチレン、プロピレンはナフサを分解して製造されます〔日本におけるエチレン原料のナフサの割合は95％と大半を占め、欧州では73％、米国では8％（エタンが65％）〕。日本における石油精製能力はナフサ必要量を満たすことができず、国産ナフサを超える量を海外から輸入しています。

アジアのナフサ市況の推移をみると、2019年1月のボトムから4月のピークまで上昇した後、やや下落して一進一退となっていましたが、2020年に入って急落し、4月がボトムとなっています。ナフサは、原材料である原油の価格変動に連動していて、原油との関連については、2019年後半以降、緩やかにナフサ安が是正されつつありましたが、足元では再びナフサ安幅が拡大傾向となっています。新型コロナウイルスの感染拡大にともなう世界景気の減退などを背景に原油安が進んだことに加えて、石油化学プラントの減産や定期修理でナフサの需給緩和につながっています。

◎石油化学用ナフサ価格推移　（単位：円／kL）

	国産価格	輸入価格
2018年		
1－3月	47,900	45,882
4－6月	48,700	46,680
7－9月	53,500	51,541
10－12月	54,200	52,228
2019年		
1－3月	41,200	39,233
4－6月	45,400	43,362
7－9月	40,200	38,247
2020年		
10－12月	41,300	39,336
1－3月	44,800	42,810
4－6月	25,000	22,971

資料：財務省『貿易統計』

【工　業　用　塩】

塩の世界の生産量は約2億9,000万トンで、生産方法別では天日塩36％、岩塩28％、かん水利用26％、せんごう塩10％などです。ソーダ工業は、電解ソーダ工業（カ性ソーダ、塩素、水素を製造）およびソーダ灰工業（合成ソーダ灰

◎塩の輸入量、金額

	輸入量 （単位：トン）	輸入金額 （単位：1,000円）
2017年	7,382,147	33,654,454
2018年	7,301,413	30,993,415
2019年	7,583,032	35,236,687

資料：財務省『貿易統計』

を製造）とからなりますが、双方とも塩を出発原料としており、その塩のほぼ100％を輸入に依存しています。日本で消費される塩は800万トン弱で、このうちソーダ工業用は約75％に当たります。他の工業用が約23％で、家庭や飲食店で使用される食塩は全体のわずか2％しかありません。一方、国産塩は海水をイオン交換膜で濃縮して、蒸発・結晶化したもので、消費量の約12％が生産されています。

　経済産業省によると、2019年度のソーダ工業用塩の需要は、前年度比横ばいの612万5,000トン（カ性ソーダ用：587万トン、ソーダ灰等用：25万5,000トン）の見通しです。20年度はカ性ソーダ等の国内需要が横ばい、輸出が堅調に推移する見通しのため前年度比2.2％増の625万9,000トンとなる見通しです。

【石　　　炭】

　石炭は石油、天然ガスなどとともに化石燃料の1つとして知られています。古代ギリシャの紀元前4世紀の記録には鍛冶屋の燃料として使用されていたと記されており、中国では3世紀の書物に石炭という言葉が出てきます。蒸気機関の燃料として18世紀の産業革命を推進し、化学原料としても利用されるようになりましたが、19世紀後半以降に石油の産業化が進むと、発熱量、輸送面、貯蔵面などで優れる石油に取って代わられるようになりました。しかし20世紀後半の二度にわたる石油危機の影響や、埋蔵量の多い中国で石炭火力発電所の増設が進んだことから、2000年以降の世界的な石炭消費量は急増しています。

　日本でも最も安価な化石燃料として注目されています。発電効率やCO_2発生の面で懸念がありましたが、技術開発の進展でこれらの課題は改善されています。加えて世界中に偏りなく分布しているため、石油のように政情不安が価格高騰のリスクにはなりません。総合資源エネルギー調査会の発電コスト検証ワーキンググループの2014年モデルプラント試算結果によると、日本で1kWの発電を行う場合のコストを比較すると、石炭（12.3円）は、液化天然ガス（13.7円）、石油（30.6〜43.4円）と比べて安価です。

　燃料のほかに、鉄鋼原料としての用途もあります。また、鉄鋼会社が高炉に使用するコークスを作る過程で副生するコールタールを原料に様々な化学品が生産されています。

　日本は1964年以来、世界最大の石炭輸入国として長くその地位を保ってきましたが、その地位は低下しつつあります。国内生産で内需を賄ってきた中国とインドが、消費量の増加を受け輸入を拡大しているためです。日本企業は従来、安定調達を重視し、主導権を握って石炭サプライヤーと長期固定価格で契約してきましたが、輸入国としての地位低下から、価格交渉の主導権を失いつつあります。

2 汎用品

基礎原料 ▶ 汎用品 ▶ 製品材料 ▶ 最終製品

2.1 石油化学①（オレフィンとその誘導品）

　ナフサを原料としたエチレンやプロピレン、ブタジエン（オレフィン）から様々な誘導品（元の化学品から化学反応で新たに作られる化学品のこと。「〜の誘導品」という言い方をする）を生産するのが、日本における従来型の石油化学産業でした。近年その石油化学産業に大きな変化が起こっています。製造業の海外移転や景気低迷を受けて内需が減るなか、石化企業に原料を供給する石油精製企業の国内再編のほか、石化企業のエチレンセンター（ナフサなどからエチレンを生産する工場）再編も本格化してきました。

　世界の石油化学産業は2015年から活況が続いていましたが、ここにきて踊り場を迎えています。中国における環境規制の厳格化により、基準を満たさない現地品が淘汰され、日本をはじめ海外の設備の稼働率が向上した一方で、米中貿易摩擦、中国経済低迷の影響で2018年夏以降、高水準で推移していた市況が下落しマージンが縮小したため、2018年度の主要各社の石化事業の利益は大きく落ち込みました。2019年度も好材料は見当たらず、米シェール由来品の世界市場への浸透が本格化するなか、筋肉質への体質転換を進めてきた各社の取り組みの真価が問われることになります。

　石油精製業界では、2017年4月のJXTGホールディングス発足に続き、2019年4月には出光興産と昭和シェル石油が経営を統合しました。これにより国内燃料油シェア5割超を持つJXTG、独立路線を選択したコスモを含めた大手3社体制へと移行したことになります。JXTGホールディングスは2020年6月にENEOSホールディングスに改称し、20年に及ぶ再編・統合劇の総仕上げとなります。燃料油の需要が減るなか、各社とも石化事業を収益の柱として強化する計画で、石化企業との連携を含めた強化策に乗り出す方向にあります。石化業界としては、競争力強化に向け石油精製業界との連携を強化し、原料やインフラといった石油精製の強みを取り込み、ウィンウィンの発展を期待したいところです。

　世界に目を向けると、米国、欧州、中国とも景気後退の様相を示しています。世界経済の先行きは不透明感が増しており、石化産業を取り巻く環境は厳しさを増す可能性が高いと考えられます。また、ホルムズ海峡を航行中のタンカーに対する攻撃や、サウジアラビアの石油施設に対するミサイル攻撃など、中東における政情不安も高まっています。石化需給に対する短期的な影響はみられませんでしたが、長期的には調

【主要生産品目】　　　　　　　　　　　　　　　　　　　　≪主要用途≫

エチレン（EL）
- ポリエチレン（LDPE, HDPE, LLDPE）→ フィルム、ラミネート、成形品、電線被覆、パイプ
- 二塩化エチレン（EDC）→ 塩化ビニル樹脂（PVC）→ パイプ、フィルム、レザー、成形品
- 酸化エチレン（エチレンオキサイド；EO）→ エチレングリコール（EG）→ ポリエステル繊維、不凍液、PET樹脂
- 酢酸 → 酢酸エチル（ポバール；PVA）→ アセテート、染色助剤、塗料、印刷インキ、接着剤、医薬品原料などの溶剤、原料
- アセトアルデヒド（ALD）→ ポリビニルアルコール → ビニロン
- その他 → 合成ブタノール → 可塑剤、溶剤

プロピレン（PL）
- ポリプロピレン（PP）→ フィルム、成形品、合成繊維
- アクリロニトリル（AN）→ アクリル繊維、合成繊維（ABS）、合成ゴム（NBR）、炭素繊維
- 酸化プロピレン（プロピレンオキサイド；PO）→ ポリプロピレングリコール（PPG）→ ポリウレタン
- オクタノール → 可塑剤（DOP, DBP）
- アクリル酸、アクリル酸エステル → アクリル樹脂
- ブタノール → 可塑剤（DOP, DBP）、溶剤
- アセトン → ビスフェノールA（BPA）→ ポリカーボネート（PC）、エポキシ樹脂
- メタクリル酸メチル（MMA）→ メタクリル樹脂（PMMA）、アセテート溶剤
- イソプロピルアルコール（IPA）
- その他

B-B留分
- ブタジエン → 合成ゴム（SBR, BR, CR, NBR）→ タイヤ、履き物、工業用品
- その他 → メチルエチルケトン（MEK）、メタクリル酸エチル（MMA）

ベンゼン（BZ）
- スチレンモノマー（SM）→ ポリスチレン（PS）、ABS樹脂 → 電機、工業用品、包装・容器
- 合成ゴム（SBR）→ タイヤ、履き物
- ポリエステル樹脂
- シクロヘキサン → カプロラクタム（CPL）→ ナイロン繊維・樹脂
- フェノール（PH）→ フェノール樹脂、ビスフェノールA（BPA）、アニリン → ポリカーボネート樹脂、エポキシ樹脂
- アルキルベンゼン → 合成洗剤
- ニトロベンゼン → アニリン → メチレンジフェニルジイソシアネート（MDI）→ ポリウレタン
- その他

トルエン（TL）
- 溶剤
- トルイレンジイソシアネート（TDI）→ ポリウレタン
- その他

キシレン（XL）
- 溶剤
- オルソキシレン → 無水フタル酸 → ポリエステル樹脂、可塑剤（DOP, DBP）
- パラキシレン（PX）→ テレフタル酸 → テレフタル酸ジメチル → ポリエステル繊維、PET樹脂
- 高純度テレフタル酸（PTA）→ ポリエステル繊維、PET樹脂
- その他

◎主要石油化学製品の主要用途

達先の多様化も検討しなければなりません。

　海洋プラスチック問題という新たな景気減速リスクも浮上しています。プラスチック製品については、欧州連合（EU）で規制が進み、大手飲食チェーンなどでプラスチックの使用を制限する動きや、再生や生分解性、バイオプラスチックなどに置き換える動きも広がっています。日本でも廃プラスチック対策を進めるため、日本化学工業協会、石油化学工業協会、日本プラスチック工業連盟、プラスチック循環利用協会、塩ビ工業・環境協会の5団体を中心とする「海洋プラスチック問題対応協議会（JaIME）」が2018年9月に発足しました。科学的知見の蓄積、情報の整理と発信、国内動向への対応、海外との連携を活動の柱として掲げています。日本政府は2019年5月に、プラスチックの資源循環を総合的に推進する方向で「プラスチック資源循環戦略」を取りまとめました。リサイク

◎エチレンのメーカー別設備能力（2019年12月現在）

（単位：1,000トン／年）

社　名	立　地	定修年	スキップ年
三菱ケミカル	鹿　島	485	564
三菱ケミカル旭化成エチレン	水　島	496	567
出 光 興 産	千葉/周南	997	1,101
丸善石油化学	五　井	480	525
京葉エチレン	五　井	690	768
三 井 化 学	市　原	553	612
大阪石油化学	堺	455	500
東 燃 化 学	浮　島	491	540
ＥＮＥＯＳ(旧ＪＸＴＧエネルギー)	川　崎	404	443
東 ソ ー	四日市	493	527
昭 和 電 工	大　分	618	694
合　　　計		6,162	6,841

資料：経済産業省、工場別は化学工業日報社調べ

◎オレフィンの需給実績

（単位：トン）

		2017年	2018年	2019年
エチレン	生産量	6,530,029	6,156,519	6,417,851
	輸出量	700,764	589,099	763,062
	輸入量	131,763	105,498	71,364
プロピレン	生産量	5,458,709	5,170,305	5,503,736
	輸出量	883,382	728,310	894,630
	輸入量	153,945	165,285	47,181
ブタジエン※	生産量	915,644	858,406	887,621
	輸出量	27,311	19,438	34,993
	輸入量	62,108	79,343	29,977

資料：経済産業省『生産動態統計 化学工業統計編』、財務省『貿易統計』 ※ブタジエン輸出量にはイソプレンも含む

ルに配慮した製品設計の普及、リユース・リサイクルの拡大、再生材の使用拡大などについて、G7「海洋プラスチック憲章」を上回る数値目標を設定しています。海洋プラスチックごみ問題で、まず考えなければいけないのは廃棄プラスチックを出さないことであり、手法の優劣ではないことを訴えています。海洋プラスチックごみ問題ばかりでなく、資源制約、気候変動問題との同時解決を目指そうという考えです。

日本の石化設備は高経年化が進んでいます。各企業は、ダウンサイジングに続いて抜本的な老朽化対策が迫られている状況です。「日本の石化設備は安全・安定操業を目指して今まで必要な手を加えてきた。行き届いたメンテナンスが現在のフル稼働継続を可能としている」（石化大手幹部）との見方もあるものの、メンテナンス費用の増大や生産効率などを考慮すれば、いつかはスクラップ＆ビルドが必要になると見込まれます。

老朽化対策や、中国などのライバルに負けない「規模の経済」による競争力強化などを踏まえ、各社が連携して古いナフサクラッカーを止めるとともに、大型のクラッカーを共同で建設し共有するといった構想もあります。東西

◎エチレンセンター10社の石油化学部門の収益推移（単独ベース）

（単位：億円、△はマイナス）

		2014年度	2015年度	2016年度
石油化学部門	売上高	49,143	39,462	28,912
	伸び率（%）	△7.4	△19.7	△26.7
	営業利益	221	2,022	2,302
	伸び率（%）	△84.7	817.1	13.8
	経常利益	213	1,868	2,302
	伸び率（%）	△86.2	777.0	23.2
	売上高経常利益率（%）	0.4	4.7	8.0
全社	売上高	66,125	54,680	39,204
	伸び率（%）	△4.1	△17.3	△28.3
	営業利益	1,105	3,067	3,099
	伸び率（%）	△37.2	177.7	1.0
	経常利益	2,144	3,472	3,448
	伸び率（%）	△22.7	62.0	△0.7
	売上高経常利益率（%）	3.2	6.3	8.8

〔注〕2016年度集計対象：三菱ケミカル旭化成エチレン、出光興産（石油化学部門）、大阪石油化学、昭和電工、JXTGエネルギー（石油化学部門）、東ソー、東燃化学、丸善石油化学、三井化学、三菱ケミカル

資料：経済産業省

◎アジア、中東諸国、米国のエチレン設備能力

（単位：1,000トン／年）

	2017年	2018年	2019年	2020年	2021年	2022年	2023年
韓　　　国	8,870	9,270	9,840	10,275	11,865	12,565	13,565
台　　　湾	4,005	4,005	4,005	4,005	4,005	4,005	4,005
中　　　国	23,352	25,382	27,973	34,503	39,528	40,628	41,128
シンガポール	4,000	4,000	4,000	4,000	4,000	4,000	4,000
タ　　　イ	4,609	4,609	4,609	4,609	5,109	5,319	5,319
マレーシア	1,770	1,860	2,490	3,120	3,120	3,120	3,120
インドネシア	860	860	860	900	900	900	2,900
イ　ン　ド	5,555	5,555	6,000	6,000	6,000	8.355	8,355
フィリピン	320	320	320	320	480	480	480
日　　　本	6,495	6,503	6,505	6,505	6,505	6,505	6,505
アジア計	59,836	62,364	66,602	74,237	81.512	85,877	90,577
中 東 諸 国	35,514	35,514	35,972	37,042	37,042	37,042	37,042
米　　　国	30,269	33.819	38,414	39,938	40,688	41,938	43,319
世 界 合 計	170,553	177,031	186,572	197,011	206,098	213,169	219,550

〔注〕能力は各年末。2018年以降は見込み。
　　　中東諸国はサウジアラビア、イラン、イスラエル、クウェート、カタール、オマーン、アラブ首長国連邦、トルコ。

資料：経済産業省

◎エチレン系製品の輸出入推移（エチレン換算）

（単位：1,000トン，％）

	輸出 A	輸入 B	バランス A−B	生産 C	内 需 D=C+B−A	輸出比率 A／C	輸入比率 B／D
2017年	2,321.3	848.0	1,473.3	6,530.0	5,056.7	35.5	16.8
2018年	2,134.0	882.7	1,251.3	6,156.5	4,905.2	34.7	18.0
2019年	2,510.6	800.0	1,710.7	6,417.9	4,707.3	39.1	17.0

〔注〕対象製品はエチレン（原単位1.0），LDPE（1.0），HDPE（1.04），EVA（0.93），SM・PS・発泡PS（0.29），ABS（0.17），PVC（0.5），エチルベンゼン（0.27），EDC（0.29），VCM（0.49），EG・DEG（0.66），酢酸エチル（0.69），酢酸ビニルモノマー（0.37）の16品目

資料：石油化学工業協会

1000km（茨城県―大分県）の間にエチレン設備12基が集積する日本で、日本流の統合コンビナートを目指しているのが、RING（石油コンビナート高度統合運営技術研究組合。石油精製、石油化学、ガス会社など計22社が参画）です。垂直統合や用役共有、留分融通など部分最適化を進め、日本全体で最適化を図れば、グローバル競争に耐えうるコスト構造を確立できるかもしれません。RINGでは、これまで複数企業の連携による重質油留分の高付加価値化や副生ガスの有効利用、用役共有化など数多くの事業を展開し、企業の枠組みを越えコンビナート地域の一体化を後押ししてきました。こうしたなか、石油精製業界は再編へ突き進み、千葉と川崎では同一資本による石油精製と石化の垂直統合が実現しています。

コンビナートごとの部分最適を広域化する構想もあります。日本のコンビナートを「関東」「中部」「瀬戸内」に分類し、船舶物流を活用しながら域内を一体運営し、原料調達共同化によるコスト低減や大型共同輸出基地を設置する案も浮上しています。

国際競争力向上のためには、IoT（モノのインターネット）やAI（人工知能）の活用も不可欠です。IoTの活用によりコンビナート全体の最適化を目指すのが「オープン・コンビナート」構想です。コンビナートごとに存在する留分や石化製品の余剰・不足を相互融通するなどして生産効率を追求するような体制が出来上がれ

ば、すなち日本の全コンビナートがあたかも一つの会社として動くようになれば、世界で戦える競争力が身につくはずです。

エチレンの誘導品は数が多く、すべてを紹介することはできませんが、代表的なものをいくつか紹介します。

【酸化エチレン（エチレンオキサイド；EO）】

エチレンを空気または酸素と接触反応させ酸化エチレンを得る酸素法が現在の製法の主流です。原料エチレンは高純度であることが必要で、エチレン100部から125部以上の酸化エチレンが得られます。この方法は三井化学、三菱ケミカル、丸善石油化学（自社技術もあり）がＳＤ社およびシェル社から技術を導入し、日本触媒は自社技術により工業化しています。

〔用　途〕有機合成原料（エチレングリコー

◎酸化エチレンの設備能力（2019年末）

（単位：1,000トン／年）

社　名	技　術	能力
日 本 触 媒	自　社	324
丸善石油化学	自　社	115
	シェル	82
三 井 化 学	Ｓ　Ｄ	100
三菱ケミカル	シェル	300
合　　計		921

資料：化学工業日報社調べ

◎酸化エチレン、エチレングリコールの需給実績

（単位：トン）

		2017年	2018年	2019年
酸化エチレン	生産量	945,846	905,526	906,548
	輸出量	6	7	5
	輸入量	135	10	7
エチレングリコール	生産量	715,414	641,890	686,890
	輸出量	318,786	269,020	320,425
	輸入量	3,950	5,638	3,909

資料：経済産業省『生産動態統計　化学工業統計編』、財務省『貿易統計』

ル，エタノールアミン，アルキルエーテル，エチレンカーボネートなど）、界面活性剤、有機合成顔料、くん蒸消毒、殺菌剤

【エチレングリコール（EG）】

　エチレングリコールの原料は酸化エチレンと水です。製法には、酸化エチレン法、オキシラン（ハルコン）法、UCC法（研究開発中）があります。

　〔用　途〕ポリエステル繊維原料、不凍液、グリセリンの代用、溶剤（酢酸ビニル系樹脂）、耐寒潤滑油、有機合成（染料, 香料, 化粧品, ラッカー）、電解コンデンサー用ペースト、乾燥防止剤（にかわ）、医薬品、不凍ダイナマイト、界面活性剤、不飽和ポリエステル

【塩化ビニルモノマー（VCM）】

　塩化ビニルの原料となる高圧ガスです。塩化ビニルメーカーは二塩化エチレン（EDC）を購入、分解して塩ビモノマーと副生塩酸にし、その副生塩酸とアセチレンからまた塩ビモノマーを作ります。

　〔用　途〕ポリ塩化ビニル、塩化ビニル−酢酸ビニル共重合体、塩化ビニリデン−塩化ビニル共重合体の合成

◎塩化ビニルモノマーの設備能力（2019年末）

（単位：1,000トン／年）

社　　名	能　　力
鹿島塩ビモノマー	600
カ　ネ　カ	540
京葉モノマー	200
ト　ク　ヤ　マ	330
東　ソ　ー	1,104
合　　　計	2,774

資料：経済産業省

◎塩化ビニルモノマーの需給実績

（単位：トン）

	2017年	2018年	2019年
生産量	2,723,262	2,670,404	2,704,862
消費量、出荷量	2,725,698	2,647,780	2,691,534
PVC用	1,698,404	1,673,153	1,717,315
その他用	77,501	74,676	74,202
輸出用	949,793	899,951	900,017

資料：塩ビ工業・環境協会

【酢酸ビニルモノマー（酢ビ：VAM）】

　アセチレンまたはアセトアルデヒドを原料として製造されていましたが、しだいにエチレンを原料とする製法に取って代わられました。製造法としてICI法（液相法）、バイエル法（気相法）、ND法（気相法）がありますが、現在ではほとんどがバイエル法で、一部ND法が採用さ

れています。気相法は、触媒としてパラジウム金属触媒、酢酸パラジウム触媒を用い、固定層（化学反応に使う粒子の層）で175〜200℃、0.5〜1MPaの圧力をかけた（大気圧は約0.1MPa）条件下、エチレン、酢酸、酸素の混合ガスを吹き込み反応させます。

〔用途〕酢酸ビニル樹脂用モノマー、エチレン、スチレン、アクリレート、メタクリレートなどとの共重合用モノマー、ポリビニルアルコール、接着剤、エチレン・酢ビコポリマー、合成繊維、ガムベース

◎酢酸ビニルモノマーの設備能力（2019年7月）
（単位：1,000トン／年）

社　名	立　地	能　力
ク　ラ　レ	岡山	150
日本合成化学	水島	180
日本酢ビ・ポバール	堺	150
昭　和　電　工	大分	175
合　　計		655

資料：化学工業日報社調べ

◎酢酸ビニルモノマーの需給実績
（単位：トン）

	2017年	2018年	2019年
生産量	663,420	640,839	605,521
輸出量	66,971	80,043	87,144
輸入量	738	0	4

資料：財務省『貿易統計』、酢ビ・ポバール工業会

【アセトン】

製法として、塩化パラジウム−塩化銅系触媒溶液、空気(酸素)およびプロピレンを混合反応させるワッカー法、プロピレンとベンゼンを反応させるキュメン法、蒸留によって91％イソプロピルアルコール（IPA）を気化して反応器に送り脱水素反応させるIPA法などがあります。

〔用途〕メチルメタクリレート（MMA、アクリル樹脂の原料）、メチルイソブチルケトン（MIBK）などのアセトン系溶剤、ビスフェノールAの原料、酢酸繊維素、硝酸繊維素の溶剤、油脂、ワックス、ラッカー、ワニス、ゴム、ボンベ詰めのアセチレンなどの溶剤

◎アセトンの需給実績
（単位：トン）

	2017年	2018年	2019年
生産量	472,635	418,967	458,635
輸出量	23,001	15,127	25,273
輸入量	28,401	44,279	6,014

資料：経済産業省『生産動態統計　化学工業統計編』、財務省『貿易統計』

◎アセトンの設備能力（2019年末）
（単位：1,000トン／年）

社　名	立　地	能　力
＜キュメン法＞		
三　井　化　学	市原	114
	大阪	120
三菱ケミカル	鹿島	152
＜サイメン／レゾルシン法＞		
三　井　化　学	岩国	27
住　友　化　学	大分	12
	千葉	24
＜ワッカー法＞		
ＫＨネオケム	四日市	36
合　　計		485

資料：化学工業日報社調べ

●平成時代を振り返る
　〜石油化学業界の国内再編①〜

　特定産業構造改善臨時措置法（産構法。1983〜1988年）による過剰設備廃棄や、合成樹脂の共販会社による設備・銘柄の統廃合などを経て、1990年代の日本の石油化学産業は拡大の道をたどりました。エチレン生産は1991年に初めて600万トンの大台を突破し、1996〜2007年には700万トン台を記録しました。1990年代の石化生産拡大を支えたのは好調な輸出で、その背景にあるのが加工組み立て産業の海外進出です。円高の定着で家電や自動車といった日系メーカーがこぞってアジアを中心に海外に工場を移転させ、樹脂など高品質な原材料を日本から輸入したほか、米国経済の好況も下支えとなりました。

　しかし拡大する生産とは裏腹に、石化事業の収益は低迷を余儀なくされます。経済のグローバル化の影響で、製品の国内価格が国際価格に引きずられて安くなるとともに、国内の高コスト構造が浮き彫りになり、欧米やアジアの競合との熾烈な競争で収益を削り取られるようになりました。

　欧米化学大手のダイナミックな事業再編や、新興アジア諸国の国を挙げた石化産業勃興に危機感を募らせた日本の化学大手は、規模拡大を目指した再編に乗り出します。1994年10月には、三菱化成と三菱油化が合併し三菱化学が誕生しました。当時、合併により売上高は1兆円超となり国内最大、世界でも9位に入るものでした。

　三菱化学に先行して合併交渉を進めていたのが、三井石化と三井東圧化学です。当初は東レを含めた三社統合も検討されましたが、統合を急ぎたい三井側と東レ側とのスタンスの違いが鮮明になり立ち消えとなり、1997年10月に三井化学が発足しました。

　2000年11月には、住友化学と三井化学が2003年10月をめどに合併すると発表しました。合併により売上高は2兆円となりアジア最大、世界でも5位の総合化学会社が誕生するとして、大きな話題となりましたが、結局、「三井住友化学」は実現しませんでした。異例の3年の準備期間を設け、人事制度やシステムなどの統合が進められましたが、統合比率で折り合いが付かなかったのです。資本系列の垣根を越えた合併・統合の難しさという現実を残し、その後、日本の化学業界では資本系列を越えた化学企業同士の合併・統合は鳴りを潜めています。

2. 2　石油化学② （芳香族炭化水素とその誘導品）

　芳香族炭化水素は6個の炭素原子が正六角形に結合した「ベンゼン環」を持っているのが特徴です。特に炭素数が6のベンゼン（Benzene）、7のトルエン（Toluene）、8のキシレン（Xylene）については英表記の頭文字をとって "BTX" と呼ばれています。

　BTXはかつて鉄鋼用コークス炉から副生する粗軽油やコールタールを精製分離して生産されていましたが、現在は製油所の改質装置を通じてオクタン価を高めたガソリン留分や、ナフサを熱分解してエチレンやプロピレンを作るときに副生する分解ガソリンから抽出されたものが主流です。

【ベンゼン】

　炭素が正六角形に結合した形をしています。無色透明の液体で、独特の匂いがします。

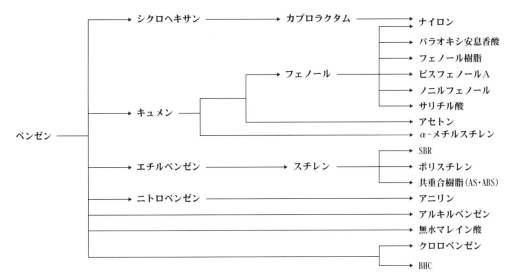

◎ベンゼンからの誘導品

〔**用　途**〕純ベンゼン＝合成原料として染料、合成ゴム、合成洗剤、有機顔料、有機ゴム薬品、医薬品、香料、合成繊維(ナイロン)、合成樹脂(ポリスチレン、フェノール、ポリエステル)、食品(コハク酸、ズルチン)、農薬(2,4-D、クロルピクリンなど)、可塑剤、写真薬品、爆薬(ピクリン酸)、防虫剤(パラジクロロベンゼン)、防腐剤(PCP)、絶縁油(PCD)、熱媒

溶剤級ベンゼン＝塗料、農薬、医薬品など一般溶剤、油脂、抽出剤、石油精製など、その他アルコール変性用

【トルエン】

ベンゼンにCH_3が１つ結合した形をしています。ベンゼンと同様の匂いがする無色透明の液体です。

〔**用　途**〕染料、香料、火薬(TNT)、有機顔料、合成クレゾール、甘味料、漂白剤、TDI(ポリウレタン原料)、テレフタル酸(第２ヘンケル法)、合成繊維、可塑剤などの合成原料、ベンゼン原料(脱アルキル法)、ベンゼンおよびキシレン原料(不均化法)、石油精製、医薬品、塗料・インキ溶剤

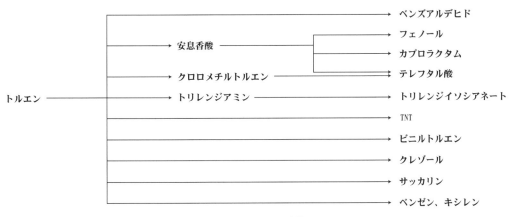

◎トルエンからの誘導品

【キ シ レ ン】

　ベンゼンにCH₃が２つ結合した形をしています。p-キシレン（パラキシレン，PX）、o-キシレン（オルソキシレン）、m-キシレン（メタキシレン）およびエチルベンゼン（EB、原油やナフサなどから得られたエチレンとベンゼンを化学反応させる）の混合物であって混合キシレンと呼ばれる無色の液体です。

　〔**用　途**〕分離により＝p-キシレン、o-キシレン、m-キシレン、エチルベンゼン

　CH₃を分離して＝ベンゼン

　合成原料として＝染料、有機顔料、香料（人造じゃ香）、可塑剤、医薬品（VB2）

　溶剤として＝塗料、農薬、医薬品など一般溶剤、石油精製溶剤

　以下はBTXから作られる代表的な誘導品です。

◎パラキシレンの需給実績

（単位：トン）

	2017年	2018年	2019年
生産量	3,468,646	3,374,124	3,272,900
販売量	4,273,936	4,118,427	4,048,683
輸出量	3,229,459	3,121,657	3,028,981
輸入量	50,381	44,013	54,497

資料：経済産業省『生産動態統計　化学工業統計編』、
　　　財務省『貿易統計』

◎パラキシレンの設備能力（2019年末）

（単位：1,000トン／年）

社　　名	能　力
出 光 興 産	479
ＥＮＥＯＳ（旧ＪＸＴＧエネルギー）	2,162
鹿 島 石 油	178
水島パラキシレン	320
鹿島アロマティックス	522
合　　　計	3,661

資料：経済産業省

【高純度テレフタル酸（PTA）】

　白色結晶または粉末。ポリエステル繊維、PETボトルなどの原料としてアジアでの需要が拡大しています。パラキシレンを原料に酸化反応を経て粗テレフタル酸を製造し、分離・精製によって高純度化（99.9％以上）した後、ポリエステル原料とされます。

　〔**用　途**〕ポリエステル繊維（テトロン）、ポリエステルフィルム（ルミラー、ダイアホイル）、PETボトル、エンプラ（ポリアリレート）の原料

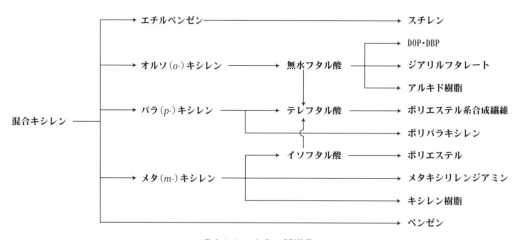

◎キシレンからの誘導品

◎芳香族炭化水素（BTX）メーカー別生産能力（2019年末）

（単位：1,000トン／年）

	ベンゼン	トルエン	キシレン	合　計
ＥＮＥＯＳ（旧ＪＸＴＧエネルギー）	2,104	1,645	4,159	7,908
大阪国際石油精製			163	163
鹿　島　石　油			253	253
鹿島アロマティックス	234		522	756
出　光　興　産	549	130	859	1,538
コスモ松山石油	91	32	48	171
コ　ス　モ　石　油			300	300
丸善石油化学	395	138	72	605
Ｃ　Ｍ　ア　ロ　マ			270	270
太　陽　石　油	300		700	1,000
東　亜　石　油	11			11
昭和四日市石油	190		514	704
西　部　石　油	70		250	320
三　菱　ケ　ミ　カ　ル	370	62	33	465
富　士　石　油	175		310	485
三　井　化　学	145	101	63	309
大阪石油化学	130	70	60	260
ＮＳスチレンモノマー	205	71	42	318
日鉄ケミカル＆マテリアル	76	12		88
ＪＦＥケミカル	229	46	17	292
東　ソ　ー	154	65	32	251
合　　　　計	5,428	2,372	8,497	16,297

資料：経済産業省

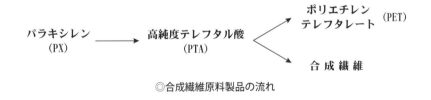

◎合成繊維原料製品の流れ

◎高純度テレフタル酸の輸出入量

（単位：トン）

	2017年	2018年	2019年
輸出量	33,020	17,988	30,472
輸入量	117,601	95,829	87,767

資料：財務省『貿易統計』

【フェノール（PH）】

　ベンゼン環にヒドロキシ基（－OH）が結合した芳香族系の化合物で、白色結晶塊状（完全に純粋でないものは淡紅色）です。大気中から水分を吸収して液化します。特異臭、腐食性があり、有毒です。かつて石炭からコールタールを作る過程で副生したことから、「石炭酸」と呼

◎フェノールの設備能力（2018年末）
（単位：1,000トン／年）

社　名	立　地	能　力
三 井 化 学	市原	190
	大阪	200
三菱ケミカル	鹿島	250
合　計		640

資料：化学工業日報社調べ

ばれていました。工業的製法はキュメン法と
タール法があり、日本のメーカーは主にキュメン
法を採用しています。プロピレンにベンゼンを付
加したキュメンを生成し、これを酸化したあと、
硫酸で分解するとフェノールとアセトンが生成す
るという方法です。さらにフェノールとアセトン
を反応させてビスフェノールＡ（BPA）を生産しま
す。BPAはポリカーボネート（PC）樹脂、エポキシ
樹脂の原料として加工されます。このため、PC
樹脂の需要がフェノールおよびBPAの生産と供給
を決める構造となっています。

〔用　途〕消毒剤、歯科用（局部麻酔剤）、ピ
クリン酸、サリチル酸、フェナセチン、染料中
間物の製造、合成樹脂（ベークライト）および可
塑剤、2,4-PA原料、合成香料、ビスフェノー
ルＡ、アニリン、2,6-キシレノール（PPO樹脂
原料）、農薬、安定剤、界面活性剤

【ビスフェノールＡ（BPA）】

　白色の結晶性粉末フレークまたは粒状品で、
かすかなフェノール臭があります。脂肪族また
は芳香族のケトン、あるいはアルデヒドの1分
子とフェノール類の2分子の縮合で得られます。

〔用　途〕ポリカーボネート樹脂、エポキシ
樹脂、100％フェノール樹脂、可塑性ポリエス
テル、酸化防止剤、塩化ビニル安定剤、エンプ
ラ（ポリサルホン、ビスマレイミドトリアジン、
ポリアリレート）

◎ビスフェノールＡの輸出入
（単位：1,000トン）

		2017年	2018年	2019年
輸　　　入		40	60	34
輸　　　出		160	132	160

資料：財務省『貿易統計』

◎ビスフェノールＡの設備能力（2018年末）
（単位：1,000トン／年）

社　名	立　地	能　力
三 井 化 学	大阪	65
日鉄ケミカル＆マテリアル	戸畑	100
出 光 興 産	千葉	81
三菱ケミカル	鹿島	100
	黒崎	120
合　計		466

資料：化学工業日報社調べ

◎フェノール、ビスフェノールＡの需給実績
（単位：トン）

		2017年	2018年	2019年
フェノール	生産量	675,554	587,446	637,116
	販売量	349,951	365,754	377,752
ビスフェノールＡ	生産量	488,931	441,779	459,497
	販売量	437,518	409,470	407,978

資料：経済産業省『生産動態統計　化学工業統計編』

【スチレンモノマー（SM）】

　無色の液体。酸化鉄を主体とした触媒を使用し、エチルベンゼンから水素を取り除く製法などで製造されます。

　〔用　途〕ポリスチレン樹脂、合成ゴム、不飽和ポリエステル樹脂、AS樹脂、ABS樹脂、イオン交換樹脂、合成樹脂塗料

◎スチレンモノマーの生産能力（2019年末）
（単位：1,000トン／年）

社　　名	能　力
旭　化　成	372
出　光　興　産	550
NSスチレンモノマー	422
太　陽　石　油	335
デ　ン　カ	270
合　　計	1,949

資料：経済産業省

【シクロヘキサン】

　刺激臭があり変質しやすい無色の液体です。製法としては、石油のなかに含まれるものを分留して得る方法、ベンゼンと水素とをニッケル触媒の存在下で反応させる方法があります。蒸留による精製が困難なため、ほとんどはベンゼンの水素化によって得られます。

　〔用　途〕カプロラクタム、アジピン酸、有機溶剤（セルロース、エーテル、ワックス、レジン、ゴム、油脂）、ペイントおよびワニスのはく離剤。

◎シクロヘキサンの設備能力（2019年末）
（単位：1,000トン／年）

社　　名	立　地	能　力
宇　部　興　産	堺	100
日鉄ケミカル＆マテリアル	広畑	36
出　光　興　産	徳山	125
	千葉	115
ＥＮＥＯＳ(旧JXTGエネルギー)	知多	220
合　　計		596

資料：化学工業日報社調べ

◎スチレンモノマーの需給実績

（単位：トン）

	2017年	2018年	2019年
ポリスチレン（汎用・耐衝撃性）	676,390	689,878	685,172
発泡ポリスチレン	103,861	103,821	109,320
合成ゴム（SBR）	164,271	157,996	149,325
不飽和ポリエステル樹脂	37,543	38,180	37,657
ＡＢＳ樹脂	257,130	273,385	253,219
そ　の　他	249,277	217,397	220,409
国内需要計	1,488,472	1,480,658	1,455,103
輸　出　量	592,413	531,876	586,273
出　荷　計	2,080,885	2,012,534	2,041,376
生　産　量	2,084,549	2,007,529	2,025,645

資料：日本スチレン工業会

【カプロラクタム（CPL）】

　わずかな臭気がある白色粉末で、空気中の水分を吸収し水溶液になります。ナイロン-6を原料として衣服などの繊維向けと、自動車部品などに使われるエンプラ向けに大別されます。ベンゼンを出発原料に、シクロヘキサンを経由し、CPLとなります。肥料の原料となる硫酸アンモニウム（硫安）が副生物として生じるプロセスと、生じないプロセス（住友化学が事業化）の2通りがあります。

　〔用　途〕合成繊維、樹脂用原料（ナイロン-6）

◎シクロヘキサン、カプロラクタムの需給実績
（単位：トン）

	2017年	2018年	2019年
シクロヘキサン			
生産量	316,842	317,574	240,169
販売量	312,440	317,013	243,461
輸出量	44,090	93,756	48,503
カプロラクタム			
生産量	221,222	219,757	199,505
販売量	84,019	90,015	81,948
輸出量	84,063	88,577	94,866

資料：経済産業省『生産動態統計　化学工業統計編』、財務省『貿易統計』

◎カプロラクタムの設備能力（2019年7月）
（単位：1,000トン／年）

社　名	立　地	能　力
宇部興産	宇部	90
住友化学	新居浜	85
東　レ	東海	100
合　計		275

資料：化学工業日報社調べ

【トリレンジイソシアネート（TDI）】

　2,4-TDIと2,6-TDIの混合物異性体があり、いずれも常温では刺激臭のある無色の液体です。トルエンから中間体のトリレンジアミンを合成し、この中間体とホスゲンを反応させて製造され、軟らかく復元性のある軟質ウレタンフォームの原料として主に使用されます。軟質ウレタンフォームは軽量という基本性能に加えて、クッション性、耐久性、衝撃吸収性、耐薬品性、吸音性などの特徴があり、成形や加工の自由度も高いため、日用品から工業製品、産業資材まで、様々な用途に活用されます。最近は、特に自動車を中心として高弾性フォームの需要が伸長しています。また家庭用ソファー、ベッド、マットレス、座布団などに用いられています。

　〔用　途〕ポリウレタン原料（軟質フォーム、硬質フォーム、塗料、接着剤、繊維処理剤、ゴムなど）

◎トリレンジイソシアネートの生産能力（2018年）
（単位：1,000トン／年）

社　名	能　力
三井化学	120
東　ソー	25
合　計	145

資料：化学工業日報社調べ

【ジフェニルメタンジイソシアネート（MDI）】

　白色から微黄色の固体。ベンゼンと硫酸からできるアニリンにホルマリンを反応させて中間体のメチレンジアニリン（MDA）を作り、ホスゲンを反応させて製造します。精製純度によって、冷蔵庫や建材（断熱材）などの一般の硬質フォームに用いるポリメリックMDI（クルード

◎ジフェニルメタンジイソシアネートの生産能力
(2019年)
(単位：1,000トン／年)

社　　名	能　　力
東　ソ　ー	400
住化コベストロウレタン	70
合　　計	470

資料：化学工業日報社調べ

◎芳香族炭化水素（BTX）の生産量
(単位：トン)

	2017年	2018年	2019年
ベンゼン	4,378,902	4,012,491	3,689,622
トルエン	2,129,281	2,069,216	1,706,390
キシレン	6,778,827	6,771,322	6,596,549
合　計	13,287,010	12,853,029	11,992,561

資料：経済産業省『生産動態統計　化学工業統計編』

MDI）と、靴底やスパンデックス、合成皮革、エラストマー、塗料、接着剤向けなどのモノメリックMDI（ピュアMDI）に分かれます。全体のおよそ75％がポリメリックMDIの需要といわれています。MDIから作られた硬質フォームは断熱、保冷材料として車両、船舶、冷凍機器、電気冷蔵庫、ショーケース、自動販売機、保温・保冷工事用、重油タンク、パイプなどに利用されます。

〔用　途〕接着剤、塗料、スパンデックス繊維、合成皮革用、ウレタンエラストマーなどの原料、吸音材料（スタジオなどの音響調整、防音）

日本芳香族工業会のまとめによると、2019年のＢＴＸ需要は内需と輸出の合計で前年比6％減の1,223万3,000トンにとどまり、3年ぶりに1,300万トンを下回りました。中国のＰＸ新設の影響は20年も続き、1,200万トン割れが予想されますが、2021年から増加に転じて23年には1,200万トン台に回復する見通しです。

ＢＴＸの需要は2017年の1,341万6,000トンが過去最高です。このうちベンゼンは前年比9％増の451万4,000トンで、内需が同16％増と好調でした。トルエンの需要は同9％増の214万5,000トン。内需のうち、不均化／脱アルキル向けは同11％増、ウレタンの需要拡大によってトリレンジイソシアネート（ＴＤＩ）向けは同29％増でした。キシレンの需要は同2％増の675万7,000トンで内需が増えた一方、輸出が若干伸び悩みました。

2018年のＢＴＸ需要は3％減の1301万

2,000トン。ベンゼンの内需が10％減と低調だったことやトルエンの内需減、キシレンの輸出減も影響しました。

経済産業省まとめによると、国内生産能力は2018年末時点でベンゼンが555万6,000トン、トルエンが271万2,000トン、キシレンが884万2,000トン。

2019年のＢＴＸ需要は当初は前年並みと予想されていましたが、前年比6％減の1,223万3,000トンと伸び悩み、ベンゼンが30万トン、トルエンが36万トン、キシレンが12万トン減少した格好です。

ベンゼンの内需は同4％減の325万5,000トンで、このうちスチレンモノマー（ＳＭ）向けは同1％増の162万1,000トンと高水準を維持しました。フェノール／キュメン向けはキュメンの一部生産設備が停止したため、同9％減の84万7,000トンとなりました。フェノールの需要は堅調でした。キュメンの19年の輸出は同28％減の33万トン。減少分の大半はオランダ向けで、前年の16万トンから2万1,000トンに急減しました。シクロヘキサン／ヘキセン向けは同4％減の34万7,000トン。中国の景気後退にともなうカプロラクタム、ナイロンの市況悪化が影響しました。ジフェニルメタンジイソシアネート（ＭＤＩ）／アニリン向けは同9％減の32万トンとなりました。無水マレイン酸向けは前年並みの7万トンでした。

ベンゼンの輸出は生産設備停止の影響を受け、同22％減の60万トン。米国向けが同20％減の22万8,000トン、台湾向けが同39％増の

19万5,000トン、中国向けが同52％減の14万5,000トン、韓国向けが同22％減の３万2,000トンでした。

トルエンの内需は17％減の115万9,000トンで、このうち不均化／脱アルキル向けは24％減の52万5,000トンと大幅に減少しました。生産設備の停止による供給減と中国のＰＸ新設が影響した。溶剤向けは22万トン、ＴＤＩ向けは８万5,000トンとなり、ともに前年並みでした。「その他」の用途は主にガソリン基材向けで、17％減の32万9,000トンと低調。

トルエンの輸出は18％減の57万9,000トンにとどまりました。９割弱が韓国向けとなっており、減少の要因は内需と共通しています。

キシレンの内需は４％減の470万9,000トンで大半が異性化向けです。中国のＰＸ新設が低下に影響しました。主に溶剤向けの「その他」の用途は前年並みの24万トンとなっています。

キシレンの輸出は４％増の193万1,000トンと堅調。７割弱が韓国向けで、そのほかは主に台湾と中国向けとなっています。

ＢＴＸ需要は一段と減少し、2020年は1,200万トンを割り込む予想です。ベンゼンの内需は、ＳＭ向けが定修の規模差を反映して３％減の156万9,000トンと見込まれていますが、ＳＭに換算すると196万1,000トンとなり、ＳＭは公称能力（194万9,000トン）以上の高稼働が続きます。ＳＭとシクロヘキサン／ヘキセン向け以外は前年並みの見通し。トルエンは不均化／脱アルキル向けと「その他」用途が引き続き減少。キシレンの減少幅が大きく、40万トン減が見込まれています。

2019年は中国で日量40万バーレルの製油所をベースとする恒力石化のＰＸプラントが立ち上がりました。年産能力は450万トンにも及び、日本全体の能力（369万1,000トン、2018年末時点）を上回る巨大なものです。年末には浙江石化の400万トンが稼働を開始しており、トルエンやキシレンの内需や輸出にさらに影響が出

てきます。

ベンゼンの内需は、21年の314万5,000トンを底に緩やかに回復する見通しです。輸出は60万トン程度で横ばいが予想されます。

ポリエステルの原料であるＰＸの世界需要が今後も年５％程度で拡大していけば、中国のＰＸ新設の影響については2021年以降、徐々に薄れていくと見込まれています。トルエンの内需の不均化／脱アルキル向けは23年に2019年並みに回復。キシレンは内需の異性化向けが21年から増加に転じ、需要は24年に18年並みの670万トン以上まで拡大するとみられています。

ベンゼンのアジア市況は、2019年第１四半期は低迷していました。アジアの対米輸出が減少すると余剰玉は主に中国に向かい、中国では月30万トン以上の輸入が３月まで続きました。また、３月下旬に中国のニトロベンゼン工場で爆破事故が発生した直後に、ベンゼンは投げ売りが行われて急落しました。ナフサ価格を一時割り込む事態となった。第２四半期以降は誘導品の定修が明けたほか、ガソリンシーズン入りなどによって米国の需給がタイト化しました。６月後半に発生した東海岸の製油所の事故の影響で、米国のベンゼン価格が上昇し、アジアの対米輸出は一段と拡大しました。秋以降は米国の需給緩和などでナフサとの価格スプレッドが１トン当たり100ドルを下回る局面があったが、年末以降はＰＸの減産にともなう副生ベンゼンの減少、誘導品メーカーによる旧正月前の在庫確保などを要因として、市況は改善した。新型コロナウイルスの感染拡大にともない、世界経済の先行き不透明感が増していたところに原油価格が急落。ベンゼンは３月中旬に500ドル以下に沈み、数日内に400ドルを割り込みました。

中国のベンゼンの輸入は５年ぶりに減少し、2019年は前年比25％減の193万9,000トンとなりました。韓国の19年の輸出は２％増の

262万7,000トン。中国向けは１７％減の105万1,000トン、米国向けは40％増の90万7,000トンと対照的な動きをみせました。

　ＰＸの国内生産は2017年の346万9,000トンから２年連続で減少し、2019年は前年比３％減の327万3,000トンとなりました。

　世界需要は4,500万トン以上に達し、中国が６割程度を占めているもようです。中国の新設は2015年に中金石化の160万トン設備が立ち上がった後は停滞していましたが、15年の爆発事故以来停止していた旧騰龍石化の160万トン設備が1018年末から19年春にかけて順次再稼働したほか、恒力石化の新規設備が昨年３月に試運転を開始しました。５月頃から稼働が上昇しました。需給緩和によってマージンが縮小するなか、夏以降に操業を休止するメーカーも出てきました。

　ただ、恒力石化の生産はフル稼働で日量１万トンを超えるため、トラブルで停止した場合は需給が一気にタイト化するリスクがあります。

　中国では高純度テレフタル酸（ＰＴＡ）の生産が拡大し続けるなか、原料ＰＸの輸入は増加の一途をたどってきましたが、恒力石化の設備が本格稼働し始めると勢いが低下。輸入は９年ぶりに減少し、2019年は前年比６％減の1,497万8,000トンとなりました。自製化の進展にともない、24年に1,000万トンを下回るとの観測もあります。

　中国の輸入で18年まで上位３位を占めてきた極東品（韓国、日本、台湾）はいずれも前年割れとなりました。一方、ベトナム品は83％増の４０万5,000トン、インドネシア品は前年の１万トンから27万7,000トンと好調。ベトナムでは18年６月から新規生産が始まり、インドネシアでは18年１１月に４年ぶりに再稼働した設備がありました（昨夏に再休止）。新設が行われたブルネイからは５万1,000トンが入着。また、インド品が18％増の127万5,000トン、サウジアラビア品が42％増の94万2,000トンとシェアを拡大しました。

　日本の2019年の輸出は、中国向けが前年比13％減の211万8,000トンとなったものの、台湾向けが32％増の８７万1,000トンに達するなど、全体で３％減の302万9,000トンと微減にとどまりました。韓国の輸出は５％減の703万2,000トンでした。台湾の輸出は37％減の98万1,000トンと大幅に後退したものの、ＰＴＡの輸出が48％増の124万トンと盛り返しています。

2000年代に入ると、石化市場のグローバル化は一段と進展します。原油を保有するサウジアラビアなどの中東諸国や中国などの新興工業国が石化に積極投資し存在感を高めるなか、相対的に地位が低下した日本の石化産業は、国内石化設備の競争力を高めるべく石油精製との距離を縮める作戦に出ます。石油精製側も需要減少や過当競争で石油精製事業の収益立て直しを迫られており、石化の取り込みは渡りに船でした。2004年に出光興産が出光石油化学を吸収合併すると、三井化学と出光興産は2005年にポリオレフィン事業統合会社プライムポリマーを発足、また両社は2010年に千葉地区でそれぞれが有するエチレン設備を一体化して運営する千葉ケミカル製造有限責任事業組合を設立し、協業を深めています。2008年には新日本石油精製と新日本石油化学が合併、2010年には新日本石油、新日本石油精製、ジャパンエナジーが合併しJX日鉱日石エネルギーが発足しました。

2000年代後半の日本の石化産業は、好調なアジア経済の発展に支えられ輸出が伸び、石化生産は過去最高に達します。堅調な世界経済に支えられ、原油価格（WTI）は2008年7月に史上最高値の1バーレル当たり147ドルをマークしましたが、同年秋のリーマンショックにより市場は一気に冷え込みます。2008年のエチレン生産は13年ぶりに700万トンを割り込みました。

2010年以降、欧州債務危機、中東諸国の騒乱などが続き、世界の政治経済は混沌とした状況が続きます。この間、日本はバブル崩壊後より続くデフレ経済から脱却できず、2011年には東日本大震災と東京電力福島第一原発事故という未曾有の事態に直面します。製造業は資源高、円高などのいわゆる六重苦を背景に、国内拠点の競争力が大きく落ち込みました。経済産業省は2014年に産業競争力強化法を施行し、石化や石油精製について供給過剰のリスクがあるとして再編を促しました。特に石化については米シェール革命、中東の石化投資、中国の石炭化学の台頭などが背景に挙げられました。2014年以降に進められた各企業の設備集約の背景には、自動車や電機、半導体など需要家の海外生産移転が広がり、化学製品の内需が縮小したことが挙げられます。

2.3　ソーダ工業製品

ソーダ工業は電解ソーダ工業とソーダ灰工業とからなり、製品は大きくカ性ソーダ、塩素、水素、ソーダ灰に分けられます。電解ソーダ工業は電気分解によりカ性ソーダ、塩素、水素を製造し、ソーダ灰工業は炭酸ガスやアンモニアガスを反応させて合成ソーダ灰を製造します。双方とも塩を出発原料としており、その塩はほぼ輸入で賄われています（内需の見通し、輸入実績については1.1「原料」の【工業用塩】を参照）。

【カ性ソーダ】

カ性ソーダとは「水酸化ナトリウム（NaOH）」のことで、水溶液は非常に強いアルカリ性を示します。酸との中和反応や、溶解が難しい物質を溶かしたり、他の金属元素や化合物と反応させて有用な化学物質、化学薬品を製造したりする際に用いられ、紙・パルプ、化学工業、有機・石油化学、水処理・廃水処理、非鉄金属、電気・電子、医薬など幅広い分野で、原料、副原料、

反応剤として使われています。

カ性ソーダ工業は "電解ソーダ工業" や "クロルアルカリ工業" とも呼ばれ、塩を水に溶かし、電気分解する製法がとられています。電解法の製法には、イオン交換膜法、アスベストを使った隔膜法、水銀法などがありますが、隔膜法、水銀法は環境面で懸念があります。日本ではすべてのメーカーが世界に先駆けて、安全で高品質、高効率生産が可能なイオン交換膜法に転換していて、生産技術で世界のトップを走っています。

塩を水に溶かし電気分解すると、カ性ソーダ、塩素、水素が一定の比率（質量比1：0.886：0.025）で得られます。塩素は塩化ビニル（塩ビ）原料などの塩素系製品の原料に使われるほか、その3割は液体塩素、塩酸、次亜塩素酸ソーダ、高度さらし粉などの製造に利用されています。カ性ソーダとは需要分野が異なり、しかもそれぞれに需要の増減があるため、常にカ性ソーダと塩素の需給バランスを考慮に入れて生産するという特徴があります。このことから、バランス産業と呼ばれることがあるほか、事業コストの4割を電力料金が占める構造からエネルギー多消費産業ともいわれています。経営に大きく影響する電力情勢への対応が求められており、各社がエネルギー原単位に優れる電解設備の導入に取り組んでいます。1997年以降、環境対策などでイオン交換膜法に置き換わった日本の電解工場は現在、設備の老朽化にともなう更新のタイミングに差し掛かっており、ゼロギャップ方式やガス拡散電極法といった最新設備の導入が進められています。ゼロギャップ方式では約10％のエネルギー原単位の効率化に成功している企業があり、またガス拡散電極法では電力使用量を3分の2程度まで抑制できるなど、エネルギー効率化のための技術が進歩しています。また、国内電解工場の約65％は自家発電を保有しており、石炭や天然ガスを輸入に頼る日本にとって、原油安による資源価格の低下はコスト削減の一助となります。

2019年のカ性ソーダの国内生産実績は前年比微増の402万3,102トンとなりました。出荷合計は402万5,757トン（前年比0.7％増）で、そのうち国内需要は320万1,107トン（同4.5％減）、輸出は82万4,650トン（同27.5％増）でした。国内需要のうち、自家消費が同2.0％減の102万7,652トン、販売が同5.7減の217万3,455トンでした。

国内出荷の内訳は、全体の約46％を占める化学工業向けが183万9,326トン（前年比2.6％減）となりました。染料・中間物（7万4,090トン、同0.9％増）、重曹（5万5,698トン、同2.2％増）、高度さらし粉（5,143トン、同10.4％増）、その他化学工業（64万5,871トン、同2.7％増）が増加した一方、無機薬品（40万7,150トン、同9.5減）、有機・石油化学（38万8,498トン、同4.1％減）、電解ソーダ（4万9,083トン、同4.2％減）、プラスチック（16万2,441トン、同1.6％減）は減少となりました。、

輸出は、液状品が前年比18.3％増の164万2,954トン、固形品が同13.8％減の7,998トンとなりました。液状品の内訳は、豪州向け（59万4,760トン、同0.2％増）、インド向け（20万3,186トン、同37.6％減）、マレーシア向け（18万62トン、同39.9％増）、中国向け（4万7,287トン、同43％増）などとなりました。

カ性ソーダの国内需要は自動車、住宅・建築関連など主要産業の動向に左右されます。日本自動車工業会のまとめによると、2019年の自動車生産台数（四輪）は前年比0.5％減とやや減少しましたが968万4294台と依然高水準です。また、国土交通省による新設住宅着工戸数は前年比4％減ながら90万戸をキープしている。こうした結果、カ性ソーダの出荷数量は前年比0.7％増と5年連続で増加となりました。カ性ソーダは今後、新規用途は期待が薄いものの、脱硫や中和といった環境分野での需要は引き続き大きく維持するものとみられています。

【塩　　　素】

　空気より重い、刺激臭のある気体です。反応性が強く他の物質と結びつきやすいため、自然界では単体で存在せず、塩化ナトリウム、塩化カリウムなどとして存在しています。殺菌剤や漂白剤として使われるほか、塩化ビニル樹脂やウレタン樹脂、エポキシ樹脂、合成ゴムなどの製造や各種溶剤の製造にも用いられます。

【水　　　素】

　無色、無味、無臭。空気の比重を1とすると水素の比重は0.069で、最も軽い気体です（2.4「産業ガス」の【水素】参照）。

【ソ ー ダ 灰】

　ソーダ灰は住宅、自動車用の板ガラス、ガラスビンなどの主力用途に加え、ケイ酸ソーダ、重クロム酸ソーダなどの無機薬品や中間製品として洗剤のほか、顔料、紙・医薬、接着剤、皮革、メッキなど幅広い用途があります。世界需要は年間6,000万トンと推定され、インドなど新興国を中心に今後も伸びると予測されています。
　塩を原料とする基礎素材として国内の電解

◎カ性ソーダ・塩素のインバランス
（単位：1,000トン、%）

	2017年	2018年	2019年
カ性ソーダ内需（a）	3,385	3,334	3,190
塩素・総需要	4,338	4,145	4,178
回　　収	531	491	504
差し引き需要	3,807	3,654	3,674
〃（カ性換算）（b）	4,341	4,237	4,272
（b）=（d）+（e）			
インバランス計	956	903	1,082
（b）−（a）=（c）			
カ性ソーダ			
輸　　出	653	646	839
輸　　入	10	7	10
差し引き純輸出	643	639	829
塩素誘導品			
輸入（カ性換算）（d）	307	278	219
カ性ソーダ在庫増減	6	△14	34
カ性ソーダ生産（e）			
電解法（b）−（d）=（e）	4,034	3,998	4,053

資料：日本ソーダ工業会

◎塩素の需要内訳
（単位：1,000トン）

	2017年度	2018年度	2019年度
塩 化 ビ ニ ル	1,647	1,637	1,637
食　　　　　品	22	21	20
塩 素 系 溶 剤	57	53	57
ク ロ ロ メ タ ン	211	194	203
P　　　　　O	308	296	253
TDI・MDI	354	336	338
そ　の　他	1,736	1,625	1,401
合　　　計	4,335	4,162	3,909

〔注〕輸入を含む
資料：日本ソーダ工業会

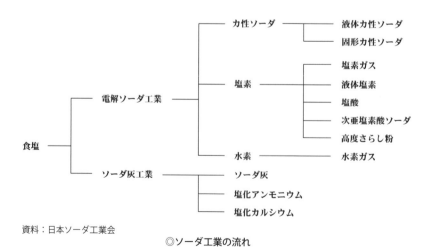

資料：日本ソーダ工業会

◎ソーダ工業の流れ

メーカーもソーダ灰を手掛けてきましたが、国内需要の縮小や海外製品の流入を受けて、国内での生産は縮小しています。国内推定供給量（国内の実需）は、トクヤマの年間生産量20万トンと海外からの輸入量の合計となります。2019年のソーダ灰は自動車用や板ガラスがまずまず

の底堅さを示したほか、住宅・建築用途も首都圏での五輪・パラリンピック関連需要やインバウンド向けホテルの建設関連などが堅調に推移しました。2019年の輸入量（天然ソーダ灰を含む）は、財務省「貿易統計」によると、天然ソーダ灰（トロナ灰）は前年比11.3％増の31万4,487トン、合成ソーダ灰は前年比20.9％減の8万4,936トンでした。天然ソーダ灰は米国からの28万5,597トン（前年比4.8％増）、合成ソーダ灰は中国からの8万4,530トン（同20.5％減）が占めました。

◎カ性ソーダの需要内訳

（単位：トン）

	2017年	2018年	2019年
紙・パルプ	308,706	297,564	271,154
化学繊維	60,003	63,658	61,484
染色整理	49,052	47,177	44,707
アルミナ	22,614	22,436	21,761
食　品	84,748	83,943	80,261
石油精製	25,420	24,839	22,917
セロハン	10,173	8,960	9,697
化学工業	1,856,771	1,889,101	1,839,326
無機薬品	449,228	449,885	407,150
硫酸ナトリウム	11,425	13,266	12,471
亜硫酸ソーダ	16,676	16,086	13,028
ケイ酸ソーダ	32,847	35,958	28,844
次亜塩素酸ソーダ	140,457	140,332	130,126
その他	247,823	244,243	222,681
有機・石油化学	404,541	405,265	388,498
染料・中間物	72,749	73,465	74,090
せっけん・洗剤	46,530	43,984	40,304
電解ソーダ	50,544	51,237	49,083
カプロラクタム	15,800	12,199	11,048
プラスチック	160,644	165,019	162,441
重　曹	52,806	54,488	55,698
高度さらし粉	5,810	4,657	5,143
その他	598,119	628,902	645,871
非鉄金属	89,289	87,435	80,281
電機・電子	66,148	66,468	62,452
医　薬	30,209	26,490	25,869
鉄　鋼	48,644	44,821	39,733
ガラス	4,423	4,091	4,074
タール	622	568	514
農　薬	17,138	17,425	18,764
電　力	31,912	31,246	29,787
上下水道	46,701	45,665	42,791
水・廃水処理	179,011	172,807	162,807
その他	455,557	417,913	382,728
内　需　計	3,387,169	3,352,604	3,201,107
輸　　出	610,764	646,593	824,650
需　要　計	3,997,933	3,999,197	4,025,757

資料：日本ソーダ工業会

２．４　産業ガス

　産業ガスは、空気から分離する酸素、窒素、アルゴンが主力です（エアセパレートガス）。圧縮した空気を約10℃まで冷却し、低温で固化する水分と二酸化炭素を吸着除去した後、熱交換器でマイナス200℃近くまで冷却（液化）し、精留塔でそれぞれの沸点の差を利用して分離精製します。大口需要家である製鉄所などには、酸素パイプラインで供給するオンサイトプラントが併設されているケースが多く、小口の需要に対しては、液化して高圧タンクに詰めて出荷されています。このほか、製鉄所などの副生ガスを回収して生産する炭酸ガス、天然ガスから取り出すヘリウムなどがあります。産業ガス業界は日本全体の電力使用量の約１％を占め、売上高当たりの使用量が全製造業平均の約30倍にも上ります。電力多消費型産業であり、エネルギー価格や景気の動向に大きく影響されます。

　以下、主な工業用ガスの概要を解説します。

◎主な産業ガスの販売量

（単位：km³）

	2017年	2018年	2019年
酸　　素	1,991,171	1,984,624	1,873,472
窒　　素	5,165,933	5,206,352	5,144,339
アルゴン	236,447	246,701	246,915

資料：日本産業・医療ガス協会

【酸　　素】

　強い支燃性と酸化力が特徴です。この性質から、鉄鋼業における炉での吹き込み（銑鉄から炭素などの不純物を酸化反応で除去する）や、溶断・溶接、ロケットの推進剤、化学工業における酸化反応などに利用されます。需要は化学工業と鉄鋼業で６割近くを占め、医療用にも使われています。

【窒　　素】

　常温では化学的に不活性であるため、菓子類の袋に酸化防止目的で封入したり、修理などで操業停止中の化学プラントの内部に注入したりします。また、液化するとマイナス196℃にもなり、冷凍食品の製造や超電導装置などに使用されます。不活性という特徴から半導体製造に欠かせないガスであり、全需要の２割近くがエレクトロニクス向けです。化学工業の原料などとしても用いられ、約４割を占めます。

【アルゴン】

　空気中には0.9％しか含まれていません。高温高圧下でもまったく化学反応を起こさないため幅広い用途に使われ、半導体製造や鉄鋼などの雰囲気ガス、半導体基板のシリコーンウエハーの製造、溶接、金属精錬などに利用されます。超高純度シリコン単結晶の製造や製鋼、製錬などの高温高圧下での工程で酸化・窒化を嫌う場合や、窒素の不活性では不十分な場合にアルゴンが用いられます。

【炭 酸 ガ ス】

　二酸化炭素のことを指します。アンモニア合成工業の副生ガス、製鉄所の副生ガス、重油脱硫用水素プラントの副生ガスとして生産され、

ドライアイス、液化炭酸ガスとして、溶接や金属加工などのほか、冷却、炭酸飲料や消火剤、殺虫剤の製造に利用されます。

【ヘリウム】

化学的に不活性、不燃性のガスで、他の元素、化合物とは結合しません。不活性で空気よりも軽いという特徴を利用して、飛行船やアドバルーンの充填ガスとしてよく知られています。半導体・液晶パネルの製造では主にCVD（化学気相成長法；半導体基板に化学反応で薄い膜を作ること）工程後の冷却ガスとして使われているほか、リニアモーターカーやMRI（医療用核磁気共鳴断層撮影装置）の超電導磁石などにも利用されます。ヘリウムガスは光ファイバー製造用の雰囲気ガスとしての用途がメインでしたが、需要一巡や海外移転によって大幅に減少しました。それを埋め合わせてきた半導体・液晶製造用途も近年は苦しくなっています。液体ヘリウムはMRI用途が7割を占めますが、こちらも成長には陰りがあります。

ヘリウムは、天然ガス田から採取して生産されていますが、ヘリウムを含む井戸はわずかで、生産は米国、アルジェリア、ポーランド、ロシアなど一部の地域に限られており、日本は全量を輸入に依存しています。

【水　　素】

無色、無味、無臭の気体で、最も軽いガスです。石油化学工業においては、誘導品を作る際に反応剤として使われます。アンモニア、塩酸などの原料として使用されるほか、産業ガス分野でもアルゴン精製用として利用されています。光ファイバー製造のための水素炎や半導体製造時のキャリアガスのほか、人工衛星打ち上げ用ロケットエンジンの燃料としても利用されています。今後は燃料電池車（ＦＣＶ）向けの水素ステーションでの需要拡大が期待されます。

日本経済全体が緩やかな景気回復を続けているなか、産業ガスおよび医療ガスの需要も堅調に推移しています。ただ、業界の収益性に大きな影響を与える電力コストの問題、ドライバー不足にともなう物流面への影響、事故を防ぐための安全対策など、業界全体として取り組むべき課題は山積しています。2018年秋〜2019年にかけて、国内供給元はタンクローリー輸送での値上げを打ち出しています。慢性的なドライバー不足に加え、時間外労働の上限規制による影響が背景にあるようです。

日本産業・医療ガス協会の調べによると、2019年度の酸素の販売量は15億3,358万㎥（前年度比6.2％減）で、業種別では、鉄鋼向けが5億2,609万㎥（同9.6％減）、化学向けは4億6,031万㎥（同4.6％減）となりました。2020年度の販

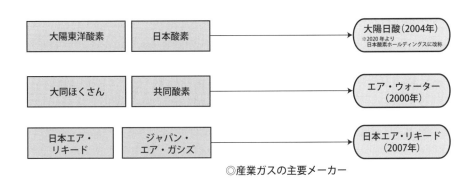

◎産業ガスの主要メーカー

売量は前年度比約2割減の推移となっており、新型コロナウイルス感染症の影響を受けていると考えられます。

窒素の2019年度の販売量は43億3,601万㎥（前年度比3.3%減）となりました。業種別では、最大の化学工業向けが17億3,415万㎥（同0.7%減）となったほか、電気機械器具製造業向けは半導体・電子部品関連の不振から下期に減速し、9億3,512万㎥（同0.1%減）と10億㎥を割りました。エレクトロニクス関連の需要は低調に推移する見込みです。

アルゴンの2018年度の販売量は2億799万㎥（前年度比1.6%減）と減少しました。電気機械器具製造業向けが4,813万㎥（同5.9%増）と伸びたものの、最大用途の鉄鋼業向けが5,588万㎥（同4.4%減）と減少したことが背景にあります。

圧縮水素とヘリウムの2019年（1〜12月）の販売・出荷も振るいませんでした。どちらも拡大基調で推移してきましたが、2019年はブレーキとなりました。

圧縮水素の2019年出荷量は7,678万㎥（前年比18.4%減）と大きく落ちました。最大用途の弱電向けが減少（同25.9%減）に転じたほか、化学向け（同4.0%減）など軒並みフタ桁減となり、とくに硝子向けは前年比30%強落ち込みました。ただ、長期的には燃料電池車（FCV）向けの水素ステーションでの需要増が期待されています。移動式のものも含めると、すでに全国に100カ所以上のステーションが整備されています。その場で水素を製造するオンサイト型ステーションより、圧縮水素を外から運び込むオフサイト型や移動式のステーションが初期には中心になるとみられることから、FCVが順調に普及すれば大きな需要になる可能性があります。

ヘリウムの2019年販売量は916万㎥（同11.7%減）となり、1,000万㎥を割り込みました。内訳をみると、ヘリウムガスが706万㎥（同10.1%減）、液体ヘリウムが210万㎥（同16.8%減）とともに減少しました。液体ヘリウムの用途の7割強を占める医療用核磁気共鳴断層撮影装置（MRI）向けの販売量の減少が続いていますが、これは技術が進歩し、ヘリウムの消費量を削減できる装置が増えてきていることなどが要因とみられます。

溶解アセチレンと炭酸ガスは、溶接や金属加工などの用途が中心です。溶解アセチレンは長期的な需要減少傾向が続いています。2019年度の生産量は9,127トン（前年度比4.9%減）となり、1970年の生産量（6万5,000トン）と比べると6分の1以下に縮小しています。プラズマ加工やレーザー加工などの技術変革に加え、供給量の豊富な石油系ガスへの代替が進んだことが原因です。

液化炭酸ガスは、需要全体の半分近くを溶接向け（炭酸ガスシールドアーク溶接）が占めます。そのほかでは炭酸飲料（ビール、コーラなど）向けと冷却向けが大きく、この三大用途で全需要の8割を占めます。2019年度の工場出荷量は74万3,342トン（前年度比2.6%減）となりました。ここ数年、炭酸飲料需要や生鮮食品の通信販売増大にともなう冷却向けの需要が高まっていましたが、一服といった感じです。

特殊ガスは、高純度ガス、半導体材料ガス、標準ガスの3種類に大別されます。日本産業・医療ガス協会の調べによる各種ガスの需要量をみると成長しているものが多く、2ケタ減など大きく落ち込んだものは少ない印象です。アジア全体でみると半導体材料ガス需要は堅調で、国内メーカーもそれらの地域での活動を強化しています。半導体産業で使用される半導体材料ガスは、高集積化にともなうプロセスの多様化に応じて種類が増え、現在では20種類以上のガスが、化学気相成長法（CVD）、エッチング、イオン注入、チャンバークリーニングなどの各半導体プロセスで重要な役割を果たしています。

統計がとられている21種類のガスのうち最も需要量が大きいのは高純度アンモニアガスで、発光ダイオード（LED）や液晶パネルなどの製造工程で窒化膜形成に用いられます。2019年の需要量は2,871トン（前年比1.0％減）と4年連続のマイナスで、3,000トンの大台を割り込んでいます。一方、2番目に需要が多い三フッ化窒素（液晶パネルなどの洗浄向け）は1,581トン（同5.1％減）と落ち込みました。一方、一酸化二窒素（CVDプロセスでの絶縁酸化膜形成用）は1,043トン（同1.3％増）と増加に転じました。年間1,000トン以上の需要がある上記3種以外では、八フッ化シクロブタン（半導体エッチング用。同23.4％増）、ジクロロシラン（成膜用。同12.8％減）、TEOS（保護膜・絶縁膜など。同7.6％増）、六フッ化タングステン（CVD材料ガス。同7.2％減）などとなりました。

医療ガスは、医薬品医療機器等法（医薬品、医療機器等の品質、有効性及び安全性の確保等に関する法律、旧薬事法）で規定するガス性医薬品としての医療用ガスと、それ以外の医療ガスとに分けられます。前者には酸素、窒素、二酸化炭素、亜酸化窒素（笑気ガス）、キセノン、各種混合ガス、後者には医療用の酸素圧縮空気、吸引ガス、手術器機の駆動用ガス、検査・測定器向けの校正用ガスなどが含まれます。

医療ガスには生産・出荷などの統計がありませんが、最も需要量が大きいのは酸素で、市場規模は、以前は年間約2億㎥といわれていました。ただし、このところ全体として減少傾向であり、現在の需要量は1億6,000万㎥ほどとみられています。手術後のケアを目的とした高濃度酸素吸入がほとんど行われなくなったことに加え、医療関連機器の技術が進み、ロスした酸素を補充する需要が減少したことなどが原因とされています。

一方で、患者の負担が小さい内視鏡検査や腹腔鏡下外科手術の増加にともなって二酸化炭素の需要が増加しています。体内に二酸化炭素を送気し、腹壁などを持ち上げて空間を作り出して検査や手術を行うのです。

近年、医薬品では「封」に関する規定が強化されています。2017年にＣ型肝炎治療薬の偽造品が国内正規流通網で発見された事件が背景にあり、偽造品の心配はない医療ガスですが、医薬品医療機器等法に対応した封キャップを日本産業・医療ガス協会が開発し、2019年1月から提供を始めています。

2.5　化学肥料・硫酸

【化学肥料】

植物の栄養素で重要なのは"窒素"、"リン"、"カリウム"で、「肥料三要素」と呼ばれています。これら無機養分は土壌中に不足しやすいため、農作物を作る際には、土壌に補充する必要があります。無機養分を化学的に処理し、加工したものを化成肥料といい、単一の物質からなる肥料を単肥、2つ以上からなるものを複合肥料と呼びます。複合肥料のうち、肥料成分が30％以上のものを高度化成肥料、それ以下のものを普通化成肥料といいます。

世界の人口が77億人に達し、2050年には97億人を超えるとされるなか、食料需要の拡大を受けて肥料の需要も中長期的に右肩上がりで推

◎化学肥料の需給実績

（単位：トン）

	2017年度			2018年度			2018年度		
	生産量	出荷量	輸出量	生産量	出荷量	輸出量	生産量	出荷量	輸出量
高度化成肥料	983,821	809,877	20,381	971,679	783,716	22,131	960,927	761,004	20,224
普通化成肥料	198,872	191,615	1,148	185,352	177,113	1,623	177,671	172,332	1,195
ＮＫ化成肥料	32,869	29,988	－	32,025	27,716	－	27,178	25,254	－
過リン酸石灰	90,124	32,834	－	85,916	34,966	－	74,909	31,576	－
苦土過リン酸石灰	24,025	11,866	140	22,711	11,035	160	22,767	10,324	80
重過リン酸石灰	6,470	743	－	7,108	676	－	6,469	786	－

〔注〕年次は肥料年度。高度肥料はコーティング複合を含む。
資料：日本肥料アンモニア協会

移すると予想されます。地球上の農地は限られており、増え続ける世界人口を養うには、単位面積当たりの収量を増やす必要があります。食料の確保にとって、肥料はなくてはならない存在です。作物の収穫とともに土壌から失われる成分は、肥料によって補わなければなりません。適切な施肥により農産物の品質が向上し、それを摂取する人間の健康も改善されるのです。

肥料の革新は世界的な課題です。国際連合食糧農業機関（FAO）は、持続的な穀物生産に向けたガイドブックのなかで、推進すべき技術革新の1つとして肥料を挙げています。背景には、従来品が土壌の特性に合わず十分に機能していない現実（特にアフリカなど貧困地域）や、施肥の20〜80％が植物に取り込まれることなく環境に流出しており、環境負荷を十分に抑えることができていないとの認識があります。

FAOは、土地に与えるのではなく、直接植物に照準を定めた肥料を求めています。肥料の利用率向上が、土壌回復や、農業システムの再生と持続性の向上、環境中への窒素酸化物の排出削減、生態系の健全化につながるとし、技術革新への期待を高めています。

米バーチャル肥料研究所によると、植物生理学の分野では、植物が微量要素を含む十数種の肥料成分を吸収する際の拮抗や相乗作用が明らかとなってきています。また土壌と吸収の関係についても、ペーハー（pH）による影響以上のことが分かってきており、これらを応用するこ

とで、肥料の利用効率向上が期待されています。作物や地域ごとに適切な成分構成を開発するばかりでなく、発芽を助ける種子コーティング肥料や、葉茎への散布、吸収されやすいナノカプセル型などのアイデアも提示されており、従来の肥料の概念を超えた「再設計」が求められています。

日本では、政府が目標に掲げた「農家の所得倍増」へ向けて、肥料業界の取り組みに拍車がかかり、適正施肥、省力化などとともに、生産への投資が進んでいます。企業統合などにより合理化が進んでいますが、農業を成長産業へ転換するには、生産コストの圧縮ばかりでなく、農産物の付加価値向上もまた重要です。

政府が農家の所得倍増を目標に掲げた背景には、日本の農業の衰退に歯止めがかからない実態があります。2016年3月に公表された「農林業センサス」では、5年前に比べ農家数は215万5,000戸と14.7％減少し、販売農家の農業就業人口は209万7,000人と19.5％減少しました。農業就業人口の平均年齢は66.4歳で、65歳以上が占める割合は63.5％にもなります。

経済産業省「生産動態統計」によると、高度化成肥料の2019年の出荷金額は511億9,400万円（前年比4.1％減）と、6年連続で前年実績を割り込みました。

全国農業協同組合連合会（JA全農）は2017年から、銘柄集約や購買方式の転換（農家からの事前予約注文を積み上げ、肥料メーカーと価

格交渉を行う。集中購買）を進めており、肥料価格の引き下げ、高度化成肥料の金額ベースの落ち込み幅が広がっている状況です。政府も2017年に農業競争力強化支援法を施行し、肥料の価格引き下げを後押ししています。国は肥料を「事業再編促進対象事業」と位置付けており、その将来のあり方と、事業再編による合理化や生産性向上の目標設定に関する事項などを指針として定めることになっています。

「食料・農業・農村白書」によると2016年現在、肥料生産業者数は、国への登録・届出業者が2,400あるほか、都道府県への登録肥料（化学的方法で生産されない有機質肥料など）のみを生産している業者が約500あり、国への登録・届出肥料業者のうち生産量が5,000トン以下の小規模な業者が93％を占める構図となっています。また肥料の登録銘柄数は近年ほぼ一貫して増加しており、現在は約2万銘柄とされます。主要な肥料メーカーにおける1銘柄当たりの生産量は、規模が大きいメーカーでも約300〜900トンにとどまり、コスト高につながっていると考えられます。銘柄数の削減を前提に業界の再編が求められることになりますが、業界ではこれまでにも再編が繰り返されており、最近では2015年に片倉チッカリンとコープケミカルが合併し、片倉コープアグリが誕生しました。

一方で肥料の多様化は、品質向上に向けた農家の研究努力の結果という側面があることも忘れてはなりません。銘柄数を減らした結果、農産物の品質が落ちてしまっては、目的とする競争力強化に逆行する結果につながります。

肥料をめぐる大きな流れとして、養液栽培システム（土壌以外の固形培地や水中に根を張らせ、生育に必要な肥料成分と水を液体肥料の形で与えて栽培する）の拡大が挙げられます。新規参入企業や新規就農者などへの普及が期待されるほか、東南アジアや中国など土耕栽培が難しい砂漠や高気温地帯などでの導入が見込まれ

ています。

また近年、新しい肥料として注目されているのが「バイオ肥料」です。窒素は空気中に大量に存在するものの、一般に反応性の高い他の窒素化合物に変換（固定）しなければ植物は利用できません。ただしマメ科植物は例外で、根粒菌（窒素分子を固定する能力を持つ）と共生することで大気中の窒素を栄養分として摂取しています。こうした作用を他の植物でも可能とする微生物が、バイオ肥料と呼ばれています。日本はこの分野の研究を促進するうえでカギとなる、植物と相互作用する膨大な微生物を効率的に分離・培養・選抜する技術で先行しています。食料増産と環境保全を両立できる手法として世界的に関心が高まっており、大きな経済効果も期待できます。

無人ヘリコプターの活用にも焦点が当てられています。2014年に産業用無人ヘリコプターの重量規制が100kgから150kgへと緩和されたことで積載が増え、施肥方法としての可能性が広がったためです。しかし従来型の肥料では十分な量を積載することができず、散布機内での目詰まり防止への配慮も必要です。少ない量で効く高成分型の無人ヘリコプター向け肥料の開発への取り組みがすでに始まっています。

肥料は製造コストの約6割を原材料費が占め、その大半を輸入で賄っている国内肥料価格は、肥料原料の国際市況の影響を大きく受けます。特に、日本が全量を輸入しているリン鉱石、塩化カリは今後も世界的な需要拡大が見込まれる一方で、賦存地域の偏在性が高くなっています。将来の供給不足の懸念が常にくすぶっており、この先、再び2008年のように国際市況が急騰しないとも限りません。このため日本としては、新たな輸入相手国を開拓するとともに、国内では未利用資源（鶏糞焼却灰など）を用いた肥料の製造、リン酸・カリ成分を抑えた肥料の製造、下水汚泥などからのリン回収などの技術の確立・普及が必要とされています。また、複

数社が共同で実施する原料調達や輸送・保管も肥料産業のコスト競争力強化につながる有力な手段です。

　各メーカーは、機能性を有しコストパフォーマンスに優れた独自の製品や技術の普及にも注力しています。代表的なものとして、肥料の表面を樹脂などでコーティングし、肥効を長期にわたり持続させるコーティング肥料、家畜糞など安価に調達できる原料を用いた有機質肥料、肥料の三要素(窒素・リン・カリウム)に鉄やマンガンなどを配合した微量要素肥料が挙げられます。

　肥料は農業生産に不可欠な資材で、日本の農業の発展のためにも官民が一体となって知恵を出し合い、肥料産業の継続的な発展に力を注ぐことが求められます。

【硫　　　　酸】

　硫酸は世界で最も生産、消費されている化学品で、2019年度は生産・需要量ともに２億7,800万トンと前年度並みとなりました。一方、国内でも同年度は２大メーカーによる定修が重なりましたが、生産量は前年度比微減となったほか、需要も肥料用などが堅調に推移し年300万トン台に乗せています。今年度は新型コロナウイルスの流行にともなう経済活動の滞りから、世界需要は減少見通しとなっているいますが、国内については幅広い用途先に下支えされ、底堅く推移すると予想されています。

　硫酸は石油や銅、亜鉛などから副生されており、非鉄金属の製錬ガスおよび硫化鉱、天然ガス・石油精製の回収硫黄が主な資源ソースとなっています。世界的には、回収硫黄出によるものが全体の６割強を占め、製錬ガス出が３割、硫化鉱由来では約１割といわれています。

　非鉄製錬および天然ガス生産、石油精製のそれぞれの稼働率で生産量が変動しており、ここ数年、中東など諸外国で非鉄・石油ガス双方と

もに能力が拡大していることもあって、硫酸の世界生産量も需要量も各国の農業政策動向などに合わせて肥料用途を中心に年々伸長しています。

　硫酸の生産・消費量は、2016年度で２億6,900万トン、2017年度で前年度比２％増の２億7,500万トン、2018年度は同１％増の２億7,800万トンと、着実に伸長してきました。18年度も当初、前年度比2.5％増の２億8,500万トンになると予想されていたが、実績は前年度並みの２億7,800トンで推移しました。

　背景には新型コロナウイルス感染拡大による各国の経済活動停滞があるとみられています。これにより、2020年度予測値も2019年時点で２億9,200万トンだったのが、1.7％減の２億7,300万トンに下方修正されました。再び成長軌道に乗るのは21年度以降になるとみられており、2021年度は5.8％増の２億8,900万トンになると予測されています。

　このなかでも世界生産・消費量の半分を占める中国では今年初め、新型コロナウイルスの流行にともなう移動制限令で硫酸需要も一時的に激減しましたが、今春いち早く制限令を解除したことで需要も持ち直しつつあります。ただ同国では国策として銅製錬の工場を増やす方針を示しているため、製錬ガス出の硫酸供給も大幅に増えるとみられています。また同国を含むアジア圏では、海運業界の低硫黄燃料規制に準じた脱硫装置併設の製油所が今後相次ぎ新設される見通しとなっていますので、同業界動向によっては硫黄供給も大きく変動する可能性が指摘されています。

　国内の硫酸供給は世界の生産動向とは異なり、製錬ガス出が約８割、回収硫黄出によるものが約２割となっています。毎月40万～50万トンの生産量から月30万トン程度を内需へ、残りを海外市場に振り向けることで国内の需給バランスを保つ構造となっています。

　硫酸協会の統計(確報)によると、2019年度

（2019年4月〜2020年3月）の硫酸内需は前年度比4.1％減の328万トンとなりました。肥料用が堅調に推移した一方、工業用はカプロラクタムや硫酸アルミニウム、酸化チタン向けなどが苦戦しました。輸出量も、昨秋に国内2大メーカーの定修が重なった影響で海外に振り向けられる数量が抑制されたため、284万9,000万トンと4.3％減少し、内需を足し合わせた総需要量は612万9,000トンで同4.2％減少しました。

　需要の内訳をみると、肥料用は同1％増の26万8,000トン。リン酸肥料向けが1.5％減少したものの、硫安向けは2.3％増と好調に推移しました。工業用は同4.5％減の301万2,000トン。主力先のうちフッ化水素酸向けは同2・5％増と伸長したものの、カプロラクタム向けや硫酸アルミニウム、酸化チタン向けなどがマイナスとなりました。いずれも米中貿易摩擦や新型コロナウイルス流行による市況下落などの影響を受けたとみられています。

　生産量は、620万4,000トンで同2.3％減少。2年に1度、秋に訪れる製錬ガス出の大手2社を中心とする大規模定修が実施されたため、17年度とほぼ同じ水準となりました。

　輸出量は284万9,000トンで、同4.3％減少しました。国内大手2社の定修による供給減を受け、海外に振り向けられる数量が抑えられたとみられています。この影響で期末在庫数量は3割超増の29万1,000トンとなりました。

　19年の硫酸輸出量は、暦年（2019年1〜12月）で前年比9％減の277万1,900トン（財務省貿易統計）となりました。2019年秋に国内大手メーカー2社の定修が重なり一時的に供給不足に陥る可能性があったため、未然に防ぐための在庫積み増しに向けて輸出量を抑えたとみられています。

　主な輸出先をみると、日系企業がかかわっているニッケル製錬の大型プロジェクトが実施されているフィリピン向けが同20.7％増の125万9,900トンでトップとなりました。同じく日系企業による銅製錬プロジェクトが進められているチリ向けは、41万6,900トンで12.7％減少しました。一方、昨年2位だったインド向けも35.6％減の32万2,700トンとなりました。

　一方、世界最需要国の中国向け輸出量も、2万8,300トンで前年度実績から3割以上減りました。10年は年約50万トンも輸出されていましたが、同国内では昨年、製錬ガス出・回収硫黄出の設備を立て続けに増強しました。これに実需悪化にともなう自国内での供給過剰が重なって、国内から振り向けられる量が2015年以来4年ぶりの低水準になったとみられています。

　2020年度の国内硫酸生産は、製錬ガス出をみると昨年度のような複数の大手メーカーによる大規模定修が実施されないほか、他の主要企業も定修が一巡するため、各社とも稼働は安定推移する見通しです。また、一部銅・亜鉛精鉱の硫黄留分が増えるため、これに併せて硫酸供給が増える可能性も指摘されています。硫黄焙焼出については、今年から海運業界の低硫黄燃料規制がスタートしましたが、海運自体の需要が新型コロナ禍で停滞しているため今年度の国内供給には大きく影響しないとみられています。

　需要をみると、工業用は新型コロナウイルス流行にともなう経済活動の停滞により、今年度は厳しい環境になるとみる向きが多いです。とくにカプロラクタムや酸化チタン向けなどの主要振り向け先は、自動車などの減産の影響をもろに受けているとみられており、すでに今年4月から徐々に販売数量が落ち込む傾向となっているようです。ただ、6月ごろから自動車などの生産を徐々に再開させる動きが出てきているため、今後、少しずつ出荷し始めるとみられています。

　輸出量は、新型コロナ禍下でも流通網が正常化しつつあることから、チリ・フィリピンにおける銅およびニッケルのリーチング向けに今後も安定して振り向けられるとみられています。

さらに国内需要の動向によっては、今後インド向けなども増えると予想されています。インドなどの肥料向け最需要国では、本来3〜4月に迎える春肥向け需要期が新型コロナ禍で後ろ倒しで訪れているため、今後需要が回復すると期待されています。

2.6 無機薬品

【無機薬品】

「無機」は「有機」に対する概念です。もともとは生物由来の物質が「有機」と定義されたのに対して、鉱物などに由来するそれ以外の物質は「無機」と定義されました。現在では、由来に関係なく炭素化合物を含むものを有機物と

◎無機薬品の需給実績（2018年度）

（単位：トン）

	生産量	出荷量	主 な 需 要
酸 化 亜 鉛	56,993	55,505	ゴム、塗料、陶磁器、電線、医薬、ガラス、顔料、絵具・印刷インキ、電池、フェライト・バリスターなど
亜 酸 化 銅	5,320	5,236	塗料
アルミニウム化合物	942,437	939,999	製紙、水道、排水、印刷インキ、焼みょうばんなど
ポリ塩化アルミニウム	607,096	607,892	浄水、排水
塩 化 亜 鉛	23,689	23,677	メッキ、乾電池、有機化学、活性炭、はんだなど
塩化ビニル安定剤	30,728	31,091	塩化ビニル
過 酸 化 水 素	177,595	178,158	紙・パルプ、繊維、食品、工業薬品など
活 性 炭	55,787	54,577	浄水、下水排水処理、精糖、でんぷん糖、工業薬品、医薬、アミノ酸など
金 属 石 け ん	15,271	15,076	プラスチック、シェルモールド、焼結、顔料など
ク ロ ム 塩 類	6,165	6,416	皮革、顔料、染料・染色、金属表面処理など
ケ イ 酸 ナ ト リ ウ ム	350,220	350,308	土建、無水ケイ酸、合成洗剤、紙・パルプ、鋳物、窯業、繊維、溶接棒、接着剤、石けんなど
酸 化 チ タ ン	182,732	173,074	塗料、化合繊のつや消し、印刷インキ、化粧品など
酸 化 第 二 鉄	66,633	59,394	磁性材料
炭酸ストロンチウム	515	804	管球ガラス、フェライトなど
バ リ ウ ム 塩 類	14,792	14,697	顔料、金属表面処理、カ性ソーダ、コンデンサー、ガラス加工、印刷インキ、塗料、ゴムなど
フ ッ 素 化 合 物	243,541	242,173	フルオロカーボン、表面処理、ガラス加工など
リンおよびリン化合物*	60,137	60,079	マッチ、青銅、金属表面処理、医薬、農薬など
硫化・水硫化ナトリウム	28,632	28,596	反応用、皮革、排水処理など
モリブデン、バナジウム	3,281	3,187	特殊鋼、真空管、合成鋼、炭素鋼、超合金など
そ の 他	3,854	3,573	
合 計	2,875,771	2,853,901	

〔注〕＊塩化リンを除く。
資料：日本無機薬品協会

◎無機薬品の輸出入実績（2018年度）

	2017年度	2018年度	2019年度	伸び率（%）
＜輸出＞				
数量（トン）	235,669	246,479	196,156	-20.4%
金額（100万円）	80,672	87,696	75,046	-14.4%
＜輸入＞				
数量（トン）	492,697	522,687	470,900	-9.9%
金額（100万円）	94,888	109,187	88,580	-18.9%

資料：財務省『貿易統計』

いい、その他を無機物とします（ただし炭化物、シアン化物など単純なものは無機物とすることがあります）。元素周期表に載っている元素のうち、炭素を除いた元素はすべて無機化学の領域です。元素は酸化状態などで多様多彩な構造・物性・反応性を持っており、まったく新しい構造を持った化合物の開発が期待できます。

　無機薬品はプラスチックや塗料、印刷インキ、紙・パルプ、土木・建築、水処理など広範な分野で古くから利用されている基礎素材で、近年はデジタル家電、IT関連分野、次世代エネルギー分野などで新規用途が相次ぎ開発されています。先端産業分野では半導体製造用に塩酸、硝酸、硫酸などの強酸、フッ化水素酸、フッ化アンモニウム溶液、過酸化水素水の高純度薬品が使われていましたが、近年は高純度化やナノスケールの微細化、微粒子化技術などによって新しい領域が開拓され、"古くて新しい材料"として改めて注目を集めています。

　塩ビ安定剤は大きくバリウム・亜鉛系、カルシウム・亜鉛系、硬質塩ビ用のスズ系に分けられ、塩ビ樹脂に1～3％程度の割合で添加し、熱分解や紫外線劣化を防ぐために用いられます。塩ビ樹脂の需要は、いわゆる塩ビバッシングで落ち込んだ時期もありましたが、機能性が見直され、自動車業界では内装素材に採用するメーカーが増えてきています。公共投資やインフラ関連の需要も、東京オリンピックに向けた整備などで増加基調で推移するとみられ、塩ビ

安定剤も同様の動きをたどると予想されます。

　硫酸バンド（硫酸アルミニウム）とポリ塩化アルミニウム（PAC）は、アルミ系の凝集剤として製紙プロセス用水や、工場排水処理、下水処理、工業用水、上水の浄化などに用いられます。PACは上水処理用途を中心とする官需と工場排水処理の民需が半々で、需要は比較的安定しており、年による需要のバラツキは上水処理用途における天候の影響によるものです（豪雨や台風による水質の濁りなど）。

　過酸化水素は、最大用途の紙・パルプの漂白向けをはじめ、ナイロン6原料カプロラクタム向け、半導体・ウエハーの洗浄、食品の殺菌などに用いられます。日本国内の出荷量は2007年度に過去最高の24万トンを記録後は年々低下しています。需要量のおよそ半数を占める紙・パルプ漂白向けは、国内の紙需要に比例して縮小しており、主力だった繊維の漂白向けも国内繊維産業の衰退とともに大きく縮小しています。一方で揮発性有機化合物（VOC）に汚染された土壌浄化の原位置浄化向けなどに採用が広がっており、環境関連用途のさらなる市場拡大が期待されます。

　ケイ酸ナトリウムは、土壌硬化安定剤などの土木建築向け、タイヤの摩擦係数向上などに用いる無水ケイ酸（ホワイトカーボン）向け、パルプ漂白や古紙脱墨などの紙・パルプ向けが三大用途です。

　炭酸ストロンチウムはフラットパネルディス

プレイのガラス向けに採用され、薄型テレビ需要が増加しているほか、電気二重層キャパシターの電極材料などの電材関連、太陽電池やリチウムイオン二次電池など新エネルギー関連、排ガス浄化や半導体製造向けクリーニングガスなどに用途を広げています。

電子関連ではチタン酸バリウムがチップ型積層コンデンサーの材料で使用されているのをはじめ、高純度炭酸バリウムがセラミックコンデンサーや半導体セラミックスなど電子セラミック材料用途に利用され、スマートフォンなどの携帯情報端末やデジタル家電の普及拡大にともない需要を伸ばしています。

白色顔料が主力の酸化チタンは光触媒でも脚光を浴びています。アナターゼ型酸化チタンは透明かつ電気を通すという特性から、透明導電膜として発光素子や液晶、プラズマディスプレイの電極材料への開発も進展しました。また、肌に優しい特性が評価され、化粧品分野でも採用が拡大しています。

板状硫酸バリウムは高性能ファンデーションなど基礎化粧品、メイクアップ化粧品の素材として高く評価され、化粧品メーカーの採用が増えています。超微粒酸化チタンはUVカット（紫外線遮蔽）効果が高く、UVカット化粧品向けに需要が増加しています。

このほか無機材料は触媒科学、次世代先端材料、ハイブリッド材料などを研究開発の重要なターゲット・戦略的テーマとして掲げており、開発動向から目が離せません。メーカーには市場構造の変化に対応した事業戦略、高付加価値製品の開発・展開を一層強化することが求められています。

日本無機薬品協会によると、2019年度の無機薬品の生産量は前年度比3.4％減の287万5,771トンで、出荷量は同3.8％減の285万3,901トンとなりました。2017年度は4年ぶりの300万トン台を記録しましたが、米中貿易摩擦の影響もあり、2年連続で減少となりました。

品目別の出荷実績は、酸化亜鉛やポリ塩化アルミニウム、塩化亜鉛、リン酸などが増加した一方で、硫酸アルミニウムやケイ酸ナトリウム、酸化チタン、フッ素化合物などが減少しました。また財務省の貿易統計および同協会統計によると、輸出額は前年度比14.4％減の750億4,600万円、輸出量は同20.4％減の19万6,156トンと大幅減少となり、輸入額も同18.9％減の885億8,000万円、輸入量は同9.9％減の47万900トンと大きく落ち込みました。輸出先は韓国、中国、米国が全体の約2/3を占めました。輸入先は中国が全体の約半分を占め、米国、ベトナム、台湾と続いています。

【ヨ ウ 素】

ヨウ素は1811年、フランスの化学者ベルナール・クールトアが発見しました。海藻灰から硝石を製造する過程で、海藻灰に酸を加えると刺激臭のある気体が発生することに着目し、その気体を冷やすと黒紫色の液体になることを発見したのです。その2年後にはフランスの化学者ジョゼフ・ルイ・ゲイ＝リュサックが新しい元素であることを確認しました。瓶に入れておくと紫色の気体が立ちこめることから、ギリシャ語の紫（iodestos）にちなんで「iode」と命名されました。日本語のヨウ素（ヨード）はドイツ語の「jod（ヨード）」に由来します。

有機合成の中間体および触媒、医薬品、保健薬、殺菌剤、家畜飼料添加剤、有機化合物安定剤、

◎ヨウ素の需給実績

（単位：トン、100万円）

	2017年	2018年	2019年
生 産 量	8,839	9,136	9,122
販 売 量	5,805	6,047	6,137
販 売 金 額	11,802	13,089	14,094
輸 出 量	4,861	4,935	5,014
輸 入 量	287	235	97

資料：経済産業省『生産動態統計 化学工業統計編』、
　　　財務省『貿易統計』

染料、写真製版、農薬、希有金属の製錬、分析用試薬など幅広く利用され、近年は色素増感型太陽電池やレーザー光線など先端領域でも新規需要が創出され注目を集めています。人工的に造られる放射性ヨウ素^{131}Iは診断治療、内科放射治療、薄層膜厚測定、送水管の欠陥検査、油田の検出、化学分析のトレーサーなど生物学、医学、バイオテクノロジーでの利用が盛んです。

血管造影剤は1990年代に入って急速に需要を拡大し、今ではヨウ素需要の2割強を占める最大用途になっています。1990年代末以降はフラットパネルディスプレイの普及で液晶偏光板向けが急速に拡大し、需要全体の1割強となり、また工業触媒や殺菌剤、医薬品用途がそれぞれ10〜12％程度を占めています。血管造影剤や液晶向けは、世界的に需要拡大が見込まれています。新興国や途上国での生活水準向上にともないこれらの製品分野が拡大し、特に中国やインド、東南アジアでは急速に伸びると期待されています。

世界のヨウ素生産量3万1,000トン（2014年）のうち約9割をチリと日本が占め（チリが2万トン、日本が1万トン弱）、チリでは硝石から、日本では天然ガスとともに汲み出されるかん水から抽出し生産しています。資源小国といわれる日本において、ヨウ素は世界に誇る貴重な天然資源の1つであり、主要生産基地としての役割を担っていますが、地下から汲み上げられるかん水を利用していることから、主力産地である千葉県の地盤沈下対策に対応する必要があり、生産活動が大きく制約されます。このため国内の生産量はほぼ横ばいで推移しており、需要増にはリサイクル率の向上や輸入などで対応しています。

一方、硝石から抽出するチリの生産量は制約が少なく着実に拡大すると見込まれています。チリ産のヨウ素はほぼ全世界に供給され、今後の世界需要の伸びの大半をチリ産が占めると予測されています。日本の商社もチリ産に着目しており、一部はチリのメーカーに資本参加するなど供給力の確保に努めています。内外の条件を勘案して資本参加や買収などについて検討している商社もあり、今後、日本の商社によるヨウ素取扱量は拡大していくと考えられます。

原料としての供給だけではなく、高付加価値品としてヨウ素を展開する産学官の取り組みも進んでいます。千葉大学と千葉県が共同申請した「千葉ヨウ素資源イノベーションセンター」（CIRIC）は2016年度の文部科学省の「地域科学技術実証拠点整備事業」に採択され、この研究施設が2018年夏に開設されています。次世代太陽電池のペロブスカイト太陽電池用ヨウ素化鉛の安定供給、導電性に優れた有機薄膜の創製、放射性ヨウ素薬剤によるがん診断・治療の新展開、有機ヨウ素化合物を利用した高機能ポリマー創生などをテーマとした研究のほか、かん水からのヨウ素抽出効率の改善とヨウ素リサイクル率向上など、共通基盤の確立を目指しています。

【カーボンブラック】

カーボンブラックは、直径3〜500nmの炭素微粒子です。粒子の大きさなどを制御することによって炭素微粒子の基本特性を効果的に発現することができ、ゴムや樹脂に配合すると材料の補強・強化、導電性や紫外線防止効果の付与が可能です。さらに熱に安定であるため、樹脂やフィルムに配合すると強い着色力で黒色の着色ができるなどの特徴を持っています。カー

◎カーボンブラックの需給実績

（単位：トン）

	2017年	2018年	2019年
ゴム用生産量	541,692	559,279	548,713
非ゴム用生産量	37,214	38,254	32,198
合　計	578,906	597,533	580,911
輸　出　量	55,336	57,987	52,921
輸　入　量	162,311	160,306	156,739

資料：カーボンブラック協会、財務省『貿易統計』

ボンブラックという名称は、天然ガスを原料とした製法が導入された19世紀終盤から使われるようになったもので、それ以前はランプのススから採る製法から"ランプブラック"、さらにその前は欧州で"スート"、日本では"松煙"と呼ばれていました。

カーボンブラックは、大きくハードカーボンとソフトカーボンに分けられます。ハードカーボンではSAF（超耐摩耗性）、ISAF（準超耐摩耗性）、HAF（高耐摩耗性）、ソフトカーボンではFEF（良押出性）、GPF（汎用性）、SRF（中補強性）、FT（微粒熱分解）などの品種があります。自動車タイヤ、高圧ホースなどゴム補強分野、新聞などの印刷インキ、インクジェットトナー、車のバンパーや電線被膜など加熱成形を必要とする樹脂製品のほか、磁気メディア、半導体部品など電子機器、導電性部材、紫外線劣化防止分野など幅広い用途で利用されています。特にゴム製品分野が需要の約9割（四輪自動車タイヤ、二輪車用タイヤ向けが約7割）、残りも自動車向けの機能ゴム部品用途が多く、全体として自動車産業の動向に大きく左右されます。非ゴム用途に使われるカーボンブラックは大きくカラー用と呼ばれ、塗料やインキ、プラスチック着色用の黒色顔料となったり、電子材料などの特殊用途に使用されたりします。

工業的製法はいくつかありますが、主流は「オイルファーネス法」です。原料の芳香族炭化水素油を高温耐火物の炉内で、燃料と空気の燃焼熱により連続的に熱分解し、カーボンブラックを生成します。原料に天然ガスを使用した「ガスファーネス法」は、微粒径カーボンブラックの生産に向いている製法です。

需要については厳しい状況が続いています。自動車および自動車タイヤを中心にした主要顧客のグローバル化が進行しているためで、100万トン近かった総需要も2008年をピークに減少傾向にあり、2015年に80万トンを割り込みました。2018年に増加したものの、2019年の

◎自動車タイヤの生産量

（単位：1,000本）

	生産量
2017年	144,923
2018年	146,749
2019年	146,545

資料：日本自動車タイヤ協会

◎カーボンブラックの設備能力（2020年7月）

（単位：1,000トン／年）

社　名	工場	能力
東海カーボン	若　松	52
	知　多	104
	石　巻	46
キャボットジャパン	千　葉	95
	下　関	41
三菱ケミカル	黒　崎	12
	四日市	90
旭カーボン	新　潟	90
日鉄ケミカル＆マテリアル	戸　畑	48
新日化カーボン	田　原	73
デ ン カ*1	大牟田	22
ラ イ オ ン*2	四日市	3.5

〔注〕 *1アセチレンブラック
　　　*2導電カーボンブラック
資料：化学工業日報社調べ

総需要は78万75トン（前年比0.3％減。カーボンブラック協会調べ）と再び減少しました。内需はやや堅調で、タイヤ用が同1.8％増、一般ゴム用が同3.1％減で、ゴム用合計では同0.7％増となりました。非ゴム用は同7.9％減となりましたが、内需全体は同0.3％増でした。輸出は同7.7％減と落ち込みました。主な需要家である自動車タイヤの国内生産（トンベース）は微増とながら、主軸は海外生産に移行してきており、カーボンブラック各社もグローバルな視野での事業展開が必須となってきています。

一方、同協会の会員メーカーの2019年生産・出荷実績は、生産量はゴム用が54万8,713トン（前年比1.9％減）、非ゴム用その他が3万2,198トン（同15.8％減）の計58万911トン（同2.8％減）、出荷量はゴム用、非ゴム用を併せ58万1,795トン（同2.1％減）となっています。

カーボンブラックの世界需要は1,250万トン

とされ、そのうちアジア市場が6割を占めます。カーボンブラックは軽くてかさばり、取り扱いにくいことから、かつては地産地消的な製品といわれました。しかし最近は原料となる油を安く入手できる生産国が輸出拠点になる傾向があり、その筆頭が中国（生産能力700万〜800万トン）でしたが、環境規制の強化および米中摩擦の影響もあり、中国国内の需要が振るわず、また製品価格が割高となり輸出も難しくなっている状況です。日本でも、2014年（約9万6,000トン）をピークに、中国からの輸入量が減少しています。近年の国内生産が減少傾向をたどる一方で、高水準を維持してきたのが中国を中心とする輸入品であり、東日本大震災後の供給不安をカバーする役割を果たしたあと、そのまま市場に定着してきていました。国産カーボンブラックメーカーは、競争力の高い原料油（主に石炭系）を利用する中国の価格攻勢に悩まされてきましたが、2016年から風向きの変化が感じられるようになってきました。中国のカーボンブラックは、製鉄用のコークス炉から出てくる安価なタールを主原料としてアジア市場を席巻してきましたが、環境規制のためにタールの生産が大幅に減少しました。この余波はアジア地域からさらに広がり、タール需給は国際的にタイトとなり価格も高騰しています。環境規制はカーボンブラック工場自体にも及んでおり、中国の大手メーカーでは、工場の半分が稼働できなくなったという話も聞こえてくるほどです。こうした事情から中国製カーボンブラックの競争力が低下し国産品との価格差が縮まったことで、一部では国産品がシェアを奪還する動きもみられます。

　日本国内では近年、輸入品の存在感が高まるなかで設備の縮小、生産能力の適正化が進められてきました。そうした状況下で、ここ数年は内需が好調となり増産が求められている状況です。国内メーカー各社は生産工程の改善や定修による停止時間をできるだけ短縮するなど、生産量を増やす努力を進めています。国内のプラントは古いものが多いため、老朽化した設備の更新・メンテナンスも重点課題です。またコスト面では、原料油市況の高止まりに加え、国内特有の事情として輸送費の高騰も大きな問題になってきています。安定供給を保つための各社の取り組みが注目されます。

●海洋プラスチック問題

　近年、海洋におけるプラスチックごみの問題に対する国際的な関心が高まっています。特に漂流中に細かく砕け微小粒子化したマイクロプラスチック（直径5mm以下のプラスチック微粒子）は化学物質を吸着しやすく、海洋の生態系に深刻な脅威を与えるとされ問題視されています。

　2018年8月にOECDが発表した推計によれば、最大で1200万トンのプラごみが海洋中に流出しているとされていますが、実際の分布状況については、断片的な情報しか得られていません。注目されるマイクロプラスチックに関しても、計測技術が不充分であり、その生成メカニズムの詳細（生成速度、最小スケールなど）は分かっていません。

　海洋プラ汚染の研究は、世界的にみても海洋学や環境化学の専門家が中心となって行われており、生成機構の研究は不足している状況です。国内の海洋プラ問題の第一人者である磯辺篤彦氏（九州大学）は、「だからこそプラスチック産業界の協力が欠かせない」と訴えています。

　実態の適切な把握を目指し、海洋研究開発機構では、ハイパースペクトルカメラと人工知能を活用した計測システムの開発を進めています。一方、日本化学工業協会も、マイクロプラスチックの生成機構を解明する研究を支援する方向で動いています。海洋プラ問題の解決に向け、産学のさらなる連携が求められます。

3 製品材料

基礎原料 ▶ 汎用品 ▶ **製品材料** ▶ 最終製品

3.1 プラスチックス① （熱可塑性樹脂、熱硬化性樹脂）

　多数の原子からなる巨大な分子は高分子と呼ばれ、天然に産するもの（天然高分子）、人工的に作られるもの（合成高分子）、天然高分子から化学的に誘導されるもの（半合成高分子）があります。合成樹脂、合成ゴム、合成繊維などは合成高分子に分類されます。これらは原料となる分子（モノマー）を鎖状につなげること（重合）で作られ、できた高分子はポリマーと呼ばれます。合成樹脂には熱を加えると軟らかくなる熱可塑性樹脂と、硬くなる熱硬化性樹脂があります。以下では代表的な合成樹脂を紹介します。

〔熱可塑性樹脂〕

【ポリエチレン（PE）】

　ポリエチレンは、石油の留分であるナフサや天然ガス、LPGなどをクラッキングして得たエチレンを重合して得られる炭化水素の高分子物質で、最もポピュラーな熱可塑性樹脂です。水より軽く、溶融加工により容易にフィルム、管、中空容器、成形品などの製品を生産できます。また、防湿、耐水、耐寒性、耐薬品性、電気絶縁性に優れ、加えて安全衛生性に優れるため包装、物流、産業資材として幅広く使用されています。分子構造および性状から、以下の3

種類に大別されます。

［高密度ポリエチレン（HDPE）］

　密度が0.942以上のポリエチレンで、硬いことから硬質ポリエチレンとも呼ばれます。用途はコンテナー、パレット、日用雑貨、工業部品、液体洗剤容器、灯油缶、ショッピングバッグ、レジ袋、ロープ、クロス、シート、パイプ、電線被覆、鋼管被覆などが挙げられます。

［低密度ポリエチレン（LDPE）］

　密度が0.910以上0.930未満のポリエチレンで、軟らかい性質を持つことから軟質ポリエチレンとも呼ばれます。用途は半分がフィルムで、ラップフィルムやラミネート包装の内張りフィルムなど食品包装に多く使われています。また、加工紙、パイプ、電線被覆、各種成形品などにも幅広く利用されています。

［直鎖状低密度ポリエチレン（LLDPE）］

　密度0.94以下の低密度ポリエチレンです。特性は低密度ポリエチレンに近く、使いやすい樹脂になっています。農業用、食品包装フィルム、大型タンク、ストレッチフィルム、重包装袋など幅広い用途を持っています。

　ポリエチレンの2019年の国内生産量は、前年比0.8％減の244万7,909トンとなりました。このうちHDPEは82万8,890トン（同3.3％減）、

LDPEは145万5,463トン（同0.9％増）でした。

　LDPEの国内出荷量は127万6,300トン（前年比2.9％減）となりました。インフラ関連投資とみられる要因からパイプなど一部で増加しましたが、最大用途のフィルム向けが同5％減となるなど全体的に落ち込みました。HDPEの国内需要量は同2.7％減の71万3,600トンでした。最大用途の中空成形は自動車の燃料タンク向けが6％増となった以外、中空成形に次ぐ用途であるフィルム向け、射出成形向けなどが減少となりました。

【ポリプロピレン（PP）】

　ポリプロピレンは、プロピレン分子が立体的に規則正しく配列した結晶性の高分子物質であるため融点が高く、強度、その他の諸性能も非常に優れています（水より軽く，繊維としても非常に強い，耐薬品性も優秀）。加えて、成形加工しやすいため、日用品から工業品まで広い分野で使用されています。

　プロピレンの特性はポリエチレン、塩化ビニル樹脂、ポリスチレンなど汎用樹脂のなかで最高の耐熱性（130〜165℃）を示すほか、軽量、

◎ポリエチレンの需給実績

（単位：トン、100万円）

		2017年	2018年	2019年
生 産 量	LDPE	1,593,278	1,442,651	1,455,463
	HDPE	884,673	857,038	828,890
生 産 額	LDPE	265,707	258,798	257,586
	HDPE	129,812	132,759	125,552
輸 出 量	LDPE	150,422	158,912	210,456
	HDPE	136,774	134,314	152,864
輸 入 量	LDPE	313,816	378,972	94,893
	HDPE	197,233	206,004	209,807

資料：経済産業省『生産動態統計　化学工業統計編』、財務省『貿易統計』

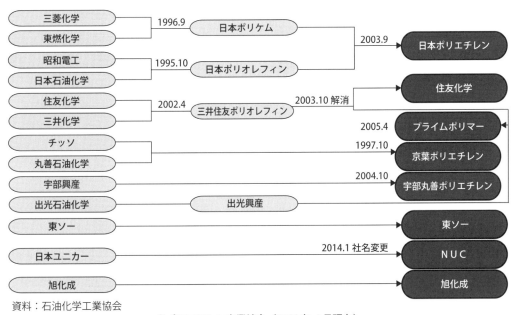

資料：石油化学工業協会

◎ポリエチレン事業統合（2020年4月現在）

◎LDPEの設備能力（2019年末）

（単位：1,000トン／年）

社　　名	LD専用設備	HD,LL併産設備	合　計
日本ポリエチレン	619 (271)	0	619 (271)
プライムポリマー	85 (85)	(11)	85 (96)
三井・ダウポリケミカル	185	0	185
日本エボリュー	300 (300)	0	300 (300)
住　友　化　学	305 (133)	0	305 (133)
東　ソ　ー	183 (31)	0	183 (31)
Ｎ　Ｕ　Ｃ	159	(72)	159 (72)
宇部丸善ポリエチレン	173 (50)	0	173 (50)
旭　化　成	120	0	120
合　　計	2,129 (871)	(83)	2,129 (954)

〔注〕（　）内はLLDPE。
資料：経済産業省

◎HDPEの設備能力（2019年末）

（単位：1,000トン／年）

社　　名	HD専用設備	HD,LL併産設備	合　計
日本ポリエチレン	423	0	423
プライムポリマー	116	98	214
三　井　化　学	6	0	6
Ｊ　Ｎ　Ｃ	66	0	66
丸善石油化学	111	0	111
東　ソ　ー	125	0	125
Ｎ　Ｕ　Ｃ	0	120	120
旭　化　成	116	0	116
合　　計	963	218	1,181

資料：経済産業省

耐薬品性、加工性に優れるなどが挙げられます。

用途は極めて幅広く、自動車部品をはじめ、洗濯機、冷蔵庫などの家電、住宅設備、医療容器・器具、コンテナ、パレット、洗剤容器・キャップ、飲料容器、ボトルキャップ、食品カップ、食品用フィルム・シート、包装用フィルム、産業用フィルム・シート、繊維、発泡製品などで利用されています。産業別比率は食品包装40％、自動車部品30％、トイレタリーなど20％、一般産業向け10％と推定されます。リサイクル性などの観点から自動車バンパーや家電でもポリプロピレンの採用が拡大しており、世界的にも需要は増加傾向にあります。

PPの2019年の生産量は、前年比3.5％増の243万9,862トン、国内出荷量は同4.5％増の238万2,200トンとなりました。構成比で5割以上を占める射出成形分野が牽引し、繊維などのマイナスをカバーしました。一方で輸出量は減少し、11万6,857トンとなりました。

【ポリスチレン（PS）】

ポリスチレンはナフサを原料に、ベンゼンとエチレンからエチルベンゼンを作り、脱水素してスチレンモノマー（SM）とし、これを重合して製造するプラスチックを指します。これに気泡を含ませたものが、発泡スチロールとしてよく知られるものです。ポリスチレンは高周波電流の絶縁性が極めてよいのでラジオ、テレビ、各種通信機器のケースおよび内部絶縁体に多く用いられるほか、耐衝撃性のあるものとしてポリブタジエンとグラフト重合した耐衝撃性ポリ

◎ポリプロピレンの設備能力（2019年末）
（単位：1,000トン／年）

社　名	能力
日本ポリプロ	1,021
住 友 化 学	307
プライムポリマー	973
徳山ポリプロ	200
サンアロマー	408
合　　計	2,909

資料：経済産業省

◎ポリプロピレンの需給実績
（単位：トン）

	2017年	2018年	2019年
生産量	2,505,540	2,357,807	2,439,862
輸出量	286,984	344,803	398,373
輸入量	273,915	480,906	331,764

〔注〕輸出、輸入はホモポリマー、コポリマーの合計
資料：経済産業省『生産動態統計　化学工業統計編』、財務省『貿易統計』

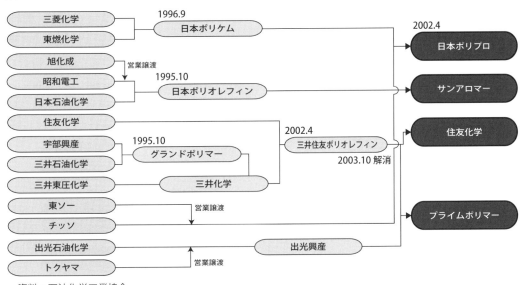

資料：石油化学工業協会
◎ポリプロピレンの事業統合（2020年4月現在）

◎ポリスチレンの生産能力（2019年末） （単位：1,000トン／年）	
社　名	能力
PSジャパン	315
東洋スチレン	330
Ｄ　Ｉ　Ｃ	218
合　計	863

資料：経済産業省、化学工業日報社調べ

◎ポリスチレンの需給実績

（単位：トン）

	2017年	2018年	2019年
生産量	706,135	692,011	706,554
輸出量	31,587	38,595	45,918

資料：日本スチレン工業会

スチレンもあり、耐水性がよいのと相まって電気工業製品、家具建材、一般日用品雑貨の分野に広く用いられています。PSには、透明度が高いうえ、硬く、成形性に優れる汎用ポリスチレン（GPPS）と、ゴム成分を加えた乳白色の耐衝撃性ポリスチレン（HIPS）の2種類があります。GPPSは食品包装や使い捨てコップ、弁当や惣菜用ケース、お菓子の袋など幅広い分野で用いられています。一方、HIPSはテレビやエアコンなどの家電製品、複写機やコピー機などのOA機器、玩具などに用いられます。

　2019年の国内生産は前年比2.1％増の70万6,554トンでした。2018年に一旦減少しましたが、再び好転した格好です。国内出荷は同3％減の64万2,526トンとなりました。主力の包装用は同3％減の27万9,442トンとなったほか、フォームスチレン用のうち発泡スチレンシート用は同2％減、電機・工業用は同6％減と軒並み不調でした。ただ、輸出は同19％増と大きく増えました。

【塩化ビニル樹脂（PVC）】

　塩化ビニル樹脂は汎用樹脂のなかでも性能、価格、リサイクル性と非常にバランスのとれた汎用樹脂です。PVCの出発原料は塩とエチレンで、電解ソーダ工業でカ性ソーダとともに発生する塩素とエチレンを反応させ、中間体の二塩化エチレン（EDC）を作り、これを熱分解すると塩化ビニルモノマー（VCM）ができます。塩化ビニル樹脂はこのモノマーを原料に懸濁重合法で合成するのが一般的な製法です。ポリ塩化ビニル製品は、原料プラスチックに安定剤、可塑剤、着色剤などの各種添加剤を加えて混練し、カレンダー、押出、射出などの加工法を適用して製造され、添加剤の添加混練は成形加工工場で行うのが一般的ですが、あらかじめ添加剤を配合した成形材料（コンパウンド）でも出荷されます。これは電線用など軟質コンパウンドが主体です。また、化学的に安定で、難燃性、耐久性、耐油性、耐薬品性、機械的強度にも優れています。軟質から硬質まで樹脂の設計自由度が大きく、加工性、成形性、寸法精度にも優れるのが特徴で、住宅・建築、自動車、家電、

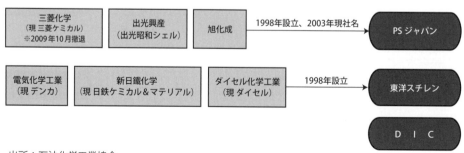

出所：石油化学工業協会

◎ポリスチレン事業統合（2020年4月現在）

食品包装など非常に広い分野で使用されています。代表的な硬質塩ビパイプをはじめ、家庭の壁紙、床材からサッシ、雨樋、ガスケット、サイジング、カーペットパッキング、自動車の内装、外装サイドモールド、アンダーコートなどの部材、冷蔵庫、洗濯機、掃除機などのハウジングや構造部品、食品包装フィルム、乾電池のシュリンクフィルム、医療用チューブ、かばん、文房具、玩具など、周りを見渡せばほとんどのものに使われています。

塩ビ工業・環境協会のまとめによると、2019年の塩化ビニル樹脂の生産は前年比2.5％増の173万2,545トン、出荷は前年比4.5％増の169万6,968トンと増加しました。一方で国内出荷は同2.1％減の103万623トンとなりました。波板・シート向けなどの硬質塩ビは同2.6％減、農業向けフィルム向けなど軟質塩ビは同3.8％減と減少しましたが、電線・その他は同0.5％増でした。一方、2018年がプラント定修を受けて国内向けを優先した反動から輸出は同16.8％増と拡大しました。

【ポリビニルアルコール（ポバール、PVA）】

ポバールは、水溶性・接着性・ガスバリア性など多様な機能を持つ合成樹脂で、繊維加工、製紙用薬剤、接着剤、塩化ビニル重合用分散剤、農薬包装用フィルム、光学フィルム、衣料用洗剤の個包装フィルムなど広い範囲に用いられています。世界の需要は130万トン強で年率2～3％の成長が見込まれています。日本のポバールメーカーは安定した国内需要を取り込みつつ

◎塩化ビニル樹脂の設備能力（2019年末）
（単位：1,000トン／年）

社　名	能力
カ　ネ　カ	369
信越化学工業	550
新第一塩ビ	175
大洋塩ビ	570
東亞合成	120
東　ソ　ー	28
徳山積水工業	117
合　計	1,929

資料：経済産業省

◎塩化ビニル樹脂の品種別生産量
（単位：トン）

	2017年	2018年	2019年
ホモポリマー	1,490,945	1,483,952	1,519,343
コポリマー	85,048	77,650	82,609
ペースト	129,928	128,686	130,593

資料：経済産業省『生産動態統計 化学工業統計編』

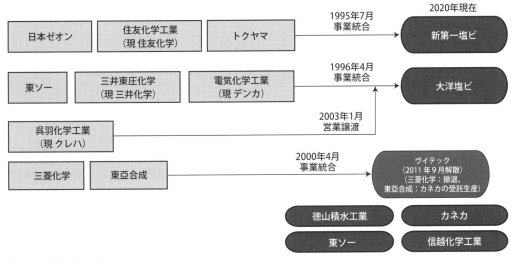

資料：石油化学工業協会

◎塩化ビニル樹脂の事業統合

海外市場に狙いを定め、高品質・高機能を前面に打ち出した差別化戦略を進めています。

ポバールの2019年生産量は、20万7,828トン（前年比2.3％減）となりました。一方の国内需要については、酢ビ・ポバール工業会のまとめによると20万377トン（同3.9％減）となりました。需要が増加したのは、フィルム5,392トン（同14.1％増）です。3年連続の増加となったフィルム向けは裾野が広く、実数はこの数値よりもかなり大きいと考えられます。PVAフィルムは光液晶パネル向けや食品包装向け、衣料用洗剤の個包装、有効成分の徐放特性を活かした農薬用、医薬品向けなどで、さらなる市場拡大が見込まれます。ビニロンは同0.9％増の6万3,056トンで増加に転じました。その他も1万9,476トン（同3.4％増）と増加しました。

一方で減少したのは、ビニロンに次ぐ大口需要先である接着剤です。18年には増加しましたが、年初の減少をカバーできず19年は同2.3％減の2万2,584トンと減少しました。このほか製紙1万739トン（同16.6％減）、繊維2,407トン（同3.6％減）です。製紙や繊維向けの減少は国内メーカーの海外シフトなどの影響によるもので、減少基調は止まっていません。紙の国内需要は、段ボールに使われる板紙が増加しているものの、用紙の減少傾向が続いており、これがPVAの需要減少に影響しています。

2019年の輸出は7万6,723トン（同8.6％減）と4年連続の減少となりました。これには為替が大きく影響しており、円安に振れた2013年から輸入量が増大しましたが、円高に転じた2016年からは低下が続いています。

世界のポバール需要は130万トン強とみられています。アジアを中心に今後も拡大することが確実な一方、中国勢などの台頭で競争も激しくなっています。日本のポバールメーカーは汎用品での価格競争は避け、機能品、特殊品に注力し、高付加価値志向をより鮮明にしていく戦略です。新規用途では生分解性を持つ食品包装フィルム、シェールガス・オイルの掘削助剤、3Dプリンター向けのサポート材などで需要が広がりつつあります。

【ＡＢＳ樹脂】

ABSはA：アクリロニトリル、B：ブタジエン、S：スチレンの3種類のモノマーからなり、基本的にはブタジエンを単独またはスチレン、アクリロニトリルとともに重合させたゴム（PBR，SBR，NBR）とスチレン、アクリロニトリルコポリマーとを混合させます。ABS樹脂は熱可塑性プラスチックで硬く堅牢で、自然色は薄いアイボリー色ですが、どんな色にでも着色でき、光沢のある成形品をつくることができます。最近は透明なものも開発されました。優れた機械的性質、電気的性質、耐薬品性を持っており、押出加工、射出成形、カレンダー加工、真空成形のあらゆる加工技術と機械が応用できるため、自動車の内装材、電気製品やOA機器のハウジングのほか、住宅・建材、雑貨・玩具

◎ポバールの需給実績

（単位：トン）

	2017年	2018年	2019年
生産量	227,708	208,930	203,419
輸出量	90,366	82,704	75,260
輸入量	7,408	7,684	8,001

資料：財務省『貿易統計』、酢ビ・ポバール工業会

◎ポバールの設備能力（2020年7月）

（単位：1,000トン／年）

社　　名	立地	能力
ＤＳポバール	青海	28
ク　ラ　レ	新潟	28
	岡山	96
日本合成化学工業	熊本	30
	水島	40
日本酢ビ・ポバール	堺	70
合　　計		292

資料：化学工業日報社調べ

など用途は多様です。ただし原料となるスチレンモノマー、アクリロニトリル、ブタジエン、それぞれの価格変動が事業の不安定要素になっている感があります。

　用途は、弱電関係(冷蔵庫,テープレコーダー,ステレオ,掃除機,洗濯機,扇風機,テレビ,VTR)、車両関係(四輪車内装・外装,二輪車)、OA機器、電話機、雑貨関係(家庭用品,住宅部品,容器,靴ヒール,文房具,レジャー・スポーツ用品)、その他機器(紡織ボビン,ミシン)、その他家具建材および塩ビ強化剤などです。

　日本ABS樹脂工業会がまとめた2019年の出荷合計は、前年比10.1％減の34万2,336トンとなりました。好調だった2017年ピークに減少が続いています。国内向けは一般機器向けが同3.7％増となったほかは、主力の車両用をはじめ、電機器具向け、建材住宅部品向け、雑貨向けは振るいませんでした。輸出は同22.6％減の10万8,154トンと精彩を欠いています。

◎ABS樹脂の需給実績

（単位：トン）

	2017年	2018年	2019年
生産量	395,001	381,491	338,571
輸出量	101,791	98,873	82,306
輸入量	40,344	46,240	41,807

資料：経済産業省『生産動態統計　化学工業統計編』、財務省『貿易統計』

◎ABS樹脂の生産能力（2018年9月）

（単位：1,000トン／年）

社　名	立地	能力	備　考
テクノUMG	四日市	250	JSR51％、UMG ABS49％
	宇部、大竹	150	＊UMG ABSは宇部興産50％、三菱ケミカル50％
日本エイアンドエル	愛　媛	70	住友化学85％，三井化学15％
	堺	30	
東　　レ	千　葉	72	マレーシアに輸出型拠点（33万トン）
デ　ン　カ	千　葉	40	
合　　計		612	

資料：化学工業日報社調べ

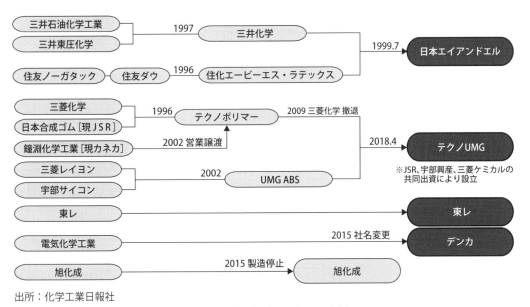

出所：化学工業日報社

◎ＡＢＳ樹脂事業統合（2020年4月現在）

用途別の実績は、4割強を占める車両用が10万3,529トン（前年比2%減）となりました。ただ、ハイブリッド車など次世代車向けの採用が増えているようで期待されます。唯一、増加となりました一般機器用は2万4,014トン（同3.7%増）となりました。これは反動で落ち込んだ2018年からの戻りとみられます。電気器具用は2万6,581トン（同0.1%減）、建材住宅部品用は2万2,382トン（同4.5%減）となりました。

〔熱硬化性樹脂〕

【エポキシ樹脂】

エポキシ樹脂は、1分子中に2個以上のエポキシ基（炭素2つに酸素1つでできた三角形の構造）を持つ熱硬化性樹脂の総称です。主剤となるポリマーはビスフェノールAとエピクロルヒドリンの共重合体が一般的で、優秀な接着性、硬化時の体積収縮の少なさ、強度と強靭性、高い電気特性、優れた耐薬品性、硬化中に放出される揮発分がないなど数々の特性を兼ね備えているため、置き換えのきかない樹脂材料として高く評価されています。

分子構造の骨格の改良や改質剤の添加、そして多様な硬化剤を組み合わせることによって様々な物性を引き出すことが可能で、日進月歩で技術革新が進む電子材料分野をはじめとして、塗料や接着剤分野でも新しい顧客ニーズに対応するかたちで多くの開発品が生み出されていることが、この市場の特徴となっています。

エポキシ樹脂は、様々な硬化剤と組み合わせることにより不溶不融性の硬化物を形成する特徴を生かし、塗料、電気・電子、土木・建築、接着剤をはじめとする幅広い用途に使われています。橋梁やタンク、船舶の防食、飲料缶の内外面塗装、自動車ボディーの下塗り、また粉体塗料として鉄筋やパイプ、バルブ、家電機器にも使われます。電気・電子の用途は積層板、半導体封止材、絶縁粉体塗料、コイル含浸用などがあります。土木・建築ではコンクリート構造物の補修や橋梁の耐震補強、各種ライニングなどに使われます。接着剤では強い接着力や耐熱性、耐薬品性、電気絶縁性などを生かし、自動車や航空機向けを含め幅広い分野で使用されます。また、ここ数年の傾向としては、炭素繊維を利用した複合材料分野などで成長が期待されています。ガラス繊維や炭素繊維などで補強した複合材料は、スポーツ用品や防食タンクをはじめ、航空機や宇宙関連機器まで利用範囲が及んでいます。

国内需要は1997年をピークに減少傾向をたどっており、ここ数年は国内生産から撤退するメーカーも出るなど厳しい市場環境となっていましたが、ここにきてようやく底を打った感があり、2017年に入ってからは復調の気配もうかがえます。統計上、2017年は大きな伸びを記録しており、その勢いは2018年まで続きました。ただ、2019年になって状況は変わったようです。2018年の生産量は11万5,682トン（前年比12.4%減）と、2016年水準まで減少しました。販売量も減少に転じ12万4,630トン（同9.8%減）と落ち込みました。販売金額についても、648億700万円（同6.8%減）となりました。財務省「貿易統計」によると輸出は4万4,463トン（同10%減）と振るいませんでした。輸入についても同5.6%減の3万8,854トンでした。

2019年の米中貿易摩擦、2020年の新型コロ

◎エポキシ樹脂の需給実績

（単位：トン）

	2017年	2018年	2019年
生産量	124,938	132,081	115,682
輸出量	46,760	49,396	44,463
輸入量合計	51,984	52,311	50,050
液状	39,807	41,166	38,854
固形	12,176	11,146	11,196

資料：経済産業省『生産動態統計 化学工業統計編』、財務省『貿易統計』

ナウイルス感染拡大などもあって、世界的なスマートフォン市場は落ち込んでいますが、暗い話題ばかりではありません。世界的に2019年は「5G元年」といわれ、すでにサービスを開始している米国に続いて、韓国や中国、欧州などでも商用5Gサービスのスタートを切ったところです。日本でも5G対応の環境整備が本格化してきており、サーバーやアンテナ、基地局の大幅な需要拡大が見込まれています。5G向けの高周波デバイスは、高周波数や大電力への対応に加え、消費電力やデバイスサイズの圧縮が期待されており、材料にもそうした厳しい条件への対応が求められます。

　一方、電子材料用途では、車載電子部品への需要が大きな盛り上がりをみせています。自動車には多くの電子部品が搭載されており、圧力・温度・加速度などの各種センサーのほか、車載マイコン、通信用各種半導体、回路部品、車載プリント配線板、半導体パッケージ基板、ワイヤーハーネス、車載コネクターなど多岐にわたっています。これらのほとんどはECU（エレクトロニックコントロールユニット）として高密度にパッケージ化されており、自動車1台当たりのECU搭載数は増加傾向にあります。セラミックパッケージが主流ですが、軽量化の観点からエポキシ樹脂に素材転換する動きが広がってきています。自動車部品においては安全性・耐久性・信頼性が絶対的に重視されるため、有機物であるエポキシ樹脂は異物の混入が避けにくいことから、これまで安全に関わるクリティカルな部品には使われてきませんでした。ところが車体軽量化に対する要求はこの領域に踏み込むまでにいたっており、エポキシ樹脂メーカーには極めて高い品質での供給が求められてきています。

　自動車の軽量化は異種素材の複合的な利用を促しており、構造接着剤用途（例えば金属とプラスチックを接合するなど）もエポキシ樹脂のアプリケーションとして有望視されています。

また、注目される炭素繊維強化プラスチック（CFRP）も、これから本格的な採用が見込まれており、エポキシ樹脂の大型用途として期待されます。

【シリコーン】

　一般の高分子化合物の分子骨格は炭素－炭素結合からなりますが、シリコーンは無機質のシロキサン結合（Si－O－Si）を骨格としています。シリコーンはケイ石から生産される金属ケイ素とメタノールを主原料に化学合成した、有機と無機の特性を併せ持つ高機能ポリマー化合物です。耐熱性、耐候性、耐久性、電気絶縁性、放熱性に優れるなど多様な機能を持ち、形状もオイル、レジン、ゴム、パウダーなどに加工可能であることから、自動車、土木・建築、電気・電子機器、化粧品など用途先が極めて広いのが特徴です。開発されてから半世紀以上が経過する素材ですが、用途先の間口が広く技術改良も行いやすいことから、新製品が継続して投入されています。

　シリコーン製品の用途は極めて幅広く、また生活に広く浸透していることから需要はGDP（国内総生産）とパラレルに動きます。国内市場は約10万トンと推定され、ここ数年、大きな変化はないものの、高機能製品の伸長で出荷金額は伸びているようです。

　シリコーンは産業資材の高機能化はもとより、省エネルギー・省資源など環境負荷を低減するエコプロダクツとしての側面からも注目を集めています。代表的な用途先である自動車を例にとれば、エンジン回りのエラストマー製品は車体の軽量化に寄与しており、エコタイヤには燃費を向上させるためのシラン製品が使われています。内装パネルやサンルーフ、ヘッドライトカバーの傷つきや黄変防止にも用いられます。2015年は自動車生産台数減少により需要が伸び悩みましたが、ここ数年は堅調に推移し

ています。より高度な熱回り対策が必要となる電気自動車(EV)やハイブリッド自動車(HEV)などの普及で、自動車用シリコーン製品の需要はさらに拡大すると見込まれています。

建築用途ではシリコーン樹脂の窓枠など断熱性能に着目した採用が進んでいます。電気・電子分野では省エネ効果で普及が進むLED(発光ダイオード)電球向けのコンバーター封止材や放熱材などに不可欠な素材となっています。

電気・電子部品向けは、半導体デバイスの封止剤・放熱剤などのほか、レンズや反射板、導光板などの光学材料でも採用が進んでいます。

成長著しいのが化粧品・パーソナルケアの用途です。触感の向上、保湿、被膜形成など様々な機能を付与することから、ヘアケア、スキンケア、メーキャップのすべてのカテゴリーでシリコーンが用いられています。化粧品は景気の影響を受けることなく成長を続ける有望市場であり、シリコーンメーカー各社も注力分野に位置付けています。

3.2 プラスチックス② (エンジニアリングプラスチックス)

エンジニアリングプラスチックス(エンプラ)は、一般の熱可塑性樹脂と比較して寸法安定性や耐摩耗性、耐熱性、機械的強度、電気特性などに優れる合成樹脂のことで、自動車や情報・電子、OA機器など高い特性が要求される部品、材料として採用されています。一般にポリアセタール(POM)樹脂、ポリアミド(PA,主としてナイロン6およびナイロン66)樹脂、ポリカーボネート(PC)樹脂、ポリブチレンテレフタレート(PBT)樹脂、変性ポリフェニレンエーテル(PPE)樹脂などが五大エンプラと呼ばれています。また、エンプラの中でも耐熱温度が150℃以上のものをスーパーエンプラ(特殊エンプラ)と呼びます。フッ素樹脂、ポリフェニレンサルファイド(PPS)、液晶ポリマーなどがこれに含まれます。

【ポリアセタール(POM)樹脂】

ポリアセタールは原料のホルムアルデヒドの重合したものです。機械的性質、耐疲労性に優れた結晶性の熱可塑性樹脂で、強靭性、耐摩耗性など、他の材料にみられない優れた特徴を持っており、汎用エンプラとして、自動車部品や電気・電子部品、家電、OA機器、雑貨、玩具など幅広い分野に使用されています。耐バイオガソリン対応の燃料系などの用途も含めて自動車向けが主力で、需要の大半を占めます。このほか小型モーターによる駆動部品として電気・電子分野にも多く使われています。他のエンプラとは異なり、新規分野での採用といったトピックスが少ない一方で、他材料からも浸食されにくいという特異な地位を築いています。フィラーを添加するコンパウンドグレードが全体の2～3割しかないのも独特です。

POMは、ホルムアルデヒドのみが重合し機械的物性に優れるホモポリマーと、耐熱性や耐薬品性など化学的な安定性を特徴とするコポリマーの2つに大別されます。いずれもガラス繊維など強化繊維やフィラーを添加したり、他樹脂とのアロイ(混合物)としたりすることが少ないのが他のエンプラとの相違点です。一方で特殊グレードも多数製品化されています。POM本来の特性を保持したままホルムアルデヒドの

発生量を大幅に低減した低VOC（揮発性有機化合物）グレードが、密閉空間となる自動車分野で要請されていて、各社が開発に取り組んでいます。ホモポリマーは－〔CH_2O〕－のみの連鎖ゆえ剛性が高く、コポリマーはポリオキシメチレン主鎖中に〔－C－C－〕結合を含む共重合物であり、靭性、耐熱性、耐薬品性に優れています。欠点は可燃性であること、耐候性があまり強くなく、紫外線にも弱いこと、強酸、強アルカリには弱いことなどです。

〔用　途〕

電気・機器部品：カセットのハブおよびローラー、VTRデッキ部品、キーボードスイッチ、扇風機ネックピース

自動車部品：ドアロック、ウインドレギュレーター部品、ドアハンドル、ワイパー部品（ギヤ, スイッチ）、カーヒーターファン、クリップ・ファスナー類、シートベルト部品、コンビネーションスイッチ

機械部品：各種ギヤ、ブッシュ類、ポンプ用インペラーガスケット、コンベア部品、ボルト、ナット、各種OA機器部品

建材配管部品：カーテンランナー、パイプ継手、シャワーヘッド、アルミサッシ戸車

その他日用品：ファスナー、エアゾール容器、ガスライター

POMの2019年生産量は10万698トン（前年比15.6％減）、販売量は10万3,242トン（同10.9％減）、また輸出量は5万1,366トン（同12.3％減）、輸入量は3万9,894トン（同4.7％増）となりました。世界需要はここ数年、その5割弱を占める中国が牽引役となり年率3％程度の成長を続けてきましたが、2018年秋頃から中国ユーザーの引き合いが弱まり、2019年に入ってからは明らかに需要が低迷しています。この背景には中国国内の自動車生産の落ち込み、米中摩擦による景気悪化があります。OA機器や雑貨向けなど主力用途が全般的に低迷しており、2019年の世界需要は横ばいもしくは微減になるとの見方が大勢です。

◎ポリアセタールの需給実績

（単位：トン）

	2017年	2018年	2019年
生産量	115,184	119,256	100,698
販売量	115,417	115,878	103,242
輸出量	57,079	58,545	51,366
輸入量	36,253	38,090	39,894

資料：経済産業省『生産動態統計　化学工業統計編』、
　　　財務省『貿易統計』

◎ポリアセタールの設備能力（2019年末）

（単位：1,000トン／年）

社　名	工場	能力	備　考
ポリプラスチックス	富　士（コ）	100	
旭　化　成	水　島（コ）	24	
	水　島（ホモ）	20	
	計	44	
三菱エンジニアリングプラスチックス	四日市（コ）	20	重合設備は三菱ガス化学
デュポン	宇都宮（ホモ）	(15)	コンパウンド能力
BASFジャパン	横　浜（コ）		輸入販売、テクニカルセンター
小　　計	（ホモ）	20	
	（コ）	144	
合　　　計		164	

〔注〕（コ）はコポリマー、（ホモ）はホモポリマー、コンパウンドは合計に含まない。
資料：化学工業日報社調べ

【ポリアミド（PA）樹脂（ナイロン樹脂）】

ポリアミド樹脂は、酸アミド結合（－〔CONH〕－）の繰り返し構造が構成する高分子の総称で、一般的には"ナイロン樹脂"と呼ばれています。強靭で、耐摩耗性、耐薬品性などに優れているのが共通した特徴です。

デュポンの商品名であった"ナイロン"がPAに代わり使用されることが多く、現在、商品として販売されているPAで代表的なものは以下になります。

①ナイロン6：ε-カプロラクタムの重合によ

◎ポリアミドの需給実績

（単位：トン）

	2017年	2018年	2019年
生産量	238,241	235,744	200,054
販売量	218,926	217,600	208,107
輸出量	112,273	111,044	100,903
輸入量	184,264	197,393	197,853

資料：経済産業省『生産動態統計 化学工業統計編』、財務省『貿易統計』

◎ポリアミドの設備能力（2019年末）

（単位：1,000トン／年）

社 名		工 場	能 力	備 考
<ナイロン6> 合計			108	
宇部興産		宇部	53	
東 レ		名古屋	33	
ユニチカ		宇治	12	
東洋紡		敦賀	10	
BASFジャパン		横浜		輸入販売，テクニカルセンター
ランクセス		尼崎		輸入販売，テクニカルセンター
DSMジャパンエンジニアリングプラスチックス		横浜		三菱ケミカルへ生産委託，テクニカルセンター
エムスケミー・ジャパン		東京		輸入販売，テクニカルセンター
<ナイロン66> 合計			107	
旭化成		延岡	76	
東 レ		名古屋	24	
宇部興産		宇部	7	
デュポン		宇都宮	(15)	コンパウンド能力
BASFジャパン		横浜		輸入販売，テクニカルセンター
ランクセス				輸入販売，テクニカルセンター
ユニチカ		宇治	(2)	コンパウンド能力
エムスケミー・ジャパン		東京	(6)	輸入販売，テクニカルセンター
<ナイロン11，12> 合計			10	
ダイセル・エボニック		網干	(3)	コンパウンド能力
アルケマ		京都		輸入販売，テクニカルセンター
宇部興産		宇部	10	
<特殊ナイロン> 合計			33.5	
東 レ	ナイロン610など	名古屋		マルチパーパスプラント
三井化学	ナイロン6T系	大竹	6	
三菱エンジニアリングプラスチックス	ナイロンMXD-6	新潟	15	重合設備は三菱ガス化学
ソルベイアドバンストポリマーズ	ナイロン6T系			輸入販売
デュポン	ナイロン6T系	宇都宮		輸入販売
DSMジャパンエンジニアリングプラスチックス	ナイロン46など	横浜		輸入販売
クラレ	ナイロン9T	鹿島	12.5	
合 計			258.5	

〔注〕コンパウンド能力は合計に含まない。
資料：化学工業日報社調べ

る

②ナイロン66：ヘキサメチレンジアミンと
アジピン酸の重合による

③ナイロン610：ヘキサメチレンジアミンと
セバシン酸の重合による

④ナイロン11：11-アミノウンデカン酸の重
合による

⑤ナイロン12：ω-ラウロラクタムの重合ま
たは12-アミノドデカン酸の重合による

日本で生産されるポリアミドの大部分は合成
繊維として使用されますが、一部は熱可塑性プ
ラスチックとして利用されており、用途はます
ます拡大の傾向にあります。

〔用　途〕

射出成形、押出成形：フィルム、繊維・フィ
ラメント

一般機械部品：ギヤ、ベアリング、カム類、
ナイロンボール、バルブシート、ボルト、ナッ
ト、パッキン

自動車部品：キャブレターニードルバルブ、
オイルリザーバタンク、スピードメーターギヤ、
ワイヤハーネスコネクター

電気部品：コイルボビン、リレー部品、ワッ
シャ、冷蔵庫ドアラッチ、ギヤ類、コネクター、
プラグ、電線結束材

建材部品：サッシ部品、一般戸車、ドアラッ
チ、上つり車、取手、引手、カーテンローラー

雑　貨：洋傘用ロクロ、無反動ハンマーヘッ
ド、ライターボディ、ハンガーフック、婦人靴
リフト、ボタン

代表的なエンプラであるポリアミド樹脂には
6や11、12、46、66、6T、9T、MXD6など
多くのベースポリマーがあり、610など植物由
来原料を使った製品も増えています。耐摩耗性
や耐衝撃性、電気特性、耐薬品性に優れコスト
パフォーマンスが高いため、自動車や電気・電
子、OA機器、スポーツ・レジャー用品、各種
日用品など幅広い用途で用いられています。

自動車用途では、軽量化による燃費向上がナ
イロン樹脂を採用する最大の理由です。加えて、
ターボエンジンの小型化、次世代のパワートレ
イン向けなどで高耐熱グレードの事業機会は増
えていて、従来難しいとされてきた部材を樹脂
化するにあたって、各社がレジンおよびコンパ
ウンド技術の開発にしのぎを削っています。

ナイロン6と66は金属代替素材として、特
に自動車の軽量化に貢献しています。代表的な
用途はインテークマニホールドやラジエーター
タンク、ドアミラーステイ、各種内装部品、電
装部品などで、燃料チューブにはナイロン12
が多く使われます。

電気・電子分野ではコネクターやコイルボビ
ン、スイッチ部品のほか、リチウムイオン二次
電池の外装材、太陽電池のバックシートなど新
たな用途も増えています。また、鉛フリーはん
だに対応した表面実装（SMT）部品などに高耐
熱需要が高まっています。

PAの2019年生産量は20万54トン（前年比
15.1％減）、販売量は20万8,107トン（同4.4％
減）でした。輸出量は10万903トン（同9.1％
減）、輸入量は19万7,853トン（同0.2％増）とな
りました。

【ポリカーボネート（PC）樹脂】

ポリカーボネート樹脂は透明で、耐衝撃性、
寸法安定性に優れた熱可塑性樹脂です。耐熱性、
耐老化性、成型加工性にも優れ、極めて強靭で、
金属に代わるものとして広く使われています。
この特徴を生かし、電気・電子部品、OA機器、
光ディスク、自動車部品などの幅広い用途で需
要が拡大しています。

製法は以下の3種類です。①界面重合法：ビ
スフェノールAのアルカリ水溶液とメチレンク
ロライドまたはクロルベンゼンとの懸濁溶液に
塩化カルボニルを添加して製造、②エステル交
換法：ビスフェノールA、ジフェニルカーボネー

トを主原料に製造、③ソルベント法：ビスフェノールＡを酸素結合剤および溶剤の存在下で塩化カルボニルと反応させて製造。

〔用　途〕

光学用途：CD、DVD、CD－R、DVD－R、ブルーレイディスクなどの基板、カメラなどのレンズ、光ファイバー

電気／電子用途：携帯電話（ボタン，ハウジング）、パソコンハウジング、電池パック、液晶部品（導光板，拡散板，反射板）、コネクター

機械用途：デジタルカメラ／デジタルビデオカメラ（鏡筒，ハウジング）、電動工具

自動車：ヘッドランプレンズ、エクステンション、ドアハンドル、ルーフレール、ホイールキャップ、クラスター、外板

医療・保安：人工心肺、ダイヤライザー、三方活栓、矯正用メガネレンズ、サングラス、保護メガネ、保安帽

シート／フィルム：拡散フィルム、位相差フィルム、カーポート、高速道路フェンス銘板、ガラス代替

雑貨：パチンコ部品、飲料水タンク

◎ポリカーボネートの需給実績

（単位：トン）

	2017年	2018年	2019年
生産量	310,179	320,793	297,505
販売量	310,681	294,816	303,084
輸出量	183,759	161,862	175,144
輸入量	98,413	90,576	77,526

資料：経済産業省『生産動態統計　化学工業統計編』、財務省『貿易統計』

◎ポリカーボネートの生産能力（2018年）

（単位：1,000トン／年）

社　　名	工　場	能力
帝　　　人	松　山	120
三菱ガス化学	鹿　島	120
三菱ケミカル	黒　崎	80
住化ポリカーボネート	愛　媛	80
合　　計		400

資料：化学工業日報社調べ

PCの2019年生産量は29万7,505トン（前年比7.3％減）、販売量は30万3,084トン（同2.8％増）、輸出量は17万5,144トン（同8.2％増）、輸入量は7万7,526トン（同14.4％減）でした。

電気・電子分野ではパソコンやコピー機、スマートフォン、タブレットパソコンなどの筐体、内蔵部品に用いられています。こうした用途では耐衝撃性や成形安定性に加え、高い難燃性が求められます。近年は高い透明性と難燃性を兼ね備えた薄肉成形用PCの採用が広がっていて、薄肉ノンハロゲン難燃グレードのニーズも高まっています。LED照明関連が普及期に入り、好調に推移しているほか、液晶ディスプレイ用の導光板用途での採用も進んでいます。

シート・フィルム用途では、アーケードドーム、体育館の窓ガラス代替などの建材関連、高速道路の遮音壁などに使用される厚物シートは堅調に推移しています。

自動車分野では透明性や耐衝撃性、耐熱性が評価され、ヘッドランプ、メーター板、各種内装部品に使われています。大型用途として期待されてきた樹脂グレージング（窓素材）用途も、軽量化効果や複雑形状へ対応しやすいことなどが評価され、徐々に市場を広げています。最近では、自動車の日中点灯ランプ（DRL）での需要拡大が期待されています。DRLは北欧などで、昼間に濃霧が発生し視界が遮られることから安全対策として搭載されてきました。欧州ではDRL搭載が義務化されていますが、日本では明確な基準がなく、光度の明るいDRL搭載の欧州車の走行は制限されてきました。しかし昼間走行時の点灯に関する国際基準が導入され、DRL搭載車の走行が可能となったため、日本の自動車メーカーがDRLの搭載に動き出す可能性は高いと考えられます。

また、2015年5月の建築基準法の改正により、劇場や倉庫、スタジアムの屋根などにPC樹脂の使用が可能となり、建材分野でも需要の拡大が期待されます。

世界需要は年4％強で拡大しており、2018年に450万トンになったとみられます。2020年は500万トン近くになるとの予想もあります。自動車分野を中心にOA機器や家電、半導体産業関連の引き合いが上半期に強まったことが背景にあります。しかし2018年後半になると米中摩擦が、中国の米国向け家電製品輸出に影響するようになり、失速しました。PC樹脂はこれまで堅調な需要成長を示してきましたが、2019年以降、これらを背景に慎重な見方も強まっており、原料価格が強含むなかで、収益性の悪化に対する警戒感も高まっています。

【ポリブチレンテレフタレート（PBT）樹脂】

ポリブチレンテレフタレートは、テレフタル酸ジメチルと1,4-ブタンジオールを原料に合成されたビスヒドロキシブチルテレフタレート（BHBT）の重合体で、1970年に米セラニーズ社から製品化されました。強靭、高剛性、熱安定性、低吸水率、寸法安定性、耐摩耗性など電気特性に優れています。多くの優れた性能とコストとのバランスの点で、亜鉛やアルミニウムのダイカスト品、ポリアセタール、ナイロン、ポリカーボネートなど、他のエンプラと十分な競争力を持つ大型エンプラとして期待されています。ガラス繊維や無機フィラーなどの強化剤や難燃剤を2～3割程度配合して使用されることが多く、自動車部品や電気・電子部品、OA機器部品のコネクターなどとして用いられています。

〔用　途〕

自動車：イグニッションコイル、ディストリビュータ、ワイパーアーム、スイッチ、ヘッドライトハウジング、モータ部品、排気・安全関係部品、バルブ、ギヤ

電機・電子：スイッチ、サーミスター、モータ部品、ステレオ部品、コネクター、プラグ、コイルボビン、ソケット、テレビ部品、リレー

フィルム：食品包装用など

その他：ポンプ（ハウジング）、カメラ部品、時計部品、農業機器、事務機器、ギヤ、カム、ベアリング、ガス、水道部品

PBTの2019年生産量は11万4,513トン（前年比5.2％減）、販売量は11万6,526トン（同2.9％減）で推移しました。2019年の世界需要は前年比7～9％伸び、120万トン弱（コンパウンド品換

◎ポリブチレンテレフタレートの需給実績
（単位：トン）

	2017年	2018年	2019年
生産量	110,121	120,828	114,513
販売量	117,224	120,044	116,526
輸出量	99,278	99,837	91,286
輸入量	131,466	147,676	130,968

資料：経済産業省『生産動態統計　化学工業統計編』

◎ポリブチレンテレフタレートの設備能力（2018年）
（単位：1,000トン／年）

社　名	工　場	能力	備　考
ウィンテックポリマー	松　山／重合	50	
	富　士／重合	20	
東　レ	愛　媛／重合	24	PBT専用
三菱ケミカル	四日市／重合	70	
SABICジャパン合同会社	真　岡／配合		
東　洋　紡			DICより事業譲渡
BASFジャパン	横　浜*		輸入販売
ランクセス	尼　崎*		輸入販売
合　　計		164	

〔注〕*テクニカルセンター
資料：化学工業日報社調べ

算)とみられます。5〜6割を占める自動車向けが好調だったようで、自動車の電装化によるコネクター用の増加が牽引役となっています。

今年に入りコロナ禍が深刻化すると世界で自動車の生産が停止。PBTの需要にも急ブレーキがかかっています。世界需要の約4割を消費する中国では新車販売台数が前年同月比半減以下になるなど、2〜3月の需要減がとくに目立ったようです。とは云っても、引き続き電装化が進む自動車用途でセンサーやコネクターなどの需要が見込めるほか、新興国の経済成長とともに家電やOA機器向けの需要にも期待が持てます。またリチウムイオン二次電池(LiB)ケース用途では、耐熱性を重視する場合はポリフェニレンサルファイド(PPS)が使われますが、ユーザーの設計思想によっては性能のバランスやコスト面に比重が置かれ、PBTやポリプロピレン(PP)などが使われているようです。

射出成形用途に比べて規模は小さいものの、フィルムや繊維など押出用途の市場からも目が離せません。フィルムは共押出やラミネートによって多層で用いられ、食品包装分野などでPBTの臭いバリア性能が生かされています。また中国では古くからストレッチ素材としてPBT繊維の市場が存在しています。日系各社はボリュームゾーンとの差別化を狙い、コンパウンド技術や技術フォローに活路を見出そうとしています。実績がつき始め、コスト競争力を生かす新興勢に対抗しながら、欧米メーカーの牙城を崩そうと北米や欧州市場の開拓に乗り出しています。

【変性ポリフェニレンエーテル(変性PPE)】

変性ポリフェニレンエーテルは、フェノールとメタノールを原料に合成された2,6-キシレノールの重合体であるポリフェニレンエーテルとポリスチレン(PS)などをブレンドしたもので、グラフト重合で得られる非晶性の熱可塑性樹脂です。

原料となるポリフェニレンエーテル(PPE)は、①エンプラの中で一番軽い、②吸水時の寸法変化が小さい、③軟らかくなる温度が210℃と非常に高い、④絶縁性に優れている、⑤燃えにくいなどの特徴を有している一方で、PPE単独では成形性に難があるため、通常はPSなどとのアロイとして使用されています。PS以外にも、PPやナイロン、PPSなど多様な樹脂と組み合わせられます。耐熱性、寸法安定性に加え、低吸水性、低比重、難燃性、絶縁性、幅広い温度領域での機械的特性を有することから、自動車や電気・電子分野、家電・OA分野などで用いられています。

〔用 途〕

電気／電子分野：CRTフライバックトランス・偏向ヨーク、電源アダプター、コイルボビン、スイッチ、リレーソケット、ICトレー、電池パック

家電／OA分野：プリンター・コピー機・ファクシミリ等のシャーシ、CD・DVDなどのピックアップシャーシ・ベースシャーシ

自動車：ホイールキャップ、エアスポイラー、フェンダー、ドアハンドル、インストルメントパネル、ラジエターグリル、LiB周辺部材

その他：ポンプのケーシング、シャワーノズル、写真現像機部品、塩ビ代替配管部品

ハイブリッド車(HEV)・電気自動車(EV)などのエコカー、太陽電池(PV)、リチウムイオン二次電池(LiB)用途など新規用途も増えています。

自動車分野は、電装化による需要のほかHEV、EV関連で、難燃性や電気特性、耐熱性、寸法安定性などの特性が評価されバッテリー周辺部品で採用増が見込まれます。

バッテリー関連では車載用途だけでなくスマートグリッド、スマートハウスといった次世代省エネ分野でも広がりが期待されています。

PV用では、ジャンクションボックスやコネクターへの採用が進んでいます。屋外で長時間

使用されるため、長期耐熱性や耐候性、難燃性、耐加水分解性、電気特性など様々な特性が要求されます。生産各社はこうした機能要求に応えるグレードを開発し、市場投入しています。ただしジャンクションボックス用途は一服感が出始め、価格競争が激化しているもようです。

一大用途のICトレー向けもリサイクル比率が高まったことで価格が低下しています。

こうしたなか耐熱性を生かした給排水用途やタンク向けの採用が増えており、新たな一大市場の創出が期待されています。

変性PPEは年に3〜5％伸びているとみられ、世界需要は37万〜38万トンと推定されます。供給が追いついていないながらも、増設計画が相次いでおり、需給環境の変化が見込まれています。世界のPPEの重合能力は約17万トンで、サウジ基礎産業公社（SABIC）が最大です。国内では旭化成と三菱ガス化学の合弁が事業化、三菱ガス化学の引き取り分を三菱エンジニアリングプラスチックスがコンパウンドしています。旭化成は発泡体（ビーズ）を事業化、軽量化部材などに使われるエンジニアリングプラスチックとして展開しています。このほか海外では中国・藍星集団、中国・鑫宝（シンバオ）集団が生産、増強も計画していますが、需要が供給を上回る状況が続いています。ただ、世界需要の3割強を占める最大消費国の中国で、OA機器部品、自動車リレーブロック、LiB周辺、PVのジャンクションボックス向けなど主力用途の減速が目立っており、需給の逼迫はやや改善されています。

【フッ素樹脂】

フッ素樹脂は耐熱性、耐候性、耐薬品性、電気特性などの特性を持つ、エンプラの代表格です。ほとんどすべての特性で他の合成樹脂の性能を凌駕し、また滑りやすく（低摩擦性）、耐磨耗性に優れる摺動特性や非粘着性、撥水性などユニークな特性を持っており、安全性など厳しい性能が要求される分野で他の素材を代替しています。

このように優れた特性の秘密はフッ素原子にあります。フッ素原子はあらゆる元素、特に炭素原子と強固に結合し、安定な分子となる特徴があります。このことから熱や紫外線などの影響を受けにくく耐候性、耐熱性、耐薬品性などの特性がよくなります。また結合力が強いため表面張力が低く、非粘着性、撥水性などの特性につながります。また、樹脂のなかで最も低誘電率、低損失という電気特性があるので、携帯電話の内部や基地局用電線の絶縁材料にも応用されています。

上記のような優れた性質を持つことから、化学工業、電気・電子工業、機械工業はもとより、自動車や航空機、半導体、情報通信機器など高い特性が要求される分野からフライパンなどの家庭用品まで幅広く使用されています。具体的には電気電子・通信用が約3割を占めていて、化学工業用が約2割程度、そのほか自動車・建機、半導体製造装置などにも使われています。

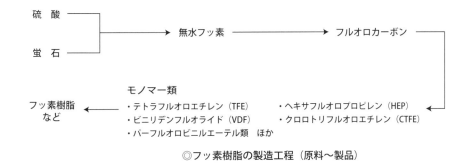

◎フッ素樹脂の製造工程（原料〜製品）

◎フッ素樹脂の需給実績

（単位：トン）

	2017年	2018年	2019年
生産量	30,151	30,886	31,912
販売量	29,363	32,082	29,702
輸出量	22,030	23,518	24,939
輸入量	10,596	11,278	10,298

資料：経済産業省『生産動態統計　化学工業統計編』、日本弗素樹脂工業会

電気電子・通信用では電気特性や難燃性などの特性が評価され、スイッチ、プリント基板などの電子部品に採用されています。化学工業用ではバルブ、ライニングなどプラント部品に使われます。自動車向けではシーリング用途で多く使われています。また、瀬戸内などの長大橋の橋と橋げたの間に摺動特性のあるフッ素樹脂を挟み込むことによって地震の揺れを吸収し、橋の崩壊を防ぐのにも役立っています。

日本で使用されている主なフッ素樹脂の種類は以下の通りです。

① ポリテトラフルオロエチレン（PTFE）

② テトラフルオロエチレン－パーフロロアルキルビニルエーテルコポリマー（PFA）

③ フッ化エチレンポリプロピレンコポリマー（FEP）

④ テトラフルオロエチレン－エチレンコポリマー（ETFE）

⑤ ポリクロロトリフルオロエチレン（PCTFE）

⑥ ポリフッ化ビニリデン（PVDF）

フッ素樹脂は蛍石（ほとんど中国からの輸入）と硫酸を出発原料にして無水フッ酸を生成、さらに有機塩化物を反応させてフルオロカーボン、テトラフルオロエチレン（TFE）などのモノマーを製造して、重合反応で樹脂やゴム、塗料などを生産します。

フッ素樹脂メーカーは世界的にも少なく、日本ではダイキン工業、AGC、三井・ケマーズフロロプロダクツ、クレハの4社が生産しています。ちなみにフッ素樹脂というとフライパンの「テフロン」加工がよく知られていますが、「テフロン」というのはケマーズ社（開発元のデュポン社から2015年に分社）の商標名です。

フッ素樹脂の2019年生産量は、3万1,912トンで前年比3.3％増となりました。日本弗素樹脂工業会がまとめた2019年の国内出荷は、2万9,702トンで同7.4％減で推移しました。

◎主なフッ素樹脂の用途と製造メーカー

種類	主な用途	主な製造メーカー
PTFE	ガスケット、パッキン、各種シール、バルブシート、軸受け、チューブ、屋根材、複写機	ダイキン工業、三井・ケマーズフロロプロダクツ、AGC 輸入＝スリーエムジャパン、ソルベイスペシャリティポリマーズジャパン
PFA	チューブ、ウエハーバスケット、継ぎ手、電線被覆、フィルム、バルブのライニング、ポンプ	ダイキン工業、三井・ケマーズフロロプロダクツ、AGC 輸入＝スリーエムジャパン、ソルベイスペシャリティポリマーズジャパン
FEP	電線被覆、ライニング、フィルム	ダイキン工業、三井・ケマーズフロロプロダクツ
ETFE	電線被覆、コネクタ、ライニング、フィルム、ギヤ、洗浄用バスケット	ダイキン工業、AGC 輸入＝三井・ケマーズフロロプロダクツ、スリーエムジャパン
PCTFE	保存輸送用バッグ、高圧用ガスケット、包装フィルム、バブリング、ギヤ	ダイキン工業
PVDF	ガスケット、パッキング、チューブ、釣り糸、楽器弦、絶縁端子など	ダイキン工業、クレハ 輸入＝アルケマ、ソルベイスペシャリティポリマーズジャパン

資料：化学工業日報社調べ

3. 3　プラスチックス③（バイオプラスチック）

　バイオプラスチックは、循環型社会に貢献する素材として注目されており、石油など化石資源の消費を減らし、地球温暖化や、海洋マイクロプラスチック問題などに対して有効なソリューションを提供できる素材として、世界規模で普及が期待されています。製造コストの問題から市場成長に停滞感がみられるという指摘はあるものの、世界的に市場は拡大しています。世界市場の伸びから立ち後れていた日本市場も、CSR活動を重視するユーザー企業を中心に採用が増えており、自動車やスマートフォンなどでバイオエンプラ採用のニュースも増えています。欧州での使い捨てプラスチック製品規制など国際的な環境規制強化の流れのなかで、今後も市場拡大傾向が続くと見込まれます。

　バイオプラスチックには、生分解性プラスチック（使い終わったら水と二酸化炭素に還る）と、バイオマスプラスチック（原料に植物など再生可能な有機資源を含む）の2種類があります。日本バイオプラスチック協会（JBPA）は「原料として再生可能な有機資源由来の物質を含み、化学的または生物学的に合成することにより得られる高分子材料」と定義しています。

〔用 途〕
　包装資材（家電製品などのブリスターパック、生鮮食品のトレー・包装袋、卵パックなど）、カード類（ポイントカード、健康保険証など）、家電製品、自動車用の部材

　主なバイオプラスチックは、バイオPET〔ポリエチレンテレフタレート（PET）の原料であるテレフタル酸（重量構成比約70%）とモノエチレングリコール（同約30%）のうち、モノエチレングリコールをサトウキビ由来のバイオ原料に替えて製造したもの〕を筆頭に、ポリ乳酸（PLA）〔トウモロコシを原料〕、ポリブチレンサクシネート（PBS）〔コハク酸と1,4-ブタンジオールを原料とする生分解性プラ〕、バイオポリエチレン（PE）、バイオポリアミド（PA）〔ヒマシ油由来〕などが挙げられます。

　従来の主流であるPLAに加え、2010年代に入り、新規のバイオマスプラスチック材料の供給、既存の石油化学系プラスチックの原料のバイオマス化など、様々な動きが加速しています。特にカーボンニュートラルの観点から原料の一部を植物由来に置き換えたバイオPET、バイオPEの市場拡大が目立ち、今後も高い成長が期待されています。

　ほかにもスマートフォンの前面パネルや自動車内装カラーパネルなどで、バイオエンプラの採用が相次いでいます。原料をバイオに置き換えただけでなく、一般的なエンプラに勝る性能を有していることが特徴です。産官学の研究開発も活発化しています。「微生物が作る世界最強の透明バイオプラスチック」「漆ブラックを実現した非食用植物原料のバイオプラスチック」「水素を合成する遺伝子の改変でバイオプラスチック原料を増産」「虫歯菌の酵素から高耐熱性樹脂の開発に成功」など、ニュースの見出しを拾っただけでも様々な角度から研究が進展している様子がうかがえます。

　バイオプラの世界の生産能力は、欧州バイオプラスチック協会のデータによると、2019年でバイオマスが94万トン、生分解性が117万

トンでした。一方、日本のバイオプラ出荷量は、バイオプラスチック導入ロードマップ検討会資料（日本バイオプラスチック協会推計）によると、2019年は４万6650トン、うち主要バイオマスプラが４万500トン、生分解性プラが4300トンとなっています。総出荷量は３年で17％成長、３年間の年平均成長率は８％強と高成長をみせています。ＳＤＧｓの浸透、海洋プラごみ問題などによる国民の環境意識高揚などがこの成長を支えているようです。ブランドオーナーや流通企業などのバイオプラ導入も急速に拡大しています。バイオＰＥは輸入関税が撤廃され、採用の動きは食品、流通業界などで広がっています。

2020年７月に始まったレジ袋有料化は、バイオプラ普及拡大の追い風となるとみられていましたが、コンビニエンスストアではマイバッグなどを利用しレジ袋を辞退する比率が70％を越える状況になっていることから、レジ袋需要そのものが減っている状況です。バイオマスプラ製レジ袋の需要は拡大しているとはいえ、事前の予想ほどには拡大していないようです。

行政の取り組みも着実に進んでいます。バイオプラスチック導入ロードマップ検討会は数回の会合を経て、2020年度内には決定する予定となっています。

海洋生分解性プラスチックの標準化検討委員会の議論も進んでいます。ＩＳＯなどへの国際標準の提案を目指していますが、さまざまな実験データが出始めているようです。

生分解性プラスチックへの脚光が集まることでポリ乳酸の輸入が急増しているようです。2020年上半期は3200トン（同74％増）と急増しているとのことです。

3. 4　合成繊維

合成繊維は、主に石油を原料として、化学的に合成された物質から作られる繊維です。具体的には原料を重合し、溶融などにより液状化して口金（ノズル）から押し出し、繊維にします。原料により様々な種類の合成繊維があり、なかでもナイロン繊維、ポリエステル繊維、アクリル繊維は三大合成繊維と呼ばれています。このほか産業資材で主に使われるアラミド繊維やポリプロピレン繊維、ビニロン繊維、ポリエチレン繊維などもあります。近年では繊維の高機能化・高性能化に各メーカーが取り組んでいます。

【ナイロン繊維】

米デュポンが開発した最初の合成繊維で、ナイロン６とナイロン66があります。原料がカプロラクタムのものを"ナイロン６"、アジピン酸とヘキサメチレンジアミンのものを"ナイロン66"といい、他の合成繊維に比べて融点の高いナイロン66が主流となっています。主な用途はパンティストッキングや靴下、タイルカーペット、タイヤコード、エアバッグなどです。

【ポリエステル繊維】

原料には高純度テレフタル酸またはテレフタル酸ジメチルとエチレングリコールが用いられます。強く、しわになりにくく、吸湿性がないなどの特徴を有することから、衣料品、インテリア・寝装品、産業資材、雑貨など幅広い用途

◎主要合成繊維の生産能力

（単位：トン／月、%）

	2018年	2019年	稼働率
ナイロンF	13,087	11,019	56.8
ポリエステルF	17,453	17,455	55.5
ポリエステルS	16,644	15,971	41.7
アクリルS	17,075	17,075	56.0
ポリプロピレンF	8,611	8,611	44.8
ポリプロピレンS	5,023	5,023	96.2
合　計	77,943	75,154	58.5

〔注〕 1. 生産能力は12月分。
　　　　稼働率＝月間平均生産量÷月間生産能力×100
　　　 2. 合計にはその他合繊を含む。
　　　 3. 稼働率は合繊の多品種化による切り換えや
　　　　細物化により、現状を必ずしも反映してい
　　　　ない。
資料：経済産業省『生産動態統計　繊維・生活用品統
　　　計編』

に使われる汎用性の高い繊維で、合成繊維を含めた化学繊維のなかで生産量は最大です。

【アクリル繊維】

　原料にはアクリロニトリルが用いられます。ふんわりと柔らかいうえ、軽く、合成繊維のなかでは最もウールに似た性質を持つことから、ニット製品や寝装品に多く使われています。合成繊維では、絹のように連続した長さを持つ糸のことを「長繊維（フィラメント；F)」糸と呼び、通常、数十本の単糸（単繊維）を撚り合わせて1本の糸（マルチフィラメント）とします。魚網やテグス（釣り糸）のように、単糸が1本の場合はモノフィラメントと呼びます。一方、木綿や羊毛のようなわた状の短い繊維のことを「短

◎合成繊維の生産量

（単位：トン）

	2017年	2018年	2019年
ナイロンF	96,648	89,634	76,326
ポリエステルF	120,979	117,727	116,175
ポリエステルS	92,731	82,660	82,742
計	213,710	200,387	198,917
アクリルS	120,271	124,101	114,798
ポリプロピレンF	68,275	62,003	46,327
ポリプロピレンS	61,648	63,734	57,971
計	129,923	125,737	104,298
そ　の　他	157,073	156,183	158,903
合　　　計	717,625	696,042	653,242

資料：経済産業省『生産動態統計　繊維・生活用品統計編』　　その他にはポリエチレン（長繊維）を含む

◎合成繊維の輸出量、輸入量

（単位：トン）

		2017年	2018年	2019年
ナイロンF	輸出量	45,034	40,126	27,704
	輸入量	27,210	30,063	28,811
ポリエステルF	輸出量	15,522	15,210	15,165
	輸入量	136,608	138,563	128,950
ポリエステルS	輸出量	14,321	13,983	14,434
	輸入量	64,913	72,693	70,126
アクリルS	輸出量	136,946	132,815	125,732
	輸入量	497	618	685

資料：日本化学繊維協会

繊維（ステープル；S）」と呼びます。つめ綿、カーペットなどではステープルのまま使われますが、通常は紡績により糸（紡績糸）として使用されます。

【ポリプロピレン繊維】

比重が0.91と小さく、天然繊維、化学繊維を通じて最も軽量であるという特長があります。強度、耐摩耗性が大きく、弾性に優れ、クリープ性（一定の負荷をかけると時間とともに変形していく性質）が小さく、耐酸性、耐アルカリ性が大きいという特長もあります。また、カビ、微生物、虫に完全に耐えることができます。耐光性、耐老化性は絹とポリアミドの中間に位置しますが、安定剤の添加によって向上させることができます。

【高機能繊維】

従来の繊維にはなかった機能を持つ繊維を高機能繊維と呼び、日本はこの分野で世界トップクラスです。代表的なものとして高強度が特長のパラ系アラミド繊維、超高分子量ポリエチレン繊維、ポリアリレート繊維、炭素繊維が挙げられます。また、高耐熱性を持つものとして代表的なのがメタ系アラミド繊維です。他にも不燃性を持つガラス繊維や生分解性を持つポリ乳酸繊維などがあります。衣料をはじめ、日用品や室内装飾品、土木・建築資材用補強材、自動車および航空機の部品、エレクトロニクス、造水、環境保全など、幅広い分野で利用されており、ウエアラブルデバイスなどの最先端領域においても有用な素材として期待されています。メーカー各社は繊維径を細くしたり、繊維の断面を異形化したり、さらには後加工による改質、複合化といった技術に磨きをかけながら高機能化に取り組んでいます。

合成繊維の2019年国内生産量は前年比6.2%減の65万3,242トンで、長繊維は同6.6%減の36万5,121トン、短繊維は同5.6%減の28万8,121トンとなりました。日本は国内メーカーの海外進出の影響で8年連続の減少となりました。2020年に入ってから、新型コロナウイルスが世界全体のパンデミックに広がり、世界経済および日本の経済にも深刻な影響を与えました。合成繊維を含む繊維需要は緊急事態宣言にともなう小売店舗の臨時休業や各種イベントの中止、延期などが影響して、末端の衣料需要は大きく落ち込みました。公共工事なども大幅に減少したことで自動車関連、産業資材関連など非衣料分野についても衛生材料需要など一部を除いて軒並み需要が縮小しています。

2019年は海外でも需要は落ち込み、2020年に入って新型コロナウイルスによる影響が追い打ちをかけていますが、中国ではいち早く回復してきています。依然として世界の合成繊維需要は底堅く、今後、アジアを中心とした新興国・地域の成長を背景に拡大し続けていくものとみられます。需要の中身については、とりわけテクニカルテキスタイル（先端技術で機能性を付与された繊維）の引き合いが増すと指摘しています。中国やインドでは自動車をはじめとした産業向けが好調に推移し、不織布需要などが高まると期待されています。

合成繊維産業は戦後復興を牽引する産業の一翼を担い1970年代初めに最盛期を迎えましたが、オイルショックや円高を契機に成長が止まり、縮小均衡の道を歩みました。有力繊維企業は合繊事業を縮小して、非繊維事業に経営資源を投入しました。

とりわけ衣料用合成繊維は、中国などの台頭によって大きくシェアを低下させ、1990年代以降は撤退に追い込まれる企業が続出しました。欧米企業も同じ道をたどっていて、世界の供給構造は途上国中心に様変わりしました。このなかで、日本企業は炭素繊維やアラミド繊維

に代表される高性能繊維、ユーザーニーズに対応して様々な機能を付与した高機能繊維に展開したことが奏功し、現在でも繊維事業が経営の一角を支えています。高性能繊維は日本勢が技術開発を牽引していて、航空機や自動車だけでなく、風力発電など成長が見込める環境・エネルギー分野や土木分野への展開も始まっています。一方で、世界共通の課題である高齢化社会に対応して、病院や介護施設で使いやすい繊維製品のニーズも高まっています。空気や水の浄化では中空糸の活躍が期待されています。

これらの技術開発は素材メーカーだけでは限界があり、川上のポリマー企業から、テキスタイルなど川中企業や最終加工企業を含めたバリューチェーンの総合力が問われます。市場や用途は細分化されがちであり、技術開発の選択と集中が不可欠です。外部の資源を活用して効率を上げるとともに、世界を視野に入れた事業戦略が問われています。

●平成時代を振り返る〜合成繊維原料業界〜

1980年代の日本の合成繊維業界は、プラザ合意（1985年）による急激な円高と、韓国や台湾など新興工業国の追い上げにより苦境に立たされました。国内の合成繊維生産の縮小を受け、日本の合繊原料メーカーは活路を海外に見出し、1990年代に入ると国内大手は相次ぎアジアに進出します。結果、日系の顧客に加え、現地の顧客を次々に取り込むことに成功し、アジア大手に躍進しました。このアジア進出の経験とノウハウが、遅れていた日系化学企業のグローバル化の基礎を築き、後の経営幹部を多く輩出することにつながります。

2000年代に入ると中国で合繊原料の内製化が進展し、世界需給は中国がカギを握るようになりました。市況も大きく乱高下するようになり、ピーク時には年間数百億円の利益を稼ぎ出す一方、市況低迷が続くと赤字転落するようになりました。決定打となったのは2008年秋のリーマンショックで、世界経済は一気に冷え込み、高成長を謳歌していた中国経済も大きく減速しました。それまでコア事業に位置付けられてきた合繊原料は再構築事業の対象となり、特に高純度テレフタル酸（PTA）は国内設備の停止や海外からの撤退を決断していくことになります。

3.5　炭素繊維

炭素繊維は、1961年に日本で開発された代表的な高強力繊維で、日本が世界で先行する数少ない製品の1つです。ポリアクリロニトリル（PAN）系、ピッチ系の2種類があり、PAN系はアクリル繊維を、ピッチ系はコールタールまたは石油重質分を、それぞれ焼成・炭素化して作ります。材料として使用する際は、炭素繊維をエポキシ樹脂などの熱硬化性樹脂で固めた炭素繊維複合材料（CFRP）にします。複合化する

ことで、機能や加工性を向上できます。

炭素繊維の大きな特徴は、鉄よりも強く、アルミよりも軽いことです。比重は鉄の約4分の1、比強度（単位重量当たりの強さ）は鉄の約10倍です。軽量で高強度、高弾性率、さらに電気伝導性があり、腐食しにくいのが特徴です。また、焼成・炭素化する工程を各社がノウハウとして持っており、製造条件の変更により広範囲の機能を得ることができます。炭素繊維の大

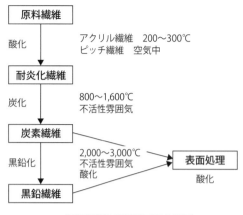

◎炭素繊維の製造工程の概要

◎世界のPAN系炭素繊維の需要

(単位：トン)

用　途	2016年	2017年
一 般 産 業	39,800	41,600
航 空・宇 宙	12,900	13,100
ス ポ ー ツ	7,200	8,400
合　　計	59,900	63,100

資料：化学工業日報社調べ

◎世界のPAN系炭素繊維の生産能力（2019年末）

(単位：トン／年)

メーカー	能　力
レギュラートウ	
東レ	29,000
帝人	12,000
三菱ケミカル	9,000
Hexcel	8,000
Solvay	4,000
台湾プラスチックス	9,000
DowAksa	4,000
暁星	3,000
新興国メーカー（中国メーカーが主体）	14,000
ラージトウ	
Zoltek（東レ）	18,000
三菱ケミカル	5,000
SGLグループ	13,000
合　　　計	128,000

資料：化学工業日報社調べ

半を占めるPAN系炭素繊維の用途は、主に一般産業、航空機・宇宙、スポーツ・レジャーの3分野で、一般産業向けが6割、航空機・宇宙向けが2割、スポーツ・レジャー向けが2割です。炭素繊維協会によると、2019年の炭素繊維出荷量は前年比0.5%増の24,876トンと前年比微増ながら過去最大を更新しました。国内出荷は産業用が減少し、全体で前年比1.0％減となりました。輸出は航空宇宙用が好調で、全体で0.9％増となりました。輸出比率は80.1％と前年から0.3ポイント上昇しました。ただ、2020年に入ってからは新型コロナウイルスの影響による需要の落ち込みが懸念されています。

　CFRPは航空機や自動車の世界では本格拡大の時を迎えています。航空機向けでは、機体当たりの炭素繊維使用量が拡大しており、素材を納入する各社は生産基盤の強化でこれに対応しています。ボーイングやエアバスなど航空機メーカーとは長期契約を結んで供給するため、契約価格に大きな変動のない状況が続いていま

す。スポーツ・レジャー用途の汎用分野でも製品価格は横ばいが続いています。釣具やゴルフクラブ、ラケット、自転車などの構造材として使用されますが、こうした分野は規格が厳密な航空機分野などに比べると参入障壁が低く、中国をはじめとして後発メーカーが存在します。

　航空機や自動車にCFRPを使用するのは、機体や車体が軽量化され、燃費向上、CO_2排出抑制につながるのが理由です。炭素繊維自体は高温焼成が必要なことから、製造には多くのエネルギーを使用しますが、炭素繊維協会のLCA（ライフサイクルアセスメント）モデルによると、製品にCFRPを使用することで、使用時のCO_2を大きく削減するエコ材料となります。

　炭素繊維業界にとって自動車向けへの展開は市場規模を飛躍的に拡大させる極めて重要な課題です。以前は自動車業界が要求するレベルとコスト面での乖離が大きく、超高級車以外への適用は難しいとの見方が強くありましたが、低コスト化を目指す様々な技術開発が進められています。量産車への普及でエポックメーキングとなったのが、1台500万円クラスながら炭素繊維を大量に（1台当たり100kg近く）使用したBMWの電気自動車「i3」の登場（2013年）です。

BMWはその後発売した「7シリーズ」で、各パーツの補強としてCFRPを貼り合わせる手法を取り入れています。「i3」のように大量に炭素繊維を使う車は乗用車ではもう現れず、今後は「7シリーズ」のような使い方がベンチマークとなると推測されます。自動車メーカーが炭素繊維の採用に動き出した背景には、2020年の欧州におけるCO₂排出規制の存在があります。劇的な排ガス低減には、やはり劇的な軽量化が求められます。電気自動車などのエコカーにしても、軽量化は走行距離に直結します。大幅な軽量化には樹脂化だけでは間に合わず、強度、剛性に優れるCFRPの構造部材への採用が不可避となっています。

各社は低コスト成形方法の開発に取り組んでいます。速硬化性樹脂の開発や、プレス成形で容易に部材を製造する技術開発とともに、成形時に出る端材を極小化する取り組みも進められています。熱可塑性樹脂をマトリックスとするCFRTPの活用も将来の大量生産時代に必須の技術で、東レや帝人などが自動車メーカーとの共同開発を進めています。

炭素繊維自体の低コスト化も重要なテーマです。東レは、子会社ゾルテックの低コストなラージトウタイプの炭素繊維を活用して自動車構造部材向けを開拓する考えで、将来需要を見据えた増設計画も策定しました。三菱ケミカルは、一部設備の改造により5割程度生産能力を引き上げる技術を確立し、投資負担を抑えつつ生産量を増やすことで競争力の向上を図ります。

2016年1月、新エネルギー・産業技術総合開発機構（NEDO）は革新的な炭素繊維製造プロセスを開発したと発表しました。製造工程が大幅に簡略化されており、また従来に比べて製造エネルギーとCO₂排出量は半減し、生産性は10倍に向上します。物性についても、市販の炭素繊維と遜色ないことが確認されており、今後5〜10年での工業化を目指しています。

炭素繊維は、原料となるアクリル繊維を耐炎化、炭化して製造します。質の高い炭素繊維を得るには長時間・高温で処理する必要があり、生産性やコストの足かせとなっていました。今回開発された新プロセスでは、原材料を見直すことで、従来は不可欠だった耐炎化工程をなくしました。衣料用に使われる安価なアクリロニトリルに酸化剤などを添加し、良好な紡糸性と耐炎性を兼ね備える新規ポリマーを開発したのです。アクリル繊維を紡糸する段階で耐炎化することが可能となり、既存のアクリル繊維工場でプリカーサ（炭素繊維前駆体）を製造できるようになりました。

炭化工程についても加熱炉ではなくマイクロ波を用いる新技術を確立しました。マイクロ波による炭素化技術は、プリカーサの内側から加熱することで、短時間でムラなく繊維を炭化できます。従来のように加熱炉を高温に保ち外部から熱する必要がないため、コンパクトかつ省エネルギーで炭化できます。

樹脂との接着性を向上させるための表面処理工程においても、プラズマを用いる技術が開発されました。従来の液式と違いドライプロセスのため表面性状の制御が容易で、処理時間を数秒に短縮し、表面処理にかかるエネルギーを半減しました。

炭素繊維は日本の基幹産業の1つであり、東レ、帝人グループ、三菱ケミカルの3社で世界シェアの65％を占めます。大きく伸びる分野とあって海外勢も市場拡大を狙っていますが、"老舗"である日本の競争優位性が揺らぐことはなさそうです。2018年には、DIC、セーレン、福井県工業技術センターの三者が進める炭素繊維のプリプレグを量産化する開発テーマが、NEDOの大型研究事業に採択されています。2020年度までのプロジェクトで、プリプレグの加工スピード向上と高品質、低コスト化を実現する基材の開発に取り組み、自動車への搭載を狙うものです。製造エネルギーの低減と自動車の軽量化で燃費向上に貢献し、2030年には

年間9万キロリットル（原油換算）の省エネ効果　　を見込んでいます。

3.6　合成ゴム・熱可塑性エラストマー

　ゴムは「弱い力で大きく形が変わり、放すと元に戻る」性質（弾性：エラスティシティ）を持つ高分子です。弾性が強いことからエラストマーとも呼ばれます。ゴムの原料に硫黄を加えること（加硫）で分子同士の連結が起こり、弾性が強化されます。ゴムの形状は主として固形ですが、液状のものはラテックスと呼ばれ、接着剤の原料、プラスチックの耐衝撃改良剤などとして用いられます。

　ゴムの歴史は天然ゴムから始まります。アメリカ大陸の発見で有名なコロンブスが航海の途中で、ゴム玉で遊ぶ原住民を目にしたことから、その存在が世界に広く知られるようになりました。天然ゴムの生産は熱帯地域に限られることから、その代用品を人工的に製造すべくドイツや米国で研究開発が進められ、1930年代に工業化されました。ゴムノキから採れる天然ゴムに対し、人工的に作られるゴムを合成ゴムと呼びます。

【スチレンブタジエンゴム（SBR）】

　1930年頃にドイツで開発され、ブタジエンとスチレンを原料とし、耐熱性、耐老化性、耐摩耗性に優れています。自動車タイヤ部門（主に乗用車向け）や、ゴム履物、工業用品、ゴム引布などに使用されます。

【ブタジエンゴム（BR）】

　1932年頃にソ連（当時）で金属ナトリウムを

触媒として製造され、ドイツでも第二次世界大戦中に生産されていました。反発弾性が強く、耐摩耗性、低温特性に優れます。主としてタイヤに使用されるほか、ゴルフボール用に供されます。ポリスチレンなどプラスチックの耐衝撃改良剤としても多量に使用されています。

【クロロプレンゴム（CR）】

　1930年頃、ナイロン開発で後に有名になるカロザースによって米国で開発され、デュポンで生産が開始されました。クロロプレンを原料とし、耐熱性、耐候性、耐老化性、耐オゾン性に優れること、および酸化性薬品を除く耐薬品抵抗性が特長として挙げられます。数多くの合成ゴムが使用されているなかで、すべての特性がトップレベルにあるとはいえませんが、諸特性間のバランスが非常によいゴムであるといえます。金属との接着性が非常に優れているのも特長の1つです。ベルト、ホース、ブーツ、接着剤、電線被覆など自動車用および一般工業用に用いられます。

【エチレンプロピレンゴム（EPDM）】

　エチレン、プロピレン、ジエン類を組み合わせて得られるゴムで、エチレン・プロピレン共重合体（EPM）およびエチレン・プロピレン・ジエン共重合体（EPDM）の2つに分類されます。EPM、EPDMともポリマーの主鎖に不飽和結合がないため耐候性、耐熱老化性、耐オゾ

ン性に優れ、電気的特性がよく、自動車部品、電線、防水材など工業用品に広く用いられます。

【アクリロニトリルブタジエンゴム（NBR）】

アクリロニトリルとブタジエンから作られます。石油系の油に強く、耐油性ゴムの代表と目されています。天然ゴム、SBRなどと比較して耐油性が大幅に優れるほか、耐摩耗性、耐老化性が優れ、ガス透過率が低く、凝集力が強いという特長がある一方、耐寒性は劣り、反発弾性は低いとされます。耐油ホース、チューブ、紡績用エプロン、接着剤、靴底に用いられます。

◎主要ゴム製品の生産量

（単位：トン）

	2017年	2018年	2019年
自 動 車 タ イ ヤ	1,026,450	1,059,678	1,065,592
ゴ ム ベ ル ト	21,963	21,678	19,351
ゴ ム ホ ー ス	37,019	38,835	34,277
工 業 用 品	175,295	179,675	176,478
医 療 用 品	5,411	5,501	6,118
運 動 用 品	2,676	2,806	2,808

資料：日本ゴム工業会、日本自動車タイヤ協会

◎合成ゴム用途別・品種別出荷量（2019年）

（単位：トン、％）

	ソリッド	ラテックス	合　計	伸び率	構成比
自 動 車 タ・チ	409,765	1,390	411,155	△3.4	31.9
履 物	15,759	0	15,759	△4.8	1.2
工 業 用 品	113,445	0	113,445	△4.8	8.8
そ の 他	79,902	908	80,810	△1.2	6.3
ゴム工業向け計	618,871	2,298	621,169	△3.4	48.2
電線・ケーブル	2,910	0	2,910	△12.6	0.2
紙 加 工 用	0	97,749	97,749	△16.6	7.6
接 着 剤	1,637	4101	5,738	6.0	0.4
繊 維 処 理	455	6,566	7,021	△13.1	0.5
建 築 資 材	3,260	548	3,808	△19.4	0.3
塗 料・顔 料	0	1,128	1,128	9.6	0.1
プラスチック用	28,014	26,525	54,539	△21.0	4.2
そ の 他	19,342	231	19,573	△18.6	1.5
その他工業向け計	55,618	136,848	192,466	△17.4	14.9
国内向け出荷合計	674,489	139,146	813,635	△7.2	63.2
伸 び 率	△4.1	△19.6	△7.2	—	—
輸 出	455,037	19,378	474,415	△2.1	36.8
伸 び 率	1.5	△46.9	△2.1	—	—
合 計	1,129,526	158,524	1,288,050	△5.4	100
伸 び 率	1.9	△24.3	△5.4	—	—
年末在庫量	320,755	24,671	345,426	7.8	—

〔注〕 自動車タ・チは自動車タイヤ・チューブ。
資料：日本ゴム工業会

【熱可塑性エラストマー（TPE）】

ゴムと樹脂の特徴を併せ持った機能性材料です。加硫工程が不要であり、樹脂と同様の成形方法がとれるため生産の効率化が図れるのが強みです。熱安定性が高いため加工範囲が大きく、素材を組み合わせた複合材料が生み出せることも高い評価につながっています。ゴムよりも軽量化が図れるため自動車を中心にゴム代替として採用が広がり、高い意匠性や、省エネルギーやコスト削減にもつながることから家電やIT、機械、工業設備、スポーツ用品、日用雑貨、医療分野まで幅広いジャンルで使用が進んできました。TPEはソフト、ハードセグメントの樹脂の組合せや配分によって、オレフィン系やスチレン系、ポリアミド系、ポリエステル系、ウレタン系、塩化ビニル系などに大別され、幅広い市場で存在感が高まっています。自動車分野では従来の日米欧に加え、中国などアジアでも認知度が上昇し、またグラスランチャンネル（自動車の窓枠）や表皮材に加えてエンジン回りでの採用も拡大しつつあります。成形性や耐油性を生かし、近年では医療分野などへも活躍の場を広げており、市場は年平均5％の成長を続けています。

経済産業省「生産動態統計」および合成ゴム工業会によると、合成ゴムの2019年生産量は153万1,092トン（前年比2.4％減）で、製品別にみるとSBRのうち、ソリッド　非油展タイプが前年比0.2％増の25万1,534トンとなった以外は軒並み減少しました。一方でイソプレンゴム（IR）やブチルゴム（IIR）、フッ素ゴム（FKM）といったその他ゴムが同8.5％増の23万1,017トンと増加に転じました。

自動車およびタイヤの世界市場の安定成長を背景に、合成ゴムの需要は堅調に推移しています。自動車向けの特殊合成ゴムには、より高度な機能が求められており、メーカー各社の研究開発が進んでいます。品種によっては需要が増大し、安定供給に向けた生産設備の増強に動くメーカーもみられます。

◎合成ゴム（ソリッド）の生産能力（2019年末）

（単位：1,000トン／年）

	SBR	BR	IR
旭 化 成	130	35	
宇 部 興 産		126	
J S R	274	63	42
日本エラストマー	44	16	
日本ゼオン	112	55	40
三菱ケミカル	42		
合 計	602	295	82

資料：経済産業省

◎合成ゴムの生産量

（単位：トン）

	2017年	2018年	2019年
SBR 計	619,286	579,324	543,018
ソリッド非油展	264,232	251,106	251,534
ソリッド油展	209,300	196,150	173,076
ラテックス	145,754	132,068	118,408
BR	317,816	306,900	304,596
NBR	116,671	113,246	113,156
CR	123,878	126,114	122,662
EPDM	227,842	231,035	216,643
その他	215,767	212,877	231,017
合 計	1,621,260	1,569,496	1,531,092

資料：経済産業省『生産動態統計 化学工業統計編』

3.7 機能性樹脂

従来の樹脂にはない性能を持つものを機能性樹脂と呼びます。ここでは幅広い分野で使われている代表的な機能性樹脂を紹介します。

【高吸水性樹脂】

高吸水性樹脂（SAP）は石油由来の樹脂のなかで成長を持続している数少ない樹脂です。親水性のポリマーで、アクリル酸（AA）とアクリル酸ナトリウム（AAをカ性ソーダで中和した）を合わせた網目状の構造を持ちます。この網目が風船のように膨らみ、水をたっぷり蓄える架橋構造が特徴で、網目が大きいほど吸水力は高まります。純水なら自重の数百〜1,000倍を、生理食塩水（人間の体液と同じ塩分濃度）なら20〜60倍を吸収し、圧力をかけても水を保持し続けます。SAPは水を含むと、ポリマーに含まれるナトリウムイオンをゲル中へ放出します。これにより内側の濃度が高まり、外側の水との濃度差を解消しようと、水を中へと取り組む仕組みです。最大の用途は紙おむつや生理用品で、この2製品でSAP需要の90％を占めています。そのほか結露防止シートや化粧品、使い捨てカイロなどにも使われています。

主要メーカーはBASF、エボニックといった欧米勢のほか、日本触媒やSDPグローバル、住友精化の国内勢が市場を席巻し、FPCやLG化学、丹森といった新興アジア勢が追い上げを図っている構図です。日系3社を含めた5社が長年の実績と品質を背景とした信頼関係で主要ユーザーである紙おむつメーカーとのつながりを構築しており、コスト勝負の新規参入者には高い壁となってきました。

SAPの2019年の世界需要量は、約300万トンと推定されており、中期的には年率5％以上の成長が続くとみられています。新興国での紙おむつ使用人口の増加、および先進国での大人用紙おむつ需要の増加のためで、今後も成長が見込まれています。紙おむつの普及率が低いインドをはじめ、東南アジアなど今後の有望市場と目される新興国も多く、南米、アフリカのフロンティアも残っており、一段の成長が予測されています。

中国や韓国など新興勢による低価格品の攻勢は脅威であるものの、日系メーカー各社は、互いに紙おむつの品質や機能で差別化する動きを加速しています。紙おむつはSAPや不織布、フィルム、ホットメルト接着剤など多様な部材の集

◎高吸水性樹脂の国内設備能力（2019年）

（単位：1,000トン／年）

社　名	立地	能力	新増設・海外能力など
日　本　触　媒	姫路	370	中国3万㌧、米国6万㌧、ベルギー16万㌧、インドネシア9万㌧。
ＳＤＰグローバル	東海	110	中国23万㌧。マレーシア8万㌧。
住　友　精　化	姫路	210	シンガポール7万㌧、フランス4万7,000㌧（アルケマに生産委託）。韓国11万8,000㌧。

資料：化学工業日報社調べ

◎高吸水性樹脂の出荷実績

（単位：トン）

	2017年	2018年	2019年
国内向け	245,604	230,931	236,680
輸出用	400,966	359,613	300,757
出荷計	646,570	590,544	537,437

資料：吸水性樹脂工業会

◎紙おむつの生産数量

（単位：100万枚）

	2017年	2018年	2019年
大人用	7,836	8,384	8,655
乳幼児用	15,963	15,095	14,254

資料：日本衛生材料工業連合会調べ

合体で、全体の最適化により使い心地のよさなどを実現します。SAPに対する複雑高度な要求に応える技術は日本勢を含めた大手5社に一日の長があり、新興勢がいくら生産能力を誇っても、質を求める大手ユーザーに採用されない限り供給量は見込めません。

SAPの2019年の国内出荷量は53万7,435トンで、輸出量30万757トン（前年比16.4％減）を除いた23万6,680トン（前年比2.5％増）が国内向けでした。

SAPと関連の深い紙おむつの国内生産量は、大人用は同3.2％増、乳幼児用は5.6％減となりました。

SAPの技術トレンドは、紙おむつの薄型化と連動しています。SAPとパルプで構成される吸収体の厚みは装着感に直結するほか、大人用の紙おむつについても装着時に目立たない薄型が求められるためです。また、店頭陳列時の省スペース化に貢献するほか、輸送コスト削減にもつながります。紙おむつ以外にも高い吸水力を生かした用途展開が期待できることから、SAP市場の拡大は当分続きそうです。

【イオン交換樹脂】

イオン交換樹脂は、三次元的な網目構造を持った高分子母体に官能基（イオン交換基）を導入した樹脂で、溶液のイオン状物質を、自身の持つイオンと交換できる樹脂です。この性質を利用して、海水中の食塩（NaCl）などを除去して真水とすることができます。

通常使用されるものは0.2～1.0mm径の球状粒子で、陽イオン交換樹脂と陰イオン交換樹脂に大別されます。応用分野としては、海水の淡水化のほかに、火力・原子力発電所の水処理、ボイラー用水の製造、電子産業用の超純水の製造、さらには医薬品・食品・飲料の分離・精製、ポリカーボネートやアクリル樹脂の原料の製造など広範に使われ、産業や生活の基盤を支えています。

イオン交換樹脂の世界市場は年間約30万㎥、国内市場は3万㎥といわれます。国内では、発電、電子産業や石油・化学産業などでの新規投資案件が見当たらず高成長は望みにくいものの、高分子・中分子へのシフトが目立ち始めた医薬品の精製用途、機能性表示食品制度などを追い風として飲料や食品業界向けの成長が見込まれています。

また、中国における活発な半導体関連設備投資を背景に、超純水向け需要が非常に旺盛な状況となっており、電子材料の精製向けにも需要拡大が見込まれます。さらに2020年の東京五輪に向けて、ハラル対応食品向けなど各種特需が発生するとの予測もあります。

【感光性樹脂】

感光性樹脂は、光の作用によって化学反応を起こし、その結果、溶媒に対する溶けやすさに変化を生じさせたり、液状から固体状に変化する樹脂をいいます。もともと印刷の領域で、写

真製版用の感光材料として発達してきたもので、照射部分と非照射部分との溶解度の差を利用して画像を形成するために用いられてきました。感光性樹脂の歴史は古く、19世紀半ばに実用化された、重クロム酸塩をゼラチンに加えて感光性を付与したものによるリソグラフィー（石版印刷，転じて光化学変化を使う印刷術）にさかのぼります。その後、有機化学の発達により、各種の有機光反応を利用したものが開発されて、印刷版の製版以外にも写真製版技術を応用したプリント配線基板や金属の微細加工を行うフォトエッチング加工用のフォトレジストとして利用されるほか、光照射により液状から固体状に変化するのを利用した無溶剤迅速硬化タイプのインキ、塗料、表面コーティング剤などとして各種応用がなされるようになってきました。近年は半導体産業でLSI、超LSI用のシリコンウエハーより多数のチップを製造する際にも必要とされ、要望に応じた樹脂が開発されています。

　なかでもUV（紫外線）硬化樹脂は、飲料缶、ラベル・パッケージ印刷、床のコーティングなど生活関連から、薄型テレビ、スマートフォン、タブレット型携帯端末などのディスプレイ、回路基板の作製・絶縁、自動車のライトカバーのハードコーティングなど多様な用途で使用されています。エレクトロニクス分野での利用にとどまらず、ユニットバスの修繕や下水道管更生など住環境・建設分野での利用のほか、3Dプリンターへの応用が注目されており、高感度で高強度の造形物の作製が可能なUV硬化材料の開発が急務となっています。

　UV硬化樹脂は、幅広い産業分野のインキ・コーティング・接着剤などの硬化を、熱の代わりに紫外線を使って行うための樹脂です。モノマー、オリゴマー（少数の結合したモノマー）、光重合開始剤および添加剤で構成されるUV硬化樹脂材料は、UVの照射を受けると、光重合開始剤が励起され、液体状態から固形状に変化します。

　UV硬化はそのメカニズムから、ラジカルUV硬化、カチオンUV硬化、アニオンUV硬化に分類できます。現在実用化されているUV硬化材料の主流はラジカルUV硬化ですが、酸素阻害や硬化後の体積収縮などが問題となっています。カチオンUV硬化はこれらの問題は軽減しますが、また別の問題を抱えています。これに対してアニオンUV硬化は、ラジカル、アニオン両系の短所のほとんどを解決する能力がありながら、実用には耐えがたいと考えられてきました。感度が低すぎることがその理由でしたが、感度を上げる新規の光塩基発生剤が開発され、注目されています。

　UV硬化は、0.1～数秒というほぼ一瞬で樹脂が硬化し、乾燥のための時間がいらないため省エネルギーであり、大気中への放出物も少なく済みます。そのほかにも、熱に弱い基材の硬化が可能、被膜特性の精密制御が可能、無溶剤で環境に優しい、大型設備を必要とせず省スペースなどのメリットがあります。

　紫外線発光ダイオード（UV-LED）は省エネ、長寿命などを強みに成長ドライバーとして大きく期待されています。これまで安定した品質を維持するのが困難でしたが、光源としての性能がかなり向上し、短波長化も進んでいます。これは、より波長の短い光が殺菌、空気浄化、樹脂硬化用の光源や光触媒としての特性を大幅に向上させる可能性を持っているためです。

　EB（電子線）硬化は、人工的に電子を加速し、ビームとして利用します。EBの持つエネルギーを利用して、架橋反応、グラフト重合反応、印刷、コーティング、接着の硬化などが可能ですが、UV硬化に比べ設備が大がかりとなります。

　UV・EB硬化をめぐる最近の動きとして、3Dプリンターへの応用が注目されています。基本原理は、UV硬化樹脂を用いた「光造形」と同じです。3Dプリンターの今後の課題とし

て、作業時間の短縮につながる高感度化と、硬化物への機械的強度の付与が挙げられています。技術的な成熟感を指摘する向きもありますが、新たなアプリケーションを求めて、新しい硬化機構、材料、光源が産学官から創出されています。光源、樹脂を手掛ける各社が、ユーザーのニーズに合わせて多種のラインアップのなかから製品を組み合わせて提案するソリューション型のビジネス戦略を強めているのが最近の特徴です。

3.8　ファインセラミックス

　ファインセラミックスは従来の窯業製品、例えば、陶磁器、ガラス、耐火物、セメントなどと比較して極めて優れた機能・特性を有することから、ニューセラミックス、アドバンスドセラミックス、ハイテクセラミックスとも呼ばれています。科学、技術の長足な進歩により誕生したファインセラミックスは先端技術・産業を支える新素材として各方面から脚光を浴びています。

　ファインセラミックスは機械的強度や電磁気的特性などの優れた特性から、エレクトロニクスをはじめ産業機械や環境、医療といった幅広い分野で使用されています。近年では物性の分析、結晶構造の解明など学問的な進歩と産業界における製造、加工技術の開発といった産学の地道な取り組みの成果をベースに、さらなる実用化領域の拡大を遂げつつあります。

　日本ファインセラミックス協会の産業動向調査によると、ファインセラミックス部材の生産総額は、2018年の実績値が前年比7.3％増の3.2兆円となり、過去最高記録を更新しました。2019年は同1.9％減で3.1兆円を見込んでいます。部材生産の内訳では、「電磁気・光学用」部材が全体の7割を占め、伸び率にも大きく寄与しています。「熱・半導体関連」部材および「化学、生体・生物・他」部材は堅調に推移するとみられます。スマートフォンをはじめとする情報通信向けの旺盛な需要に加え、自動車の電装化・電子化の進展による電子部品や半導体の需要が挙げられます。

　エレクトロニクス、自動車に強い日本は、世界市場で4割超のトップシェアを得ています。しかしエネルギー、航空宇宙、医療健康、セキュリティー、複合材料、コーティングの分野では2番手の米国（世界シェア3割）に後れをとっています。近年では中国など新興国の追い上げも加速しており、日本企業は新たな市場を見つけていかなければなりません。

●セラミックス複合材料

　次世代のモビリティを支える材料として、セラミックスをセラミックス系繊維で強化した「セラミックス複合材料」（CMC）が注目を集めています。CMCは、セラミックス繊維を強化材として用い、マトリックス部分にもセラミックスを用いる無機系同士の複合材料です。強化繊維を含まないモノリシックセラミックは、硬さはあっても脆く、衝撃を受けると割れてしまうという欠点がありますが、中に繊維構造を配することでその欠点を克服できます。耐熱性は金属材料の限界とされる1,150℃を大きく上回るため、金属材料を適用できない用途への展開も期待されています。

　CMCの市場として大きな成長が見込まれているのが航空機エンジン用途です。現在、同用途に用いられているニッケル合金に比べ、重量は約3分の1と大幅な軽量化が可能であるうえ、耐熱性や強度にも優れるため、燃焼ガスの温度を高めることができ、エンジンのエネルギー効率向上にも寄与します。航空機にとって燃費向上の効果は絶大であり、自動車では採用できないような高価な材料でも、省エネや環境の観点から十分に適用可能となります。実際、すでに欧米では民間旅客機向けを含めて採用が始まっています。

　同用途に使われる炭化ケイ素繊維は日本発の高機能繊維ですが、極めて高価格で成形や成形品の評価が難しいことから、この繊維をCMCに加工してエンジンまで仕上げているのは欧米企業に限定されているのが現状です。ただし近年、日本でもCMCセンターやCMCコンソーシアムが発足しており、業界を挙げて開発を促進するための体制が整ってきたところです。新たな枠組みをフル活用して、先行する欧米勢にキャッチアップすることが期待されます。

3.9　樹脂添加剤

　樹脂添加剤は、樹脂本来の優れた性質を維持したり、新しい特性を付加したりするために用いられるもので、各種樹脂製品の開発・改良に欠かせない存在です。新たな用途を開拓するための陰の主役といっても過言ではありません。添加剤の種類としては、劣化を防止する塩ビ安定剤や酸化防止剤、光安定剤、また機能性を付与する難燃剤、帯電防止剤、造核剤、加工時の成形性を高める滑剤など、様々な製品が存在します。ただし国内のプラスチック市場は成熟化しており、汎用的な用途のものについては、特に東日本大震災以降は輸入品が一定の地位を占めるようになってきています。国内市場は特殊化・高機能化に活路を求めており、環境調和型の添加剤で既存品を置き換える動きもあります。

　成長市場を求めて海外展開を積極的に進める添加剤メーカーも増えています。海外では樹脂添加剤の需要が拡大を続けていて、特にアジア市場が注目されています。とりわけ中国市場は重要で、現地メーカーも多く競争の激しい市場でしたが、最近になって中国政府が規制強化を打ち出しています。現地メーカーの中には環境対策が不十分なため操業が難しくなり、安定的な供給ができなくなっているところも出てきている一方で、欧米や日経の企業は総じて対策済みであり、この機会にビジネス拡大を図る動きも出てきそうです。

【塩ビ安定剤】

　塩ビ安定剤は、塩ビ樹脂製品を作る際に、塩ビ成分の熱分解抑制や紫外線劣化などを防ぐた

めに用いられ、配合段階で塩ビ樹脂に対し1〜
3％の割合で添加されます。

電力ケーブルなど長期耐久性が求められる塩
ビ製品に適している鉛系安定剤をはじめ、透明
性が求められるフィルム・シートなどに用いら
れるバリウム・亜鉛系安定剤、自動車・家電な
どの電線被覆を中心に需要があるカルシウム・
亜鉛系安定剤、加工温度の高い硬質塩ビ製品に
使用され安定性が高いスズ系安定剤、これら安
定剤の機能をさらに強化する純有機安定化助剤
などがあります。

塩ビ安定剤の出荷量は、塩ビ製品の生産動向
に比例します。公共投資の削減や製造の海外移
転、また、かつての塩ビ製品へのバッシングな
どの影響によって低迷した塩ビ樹脂生産ととも
に、安定剤の出荷も過去10年で3割程度減少
しています。

日本無機薬品協会のまとめによると、塩ビ安
定剤の2019年度の塩ビ安定剤の国内生産量は
前年度比4.8％減の3万728トン、出荷量は同
3.3％減の3万1,091トンの減少となりました。
2018年度に続き2年連続で生産量・出荷量は
減少しました。かつて構成比率が5割超を占め
ていた鉛系ですが、近年は安全性への懸念から
鉛系からカルシウム・亜鉛系などへ転換する動
きはあります。ただ、足下では落ち着きをみせ
ています。鉛系も硬質塩ビ製品を中心に根強い
需要があり、両者の棲み分けはできているよう
です。

【可　塑　剤】

可塑剤は塩ビ樹脂を中心としてプラスチック
に柔軟性を付与するためのもので、その大半が
酸とアルコールから合成されるエステル化合物
で占められます。可塑剤はフタル酸系が7割
以上を占め、DEHP（＝DOP，フタル酸ビス2-
エチルヘキシル）、DINP（フタル酸ジイソノニ
ル）、DBP（フタル酸ジブチル）、DIDP（フタ

◎可塑剤の生産量

（単位：トン）

	2017年	2018年	2019年
フタル酸系	228,145	216,257	211,065
DOP	117,005	108,378	101,746
DBP	786	711	594
DIDP	2,752	3,148	3,439
DINP	97,818	93,653	96,326
その他	9,784	10,367	8,960
リ ン 酸 系	24,970	24,141	24,383
アジピン酸系	17,163	17,352	15,665
エポキシ系	9,185	8,644	7,837
合　計	279,463	266,394	258,950

資料：可塑剤工業会、経済産業省『生産動態統計　化
学工業統計編』

ル酸ジイソデシル）が中心です。非フタル酸系
可塑剤としては、食品フィルム向けのアジピン
酸系、リン酸系、エポキシ系などがあります。

可塑剤を使った軟質塩ビ製品は、私たちの生
活のなかに広く浸透しています。代表的な用途
は、フタル酸系可塑剤では壁紙、床材、電線被
覆、自動車内装材、ホース類、農業用ビニール、
一般用フィルム・シート、塗料・顔料・接着剤
などがあります。

可塑剤の国内生産量は1990年代には50万ト
ンを超えていましたが、塩ビ樹脂生産量の減少
や中国などの輸入品の増大で減少。それでも内
需は安定しており、ここ数年は20万トン強の
レベルを維持しています。

可塑剤工業会がまとめた2019年のフタル
酸系可塑剤の生産量は21万1,065トン（前年比
2.4％減）、出荷量は20万962トン（同4.6％減）
と2年連続で減少しました。また2019年のフ
タル酸系可塑剤の国内出荷量はDIDPを除き
前年を下回りました。

可塑剤の需要動向に大きな影響を与えている
のが欧州をはじめとする規制強化の動きです。

欧州の電気・電子機器を対象とするRoHS
指令では4種のフタル酸可塑剤（DEHP、B
BP、DBP、DIBP）の製品中含有量を重
量比で0・1％未満にすることが決定、実質的
にEU域内での生産・輸入ができなくなりまし

た。またＲＥＡＣＨにおいても４種のフタル酸可塑剤の制限規則が公布され、2020年７月から発効されることになりました。

こうした欧州の規制強化の動きは日本にも大きな影響を与えており、フタル酸系可塑剤は電線向けを中心にＤＯＰからＤＩＮＰへのシフトが、ここ数年で急速に進んでいます。可塑剤工業会の統計から判断すると電線関連ではすでに９割がＤＩＮＰに切り替わっています。塩ビ床材や壁紙、一般フィルム・シート向けなど電線関連以外はいぜんとしてＤＯＰが主流となっているが、今後の規制動向次第で大きく変わる可能性があります。

日本では200超の優先評価化学物質のなかにＤＥＨＰが含まれているものの優先順位は低く、「一次リスク評価Ⅰ」のままです。審議されたとしてもＤＥＨＰが第２種特定化学物質に指定される可能性は低いとみられています。ただ、世界市場に製品を供給する企業にとって欧州規制の影響は避けられず、日本国内においてもＤＥＨＰからＤＩＮＰへのシフトがさらに進むことが予想されています。

【難　燃　剤】

難燃剤は火災から人命や財産を守るために欠かせないファインケミカル製品です。難燃剤の種類は、大きくハロゲン系（臭素系、塩素系）、リン系、無機系に分かれます。どの難燃剤を使用するかは、用途やプラスチックの種類などによって異なります。

世界全体の需要量は毎年数％の伸びを継続し、難燃性能に関する規制・基準が強化される方向にあるアジア地域を中心に、需要は拡大しています。国内需要も臭素系、リン・窒素系、無機系、それぞれここ数年安定して推移していましたが、2020年に入り、新型コロナウイルスの世界的な感染拡大で状況は大きく変わりました。世界各地で人の移動が制限され、難燃剤の

市場拡大を牽引してきた自動車関連をはじめ、さまざまな工業分野で生産活動がストップ。家電製品や住宅関連需要の大幅な落ち込みも懸念される。コロナ不況は長期化することも予想され、難燃剤も大きな需要減退は免れそうにない。

臭素系難燃剤の国内需要量は、2004年ピーク時に比べ３割程度減少しています。樹脂部品メーカーなどの生産シフトが主因ですが、加工品が日本への還流していることを考慮すれば、臭素系難燃剤の需要量は変わっていないという見方もできます。

リン系難燃剤はノンハロゲンをセールスポイントに1990年代中頃から臭素系からのシフトが進みましたが、その流れは収束しています。国内市場は安定しており、ここ数年、需要量に大きな変動はありません。リン酸エステル系難燃剤の国内需要は２万トン弱のレベルで推移しています。

無機系難燃剤には、三酸化アンチモンや水酸化マグネシウム、水酸化アルミニウムなどが用いられ、三酸化アンチモンは臭素系難燃剤との併用により、臭素系難燃剤だけの場合と比べて難燃効果を飛躍的に高めることができます。国内出荷量に輸出量を加減した国内需要は、2017年、18年と２年連続で増加しましたが、2019年は7,800トン（前年比18.6％増）と大幅に減少しました。需要量が8,000トンを割ったのは、リーマン・ショックの影響が最大だった2009年（7,900トン）以来、10年ぶりとなります。

【酸化防止剤】

酸化防止剤は製造時の劣化を防ぐ（生産効率を高める）目的と、成形加工品の品質劣化を防ぐ（製品としての価値を保持する）目的とで使用されます。エラストマーや合成ゴム向けの老化防止剤、塩ビ安定剤も広義には酸化防止剤の範ちゅうに入りますが、一般に樹脂用の酸化防止剤という場合はオレフィン系の汎用樹脂に使用

するものが中心になります。樹脂を劣化させるものとして、熱や酸のほかに光の要素も大きいため、光安定剤や紫外線吸収剤も酸化防止剤と同じような使われ方をします。

　酸化防止剤は、最も基本的な添加剤の1つとして樹脂の成形加工に不可欠な存在です。供給不安に陥った東日本大震災時の記憶はまだ新しく、酸化防止剤の重要性を図らずも浮き彫りにしたわけですが、これを機に各メーカーは安定供給体制の整備に力を入れており、供給ソースは海外を含めて多様化しています。

　一方で、高機能な酸化防止剤を求めるニーズも高まっています。一段階上の性能を目指し、新しい添加剤、新しい処方を試してみようという意識がユーザーの中に醸成されてきたのです。それを促しているのが耐熱性への要求で、加工温度を上げたいという場合（成形条件とし

ての高耐熱）と、成形品としての耐熱性を高めたいという場合（使用環境における高耐熱）があります。特にプラスチック製品の高性能化にともなって、また生産性向上の観点からも加工温度が高くなる傾向にあり、従来の処方では安定性が足りなくなるケースが増えています。

　製品面では、加工ラインにおける効率化や、安全面への配慮（作業中の粉塵）などから、顆粒化・ワンパック化の流れが加速してきています。

　また最近は、環境問題への配慮からフェノールフリーが注目されています。

　酸化防止剤への要求はこれからも高度化すると考えられます。需要業界の求める性能や、成形加工の現場から出てくるニーズなど、顧客との密接な連携をもとにした製品開発、処方開発、技術サービスの努力がますます重要になります。

3.10　界面活性剤

　界面活性剤は石油、パーム油、ヤシ油、牛脂などの天然油脂を原料に製造され、乳化・分散、発泡、湿潤・浸透、洗浄、柔軟性の付与、帯電防止、防錆、殺菌など多種多様な機能を持つのが特徴です。1つの分子の中に「水になじみやすい部分（親水基）」と「油になじみやすい部分（親油基または疎水基）」の両方を併せ持っており、この構造が界面に作用し性質を変化させるのです。親水基や疎水基の原料および疎水基の種類によって細分類され、その特徴に応じた使われ方をします。

　例えば「水と油の関係」という言葉があるように、水と油を一緒にしてかき混ぜてもしばらくすると分離してしまいますが、水と油に界面活性剤を少量加えてかき混ぜると簡単に混ざり

合い、時間がたっても分離しない乳化液（エマルション）を作ることができます（乳化作用）。界面活性剤が親水基を外側、親油基を内側にしたミセルを形成し、親油基に油が溶け込むことで水と油が均一に混じり合うようになるためです。また、ススやカーボンブラックは水の表面に浮かんで混ざり合いませんが、界面活性剤を少量加えてかき混ぜると、均一で安定な分散液を作ることができます（分散作用）。これは界面活性剤に物質の表面張力を低下させて普通なら混ざらないもの同士を混ぜてしまう力があるからです。表面張力を利用して水面を移動するアメンボが石けん水で溺れてしまうのはこのためです。

　界面活性剤の用途は多岐にわたります。衣料

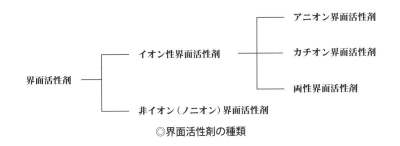

◎界面活性剤の種類

◎界面活性剤の生産量

(単位：トン)

	2017年	2018年	2019年
陰イオン活性剤 （硫酸エステル型、スルホン酸型、その他）	435,375	444,139	405,423
陽イオン活性剤	41,657	43,106	40,123
非イオン活性剤 （エーテル型、エステル・エーテル型、 多価アルコールエステル型、その他）	623,297	665,432	603,159
両性イオン活性剤	24,090	24,705	25,763
調合界面活性剤	31,021	32,231	30,427
合　　　計	1,155,440	1,209,613	1,104,895

資料：経済産業省『生産動態統計　化学工業統計編』

◎界面活性剤のイオン別輸出入実績

(単位：トン)

	輸　出　量			輸　入　量		
	2017年	2018年	2019年	2017年	2018年	2019年
陰イオン	23,639	25,719	25,098	34,987	36,349	46,269
陽イオン	1,777	1,802	1,684	2,897	3,685	4,667
非イオン	62,905	64,374	58,975	20,534	20,437	22,844
その他	2,074	2,168	1,980	13,028	15,531	17,710
合　計	90,395	94,062	87,737	71,446	76,002	91,491

資料：財務省『貿易統計』

用の洗濯洗剤、台所用洗剤、住宅用洗剤をはじめとして、シャンプー・リンス、ボディシャンプー、石けん、液体石けん、逆性石けん、染毛剤、クリーム、化粧品、ソルビート、グリセリンなど香粧・医薬分野にも使われているほか、産業用途では繊維、染色、紙・パルプ、プラスチックス、合成ゴム、タイヤ、塗料・インキ、セメント・生コンクリート、機械・金属、農薬・肥料や静電気発生抑制剤、帯電防止、環境保全など幅広く使われています。

経済産業省の生産動態統計によると、2019年の需給実績によると、生産は前年比8.7％減の110万4,895トン、出荷数量同9.2％減の85万4,476トン、出荷金額が同6.8％減の2,538億9,728万円となりました。

日本界面活性剤工業会のまとめによると、このうち2019年1～10月までの産業用界面活性剤の生産量（界面活性剤生産量から自家消費量を差し引いた数値）は2018年10月までの生産量と比較して8％減、出荷量（界面活性剤出荷量・販売数量とその他から受入量を差し引いた数量）は同7％減とのことでした。

界面活性剤全体の動向としては、品目別では、界面活性剤のなかで55％前後を占める非イオ

ン活性剤の2019年１～10月の生産量は2018年の同期間に比べ８％減、販売数量が同７％減と生産、販売ともに減少しました。うち、衣料用液体洗剤、化粧品、医薬品などに使われるＰＯＥアルキルエーテルは生産量、販売数量ともに同11％減となりました。

陰イオン活性剤は生産量が同７％減、販売数量が同11％減でした。衣料用粉末洗濯洗剤などが主な用途のアルキル（アリル）スルホネート（ＬＡＳ）は生産量が同22％減、販売数量同27％減と大きく減少しました。

陽イオン活性剤は、衣料用柔軟剤向けの香りのブームやそれとは逆の無臭の広がりのほか、ヘアリンス向けが根強いものの、生産は同６％減、販売数量は同10％減と減少しました。また、コーヒーミルクなどに用いられる非イオン系の多価アルコールについても生産、販売数量とも

に同９％減となりました。

こうしたなか、シャンプー、洗顔・ボディソープ、台所洗剤の泡立ちを高める機能などを有する両性イオン活性剤は、生産が同２％増、販売数量が同１％増と好調を維持しています。

2019年10月までの動向をみますと、総じて、米中貿易摩擦の影響で産業用などに用いられる界面活性剤の需要が減少傾向を示しているほか、日韓関係の悪化で訪日韓国人客が減少し、香粧品を中心に需要に精彩を欠くことや韓国向けの香粧品の輸出の落ち込みが響いたとみられます。これに、2019年10月からの消費増税もマイナス要因となったと観測されます。

なお、財務省「貿易統計」によると、2019年の輸出量は8万7,737トン（同6.7％減）、輸入量は9万1,491トン（同20.4％増）となりました。

●平成時代を振り返る～衣料用洗剤～

　衣料用洗剤は、平成の間に粉末洗剤（コンパクトタイプ）、液体洗剤、濃縮液体、ジェルボールと、新しい形状の製品が次々と登場しました。また、「省資源化」「コンパクト化」「洗浄力向上」「環境への配慮」など、社会環境や生活環境の変化に対応して技術開発が進められ、毎年のように改良が進められてきました。成熟市場といわれてきましたが、革新的な製品や分かりやすい製品訴求により平成の30年間でも成長を続け、約2,200億円（1986年：約1,500億円）と巨大な市場を築き上げています。

　1987年に登場した花王の「アタック」は、従来製品と比べて使用量2分の1、体積比4分の1というコンパクトタイプの粉末洗剤で、「スプーン一杯で驚きの白さ」をキャッチフレーズに市場の勢力図を塗り替えました。付属の「計量スプーン」により使用量を正確に投入できること、「コンパクト」で場所をとらない、「持ち運びがラク」などの点が受け入れられ市場も大きく拡大しました。ライオンやP&Gも、それぞれコンパクトタイプの粉末洗剤「ハイトップ」、「アリエール」を投入し、市場は急速にコンパクト化が進展しました。また、新たに酵素技術が採用され、「洗浄成分が繊維に作用して酵素の力で汚れを引きはがす」という全く新しい洗浄原理が導入されました。この新視点の酵素「アルカリセルラーゼ」は2010年に国立科学博物館が選ぶ未来技術遺産に登録されています。

　次に登場したのは液体タイプの超コンパクトタイプです。液体洗剤は寒い場所では粉末洗剤が溶けにくいという課題に応えた製品として、1970年代にはすでに市場に存在していました。粉末洗剤のお得感や洗浄力などの点からシェアが伸びませんでしたが、21世紀に入り、急速に販売を増やしました。各社の技術開発により液体洗剤の洗浄力が高まってきたことに加え、水の使用量が少ないドラム式洗濯機が普及してきたこと、生活環境の変化が要因として挙げられます。こうした流れのなか、さらに環境への配慮が叫ばれるようになり、超コンパクトタイプが生まれました。2011年には粉末洗剤の販売量を液体洗剤が上回るようになりました。ただし、新しいものが出ても以前のタイプが市場から姿を消すということはなく、2018年の販売量は、粉末3割、液体4割、濃縮液体2割、ジェルボール1割となっています。

　厳しい目を持つ消費者のニーズに応えるべく、衣料用洗剤は常に改良が行われてきました。共働き世帯の増加、家事の時短化ニーズなど生活スタイルの変化、「目に見える汚れ」から「目に見えない汚れ」への意識の変化、二槽式から全自動型、ドラム式、大型化など進化する洗濯機、そして節水、環境配慮への要請など、今後も改良が進められていくものと期待されます。

---

3. 11　染料・顔料

　染料と顔料は、いずれも着色に用いられる物質です。染料は粒子性がなく、水を溶媒として繊維や紙などに化学変化で着色する一方、顔料は微小粒子で、液状の溶剤に分散し、塗料や印刷インキ、絵の具などに使われるという違いがあります。

【染　　　料】

　染料は直接染料、分散染料、反応染料を主力に、蛍光染料、有機溶剤溶解染料、カオチン染料・塩基性染料、酸性染料、硫化染料・硫化建染染料、建染染料、蛍光増白染料、アゾイック

染料、媒染染料、酸性媒染染料、複合染料などがあります。

　直接染料は一般に水溶性で、木綿、羊毛、絹などによく染着し、特にセルロース系繊維によく用いられます。分散染料は界面活性剤で水中に微粒子状として分散させ、染色します。ナイロン、ポリエステルなどの合成繊維向けが多く用いられます。また、反応染料は繊維と共有結合することによって染色します。このため水洗、洗濯、摩擦、日光などに極めて堅牢で、羊毛、絹、ナイロン繊維などに利用されます。

　日本国内の合成染料の需要は、1980年代に入ると排水処理経費の増大、原料費高騰や円相場の高騰、発展途上国の追い上げなどを背景に、染色および繊維工業の海外進出・移転などにより漸減していきました。この動きは2000年頃にはほぼ落ち着いたものの、国内需要は減少傾向が続いています。

　合成染料の国内生産は2019年実績で1万6,303トン（前年比9.9％減）となりました。全体的に国内生産は減少傾向にありますが、4期ぶりの前年実績割れでした。一方で、輸入実績についても同じく2万8,000トン（同13％減）と減少幅が大きいですが、これは前年の2018年輸入実績が3万2,000トン（同6.5％増）と好調だったことの反動減といえます。2020年の動向としては1〜4月の生産・輸入状況いずれも前年同期比1割程度のマイナスで推移しています。コロナ禍の影響の可能性があり、今後の動きが注目されます。

　2019年通期の合成染料生産実績は上半期および下半期いずれも9〜10％減の前年実績割れでした。国内出荷量から輸出量を引いてさらに輸入量を加えた国内投入量は2016年実績が3万8,000トン（前年比1.1％減）で、この後3期にわたって前年比プラスで推移していましたが、2019年の国内投入量は3万6,000トン（同11.4％減）と1割程度の減少に転じました。また同様に、関連する指標として「色素原料」と

◎合成染料の需給実績

（単位：トン）

	2017年	2018年	2019年
生産量	17,985	18,085	16,303
販売量	17,597	17,513	15,565

資料：経済産業省『生産動態統計　化学工業統計編』

して用いられている「アゾ顔料」の国内生産実績も8,200トン（同4％減）、「フタロシアン系顔料」6,000トン（同15％減）、「酸化チタン」18万9,000トン（同2％減）、「カーボンブラック」58万8,000トン（同4％減）と減少傾向を示しました。合成染料は一般的には繊維を染色するための染料用途が主力ですが、国産の合成染料としてはプリンター用材料、ディスプレイ用材料そして光記録媒体用材料などのハイエンド領域にも用いられています。

　こうした動向は近年、恒常的で、国内生産規模は全体としては緩やかな減少傾向を続けています。1992年の実績では7万3,000トンを記録し、これ以降アップダウンを繰り返しつつ推移しています。生産規模が3万トン台になったのは2004年ですが、2009年以降は1万トン台で微減を続けています。

　染料別の国内生産実績については2011年以降、種属別の数値がカウントされなくなりましたが、生産量の多いものとしては「直接染料」「分散染料」「反応染料」「有機溶媒溶解染料」が挙げられます。染料の種属別の生産動向をみるために輸入動向をみてみますと、落ち込み幅が大きかったのは「分散染料」で、18年実績に比べて2割ほど輸入量が減少しています。

　主な種属別染料のうち、「直接染料」は木綿などのセルロース繊維を直接染着できる水溶性染料を指しますが、傾向としては2019年の輸入量は6,100トン（同6.3％減）。「分散染料」はアセテート、ビニロン、ナイロン、ポリエステル、ポリアクリル、ポリプロピレンなどの化学繊維の染着に用いますが、水に溶けにくいため分散剤を用いることからこのように呼称されま

す。2019年輸入量は3,300トン（同２３・７％減）でした。

また、「反応染料」はセルロース、ナイロン、羊毛、絹などのアミノ酸基と共有結合して染着するものを指しますが、他の染料に比べて耐洗濯性、耐光性などに優れ、色相も鮮明になるという特徴がある。2019年の輸入量は1,700トン（同13.1％減）でした。そして「有機溶媒溶解染料」は非水溶性の染料で、油溶性染料と、有機溶剤可溶性染料を含みます。油溶性染料としてはガソリンなどの揮発性油脂の着色から、靴クリーム、各種プラスチックの染色に用いられます。また、有機溶剤可溶性染料としてはアルコール系溶剤などに溶解して用いられ、耐光・耐熱性に優れることから、印刷インキ、焼付塗料、合成樹脂、ボールペン用インキなどに用いられています。2019年の輸入量は420トン（同16.3％減）でした。

合成染料は国内生産・内需ともに減少傾向にありますが、これを上回る影響がみられるのが今年、2020年に入ってからの生産動向です。１～４月の合成染料国内生産実績は、4,874トン（前年同期比10.3％減）と１割程度縮小しました。このペースで推移すると、2020年の生産は１万4,600トン規模になる見込みで、2019年実績に比べると10.4％減になりそうです。

2020年の国内生産量を月次でみると、１月実績が1,041トン（前年同月比13.6％減）でした。同様に２月が1,188トン（同11.7％減）、３月が1,306トン（同10.5％減）、４月が1,339トン（同8.2％減）で推移しています。出荷量も同様の傾向で推移しており、上半期の実績としては前年実績を下回るのは確実です。染料生産・出荷の傾向として大きな季節変動要因はないため、下半期にかけて、この傾向が続くと、国内の生産・輸入量については、減少幅がさらに拡大することが懸念されます。

【顔　　料】

顔料には有機顔料、無機顔料、体質顔料、防錆顔料などがあります。

有機顔料は、印刷インキをはじめ、自動車用・建築用・家庭用などの各種塗料、ゴム、プラスチックの着色のほか、合成繊維の原液着色、雑貨類の着色など広範囲に用いられ、黄色、オレンジ、赤などをカバーする一般的な顔料であるアゾ系と、ブルー・グリーンなどをカバーし色合いが鮮明かつ耐光性・耐久性に優れるフタロシアニン系に大別されます。

無機顔料は隠ぺい力が強く、耐候性、耐薬品性に優れているのが特徴で、塗料には無機顔料が多く使われています。白の酸化チタン、黒のカーボンブラック、茶色のべんがら（酸化第二鉄）、青の紺青、黄色の黄鉛、赤の酸化鉄などがあります。酸化チタンは代表的な顔料で、自動車、洗濯機、冷蔵庫などの家電の“白”を表現しています。また、光触媒としても脚光を浴びています。素材に酸化チタン光触媒を塗布しておくと、紫外線だけで汚れを分解したり、殺菌作用を発揮したりすることが知られており、各種建築物の壁面やトンネル内の照明、新幹線の窓ガラスなどに実用化されています。最近では医療分野などへの応用研究も進められ、日本発の技術である光触媒の可能性に注目が集まっています。

体質顔料は、増量目的のほか、隠ぺい性や伸展性、付着性、光沢、色調などを調整するために用いられるもので、炭酸カルシウム、硫酸バリウム、タルク、バライト粉、クレーなどがあります。

防錆顔料は、腐食から保護する目的で樹脂や他の顔料とともに用いられるもので、鉛丹、亜酸化鉛、シアミド鉛などの化合物が利用されています。メタリックやパール調のアルミニウムパウダー顔料、磁気記録メディア用の磁性酸化鉄、導電性塗料に用いる銀粉、ニッケル粉、銅粉、汚染防止用の亜酸化銅、防火・難燃などの

アンチモン白など機能性を付与する顔料も多くあります。

国内顔料市場は需要の縮小傾向が続いていましたが、明るさが見え始めています。最大用途の印刷インキの需要が落ち込んでいることで顔料の出荷量は依然として低迷したままですが、出荷額は2014年に大幅に伸長し、リーマンショック前の水準を取り戻しました。高値が続く原料価格が製品価格に転嫁された影響もありますが、液晶カラーフィルター、化粧品、遮熱塗料向けなど単価の高い機能性顔料が伸長したようです。

有機顔料の生産量は2006年に3万トンを超えていましたが、顔料メーカーの海外シフトなどにより輸出が減る一方で輸入が増え、さらにリーマンショック後に国内需要が落ち込んだことで縮小し、2011年からは2万トンを割り込む水準で推移しています。2019年生産量は1万4,143トン（前年比10％減）と5年連続の減

少となりました。アゾ系は8,248トン（同4.4％減）、フタロシアニン系は5,895トン（同16.9％減）となっています。

有機顔料の2019年輸出量は3,998トン（同9.3％減）となりました。輸出は1990年代まで2万トン以上で推移していましたが2009年から1万トン割れになり、その後も減少が止まりません。中国、インドなどで内製化が進んだほか、日本メーカーの海外シフトが進んだことが要因です。汎用顔料については海外メーカーの価格競争力が高く、輸出の量的拡大は見込みにくい状況にあります。

一方、輸入は1990年代まで5,000トンレベルで推移していましたが、2000年以降に急速に増大しました。2018年輸入量は1万5,782トン（同13.5％減）です。顔料の輸入量に増減はあるものの一部の汎用顔料を除き、国内メーカーにはあまり影響がありません。中国やインドからは主にクルードという粗製顔料を輸入し、これを粒度や色合いなどを調整して出荷するため、もともと製品の競合が少ないためです。また化学式が同じ顔料でも製品品質や製法により色の再現性が変わってくるため、国内産の顔料がそのまま輸入品に置き換わるということはほとんどないようです。国内出荷量の推移をみても生産量ほどの減少はみられません。

成熟したとされる顔料市場で、国内メーカーは価格競争にさらされる汎用顔料から高付加価値、高機能顔料への傾斜を強めています。国内

◎有機顔料の需給実績

（単位：トン）

	2017年	2018年	2019年
生産量			
ア　ゾ　顔　料	8,639	8,631	8,248
フタロシアニン顔料	7,752	7,097	5,895
合　　計	16,391	15,728	14,143
販売量			
ア　ゾ　顔　料	7,955	7,825	7,764
フタロシアニン顔料	7,347	7,032	6,082
合　　計	15,302	14,857	13,846

資料：経済産業省『生産動態統計　化学工業統計編』

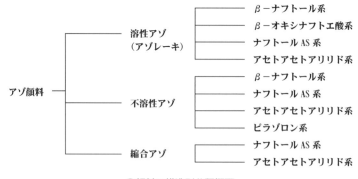

◎顔料の構造別分類概要

のみならず世界的に需要の伸びが見込める分野であり、各社は、より鮮明度の高い色彩の実現、粒子の微細化、分散・安定性など、機能性を追求した顔料の開発・提供に力を注いでいます。

有機顔料の用途は印刷インキ向けが約6割、塗料が約2割、プラスチックの着色向けが1割強となっています。製品における含有率についてみると、印刷インキ（15〜20%）は塗料（約5%）、プラスチック（約1%）に比べて高く、有機顔料の需給動向は印刷インキの動向に大きく影響されるのですが、印刷インキの国内需要は依然として底がみえません。印刷インキの2019年生産量は31万7,535トン（前年比4.8%減）、出荷量は35万7,021トン（同4.8%減）となりました。減少の要因はスマートフォンの普及などデジタル化の流れで紙の印刷物が減っているためで、オフセットインキや新聞インキの減少が目立ちます。学校教材のデジタル端末化、電車内広告のデジタル化の動きなど、さらなる需要減少が予想されています。

3.12 香　料

香料は、日用雑貨品や食品など私たちの生活を取り巻く消費財に幅広く使用されている化学品です。歴史上、初めて出てくるのは紀元前3000年ごろからといわれ、当時は薬物用途で使ったとされます。日本では明治の終わりごろから大正初期にかけて工業化が始まりました。国内需要は景気の影響を受けますが、概ね安定感があり、国内メーカーによる供給力の高い産業といえます。

香料は、動植物など原料とする天然香料と、化学合成によって生産される合成香料とがあります。単品で使われることはほとんどないといってもよく、通常は複数の香料を組み合わせた調合香料として出荷されています。香料業界は、化学合成品を自ら開発・製造できる大手数社と、調合と製剤化だけを行う企業、調合だけを手掛ける中小企業に分かれています。

香料を使う目的には主に香りの付与、強化または改善による嗜好性の向上を目的とした"着香"、対象物の不快な臭気をなくす、もしくは減ずる目的の"マスキング"、殺菌・抗菌・防菌・防カビ、酸化防止、日持ち向上、誘引・忌避・フェロモンなどを目的とした"機能性"の付与があります。また、香料のうち食品や飲料など食品用は"フレーバー"と呼ばれ、香水、化粧品、洗剤、芳香剤など香粧品用は"フレグランス"と呼ばれています。欧米市場とアジア市場で多少の違いがあるものの、フレーバーが6割、フレグランスが4割を占めています。市場を牽引しているのはフレーバーで、なかでも清涼飲料向けの香料が大きな位置を占めています。日本においてフレーバーは厳しい安全性評価をクリアしたものだけが、食品衛生法で食品添加物と定義されます。国内で使用できる天然香料は約600品目あり、合成香料は個々に化合物名で指定されたもの（約100品目）と、化学的に類または誘導体として類別指定されたもの（エーテル類、エステル類など18項目。約3,100品目）があります。フレグランスは、世界の香料業界で組織化された国際香粧品協会（IFRA）の評価に基づき、使える量や用途が定められています。

食習慣の違いなどから日米欧3極の市場において相互に未承認香料が存在しており、食品香料では安全性評価規制の内外差が課題になって

◎香料の生産量

(単位：トン)

	2017年	2018年	2019年
天 然 香 料	549	623	638
合 成 香 料	10,523	9,351	10,728
食 品 香 料	46,321	47,961	48,201
香粧品香料	7,025	7,377	7,401
合　　計	64,418	65,312	66,968

資料：日本香料工業会

◎香料の輸出量・輸入量

(単位：トン)

		2017年	2018年	2019年
天 然 香 料	輸出量	161	151	129
	輸入量	7,253	9,457	13,903
合 成 香 料	輸出量	29,442	31,632	31,878
	輸入量	146,334	162,294	141,871
食 品 香 料	輸出量	4,308	4,292	4,190
	輸入量	3,673	3,739	3,928
香粧品香料	輸出量	3,397	3,789	3,686
	輸入量	9,903	10,235	10,435

資料：日本香料工業会

いました。国際的な食品流通の障害となっていましたが、食品安全委員会は2016年5月に「香料に関する食品健康影響評価指針」を発表しました。国際的な評価方法であるJECFA（FAO/WHO合同食品添加物専門家会議）および、EFSA（欧州食品安全機関）の評価方法と日本の食品衛生法を擦り合わせたものです。欧米における先行評価結果が参照可能になるとみられ、食品・香粧品流通の改善につながると期待されます。

世界市場規模はおよそ263億ドルで、新興国の経済成長に比例して年に数％の率で拡大しています。食経験やハラルなど宗教上の戒律に適合した開発や認証ノウハウの取得がカギになります。

日本香料工業会によると、2019年の天然・合成香料および食品・香粧品香料を合わせた国内生産は6万6,968トン（前年比2.5％増）、金額にして1,784億円（同0.8％増）となりました。

◎香料の国内主要メーカー：売上高とグローバル拠点 (2019年現在)

社　名	売上高 (単位：100万円)	グローバル拠点
高砂香料工業	152,455 （連結） (2020年3月期)	米国、中国、タイ、ベトナム、台湾、韓国、インド、インドネシア、シンガポール、フィリピン、ミャンマー、オーストラリア、メキシコ、グアテマラ、ベネズエラ、ブラジル、ドイツ、フランス、スペイン、英国、イタリア、ロシア、南アフリカ、モロッコ、マダガスカル、トルコ、ＵＡＥなど5大陸に30拠点以上
長谷川香料	50,493 （連結） (2019年9月期)	米国、中国、台湾、マレーシア、タイ、インドネシア
小 川 香 料	38,169 （連結） (2019年12月期)	中国、台湾、インドネシア、シンガポール、タイ、韓国、フィリピン、ベトナム
曽 田 香 料	16,697 （連結） (2020年3月期)	タイ、中国、台湾、シンガポール

3. 13　触　　　　媒

触媒は化学反応を促進させる機能材料、機能製品で、工業用に使われる触媒の多くは金属を主成分としています。石油精製や石油化学、自動車、エレクトロニクス、医薬、新エネルギー

◎触媒の需給実績

（単位：トン、100万円）

		2017年	2018年	2019年			2017年	2018年	2019年
工業用	石油精製用合計 生産量	46,992	50,476	47,710	環境保全用	自動車排気ガス浄化用 生産量	11,325	11,605	11,185
	出荷量	46,435	47,468	49,960		出荷量	12,473	13,019	12,992
	出荷金額	26,353	29,080	32,983		出荷金額	209,581	252,814	294,088
	石油化学品製造用 生産量	19,017	21,041	20,612		その他環境保全用 生産量	5,585	5,789	6,097
	出荷量	16,300	18,288	17,065		出荷量	5,568	5,578	6,100
	出荷金額	57,036	64,522	72,881		出荷金額	9,974	9,867	11,308
	高分子重合用 生産量	15,638	16,800	16,670		環境保全用合計 生産量	16,910	17,394	17,282
	出荷量	15,315	16,263	16,477		出荷量	18,041	18,597	19,092
	出荷金額	24,884	24,234	24,590		出荷金額	219,555	262,681	305,396
	油脂加工・医薬・食品製造用・その他の工業用 生産量	862	817	840		触媒合計 生産量	99,419	106,528	103,114
	出荷量	822	763	746		出荷量	96,913	101,379	103,340
	出荷金額	7,118	7,681	10,803		出荷金額	334,945	388,198	446,653
	工業用合計 生産量	82,509	89,134	85,832					
	出荷量	78,872	82,782	84,248					
	出荷金額	115,390	125,517	141,257					

資料：経済産業省『生産動態統計　化学工業統計編』

など幅広い分野で使用されていて、特に新エネルギーや排ガス浄化といった環境負荷低減に欠かせない存在として重要性が高まっています。

触媒需要の動向は、GDP（国内総生産）などの経済全体の動きにほぼ連動するといわれ、いわゆるリーマンショック後に日本の国際競争力が相対的に弱体化したことを背景に、全体的に低調な動きが続いていましたが、ここ数年は堅調に推移しています。2019年の生産量は10万3,114トン（前年比3.2％減）、出荷量は10万3,340トン（同1.9％増）、出荷額は4,467億円（同15.1％増）となりました。中長期的には国内市場よりもアジアを中心とした海外展開が戦略的なカギを握ると考えられますが、国内産業を支える基盤技術としての触媒の重要性は揺るぎません。

用途別の出荷構成比をみると、数量では化学産業など工業用での利用が大半を占める一方、金額面では排気ガス浄化用の自動車産業の割合が非常に大きいことが分かります。出荷数量は、最大の石油精製用が48.3％、石油化学品製造用が16.5％、高分子重合用が15.9％となっています。一方、自動車排気ガス浄化用は12.6％

となっています。出荷金額は、自動車排気ガス浄化用が66％を占めています。

触媒の世界需要は全体としては緩やかで安定した伸びが見込まれますが、質的な変化は大きく、新しい触媒技術への期待は極めて高いものがあります。その原動力となっているのが、化学産業が使用する原料のシフトです。シェール革命が進行中の米国と、石炭を原料とする化学産業が勃興している中国でみられる動きがその代表で、石油ベースの日本とは異なるタイプの触媒が需要を伸ばしてきています。例えば、日本ではナフサ分解による副産物としてプロピレンを生産しますが、副生ではなくプロパンの脱水素（PDH）反応によって、またはメタノールからの転化（MTO）によってプロピレンを製造する方法もあり、そうしたオンパーパスプロピレン（OPP）には“目的生産触媒”と呼ばれる触媒が必要とされます。特にメタノールからのOPP生産は、石炭も原料にできるため、拡大・浸透が予想されています。

このような原料シフトによって市場が大きく変化する触媒はプロセスエンジニアリングとも密接に関係しており、触媒メーカーとしては実

際に新プロセス開発を行うエンジニアリング会社との連携が極めて重要です。とりわけメタノールやアンモニアなどの大規模なプロセス／プラントにおいては、触媒活性の向上・高性能化が巨大な経済的利益としてダイレクトにフィードバックされることになります。

　触媒の技術革新は最終製品の付加価値を高めたり、より快適な生活を実現したりするだけでなく、燃料電池などのクリーンエネルギー分野をはじめ新たな市場の創出にも貢献してきました。戦後間もない時期には食糧や生活に欠かせない化学肥料や油脂などの生産で重要な役割を果たし、1950年代後半に製油所やアンモニアなど基礎化学品の大型プラントが建設されるのと並行し石油化学プラントが誕生すると触媒需要は飛躍的に増えました。その後も公害防止対策において触媒技術が中心的な役割を果たす一方で、医薬品や写真感光材料、化粧品など、触媒ニーズは多様化しました。世界的な人口増加

や経済発展を背景に食糧やエネルギー、環境問題はより重要さを増しています。触媒は、これからも社会の要請に応えつつ、その技術を高度化させていきます。

　国内市場では水素社会の到来が期待されています。すでに家庭用燃料電池コージェネレーションシステム「エネファーム」の固体高分子型燃料電池（PEFC）の電極触媒に採用されていますが、政府のロードマップでは燃料電池自動車（FCV）のための水素ステーションの整備、水素発電技術の実用化といった計画もうたわれています。水素社会の本格的な到来に向けて、燃料電池向け電極触媒の需要増、天然ガスから水素を製造するための改質触媒の拡大などが期待されます。また水素を貯蔵もしくは輸送する過程で、水素を固定化もしくは脱着する機能を持つ触媒が活躍するなど、触媒工業にとっては非常に大きなチャンスが訪れることになるはずです。

4.1 医　薬　品

医薬品は原薬（有効成分、API）と添加剤からできています。この2つを調合してできたものが「製剤」と呼ばれる、私たちが普段接する医薬品です。医薬品には、医療用医薬品と一般用医薬品（大衆薬、OTC医薬品）があります。医療用医薬品は医師による処方箋が必要で、それに基づき薬剤師が調剤して患者に渡すもので、医師の指導や管理のもとに、病状の経過をみながら使用する薬です。一般用医薬品については医師の処方箋は不要で、薬局や薬店などで自由に購入できます。一般の人が使用することに配慮して、作用も緩やかで安全に作られていますが、副作用なども懸念されることからリスクに応じて第1類〜第3類に分類されています。

医薬品は医薬品医療機器等法（医薬品、医療機器等の品質、有効性及び安全性の確保等に関する法律、旧薬事法）第2条1項で次のように定められています。

1. 日本薬局方に収められているもの
2. 人または動物の疾病の診断、治療または予防に使用されることが目的とされるものであって、器具機械（歯科材料、医療 用品及び衛生用品を含む）でないもの（医薬品部外品を除く）
3. 人または動物の身体の構造または機能に

影響を及ぼすことが目的とされているものであって、器具機械でないもの（医薬部外品および化粧品を除く）

医薬品医療機器等法は、医薬品の研究開発から製剤の生産・販売に至るまでを厳しく規制しており、すべての医薬品は品目ごとの許可が必要で、承認を得なければなりません。

医薬品関連産業は、法規制の緩和政策と国際標準化、新薬開発における熾烈な国際競争、国や企業・組織の壁を越えたオープンイノベーションの推進、医療費抑制のための後発医薬品（ジェネリック医薬品。有効成分は先発薬と同じだが、先発薬の特許が切れているため価格をより安く設定できる）の使用拡大とそれにともなう原薬の安定供給など、大きな環境変化のなかで様々な課題を抱えています。このような状況のなか、医薬品・医療機器各社は、「医療のパラダイムシフト（治療から予防、疾患の根本治療など）」に対応するために「精密医療（適切な患者選択）」「予防医療（疾患を未然に防ぐ）」「再生医療（疾患の根本治療につながる）」などの分野で取り組みを加速しています。

世界の創薬イノベーションは抗体、ペプチド、核酸、再生・細胞医療など多様性を増しています。がん治療では抗体薬の威力が発揮されてき

◎医薬品用途区分別生産金額

(単位：100万円、%)

用途区分	2016年		2017年		2018年	
	生産金額	構成割合	生産金額	構成割合	生産金額	構成割合
医療用医薬品	5,871,373	88.6	6,007,419	89.4	6,172,570	89.4
国　産	4,394,854	66.3	4,377,801	65.1	4,281,860	62.0
輸　入	1,476,519	22.3	1,629,617	24.2	1,890,710	27.4
その他の医薬品	752,487	11.4	713,898	10.6	735,152	10.6
一般用医薬品	735,210	11.1	699,626	10.4	720,928	10.4
配置用家庭薬	17,276	0.3	14,272	0.2	14,224	0.2
総　　数	6,623,860	100.0	6,721,317	100.0	6,907,722	100.0

資料：厚生労働省『薬事工業生産動態統計』

◎世界の医薬品売上高トップ10（2019年）

(単位：億ドル)

順位	企　業　名	売上高
1	ロシュ（1）	619
2	ファイザー（2）	518
3	ノバルティス（3）	474
4	米メルク（4）	468
5	グラクソ・スミスクライン（5）	431
6	ジョンソン・エンド・ジョンソン（6）	422
7	サノフィ（7）	405
8	アッヴィ（8）	333
9	武田薬品工業（16）	302
10	ブリストルマイヤーズスクイブ（11）	261
21	大塚HD（22）	128
22	アステラス製薬（21）	119

〔注〕（　）内は前年順位
資料：Answers News「【2019年版】製薬会社世界ランキング」をもとに作成

ましたが、次に注目されるのはキメラ抗原受容体T細胞（CAR−T）療法など細胞医療であり、がん治療の世界に新たな地平を切り開くと期待されています。また、低分子薬と抗体医薬の双方のメリット（前者：経口投与が可能、免疫毒性がない。後者：標的選択性が高く、副作用が少ない）を併せ持つ特殊ペプチド創薬は、世界の注目を集めています。抗体に比べて安価に製造できるという利点もあります。

　この10年ばかり、創薬ターゲットががん、自己免疫疾患、認知症などの治療薬、希少疾患関連と変化するなか、バイオ医薬品（特に抗体）は創薬基盤として注目されてきました。世界の

医薬品売上高トップ10の半分以上を抗体医薬などのバイオ医薬品が占めていますが、多くは海外のアカデミアやベンチャー、製薬企業が実用化し、大型製品に育てたものです。小野薬品工業と米ブリストルマイヤーズスクイブが共同開発したがん免疫薬「オプジーボ」も健闘していますが、日本由来はこれのみと言ってよく、日本は大きく出遅れている状況です。

　2010年に、日本の医薬品の輸入超過額（医薬品貿易赤字）は1兆円を超えましたが、2015年には2兆円を突破しました。2019年は初めて3兆円を超え、赤字額は5年連続で2兆円を超える状況にあります。現在、がんや自己免疫疾患、希少疾患・難病に対する新薬のほとんどは抗体医薬などのバイオ医薬品で、国産バイオ新薬およびシミラーで出遅れた日本は、輸入に頼る構図が長年続いており、その依存度は高まるばかりです。

　再生医療産業は高い成長が見込まれており、大手製薬企業の細胞・再生医療分野への参入も加速しています。今まで治療法がなかった難病に有効な治療法をもたらしたり、治療費のかさむ慢性疾患に根本治療をもたらしたりする可能性がある点に加え、生きた細胞をそのまま使用する再生医療には独自の製造ノウハウなどが必要で、低分子医薬品やバイオ医薬品のように特許切れ後にジェネリックに置き換わるリスクが少ないという点で製薬企業にとって魅力となっ

ています。ただし再生医療の産業化は、アカデ
ミアや製薬・医療機器企業、バイオベンチャー
だけで成し遂げられるものではありません。培
地・試薬、自動培養装置・検査装置、臨床試験
受託（CRO）、開発製造受託（CDMO）、輸送な
どのサポーティングインダストリー（周辺産業）
の存在が不可欠です。これら周辺産業を含めた
2050年の市場規模は、世界全体で53兆円にな
るとする試算もあります。

　2005年に改正薬事法（現 医薬品医療機器等
法）が施行され、製薬会社が製造を外部に全面
委託することが可能になりました。医薬品市場
は化学企業と親和性が高く、化学企業は医薬品
原料・添加剤を製薬会社に供給したり、医薬品
製剤を販売したりすることで、医薬品市場に関
与してきました。医薬品市場は景気の良し悪し
に左右されず、化学企業も安定した収益を確保
することができます。

　改正薬事法とともに受託事業を後押ししてい
るのが後発医薬品です。医療費を削減すべく、
政府は2017年6月にいわゆる「骨太方針」で、
2020年9月までに後発医薬品のシェアを80％
以上に上げるという目標を掲げました。これは
新薬メーカーにとっては長期収載品に依存した
ビジネスモデルの終焉を意味し、継続的に新薬
を開発していくことが求められます。新薬開発
の加速と一体の取り組みとして、グローバルな
事業展開に拍車をかけることも重要です。財源
面や人口減少といった問題を踏まえれば今後、
国内の医薬品マーケットには大きな伸びは期待
できません。日本ジェネリック製薬協会による
と、2020年4月〜6月の数量シェアは79.3％と
なっています。

　医薬品原料メーカーは、こうした新薬メー
カーの動きに連携していくことが求められま
す。原薬レベルでは、場合によっては研究開発
から一体的な取り組みを進め、より積極的に差
異化を図っていかなければなりません。

　急激な後発薬の普及が医薬品バリューチェー
ンに与える影響は大きく、原薬メーカー（川上）、
卸（川中）、医療機関や調剤薬局（川下）にも大き
な影響を及ぼしています。なかでも最大の課題
は、やはり供給力の拡大です。医薬品はその性質
上、欠品が許されません。安定供給のために、後
発薬メーカーは実際の需要予測以上の供給能力
の構築を進めています。爆発的な需要増に応え
るには、原料サイドにも供給責任が強く要求さ
れます。医薬品業界、監督官庁も原料業者に安
定供給を強く求めています。中国、インドなど海
外勢も日本市場での拡大を狙っていて、これら
と競争しつつ、あるいは連携するなどして安定
供給体制を確立する必要があります。逆にいえ
ば、安定供給とコスト競争力をうまく両立でき
れば、市場拡大の恩恵を最大限に受けることが
可能となります。もちろん品質に関しては手を
抜けませんし、時々の規制に的確に対応してい
くことも必須条件です。製薬産業との信頼関係
を確固としたうえで従来以上に相互の情報交換
を緊密化し、これらの条件をクリアしていけれ
ば、激変する市場でも勝機を見出せるはずです。

　他方、後発薬に対する不信感も一部ではいま
だに根強く、原薬の安全性が後発薬の帰趨を
握っているともいえます。後発薬に懐疑的な意
見として、海外から輸入する原薬や中間体の品
質を不安視する声があります。先発薬の原薬に
も輸入品は含まれていますし、厚生労働大臣に
よる承認を受けた時点で品質は保証されている
のですが、1品でも問題が起これば後発品業界
全体にとっての逆風となりかねません。各社に
は安全管理の一層の強化が求められます。

　政府が掲げる後発薬のシェア目標達成にあた
り、化学品専門商社は海外からの医薬品原薬
（API）を安定調達するという重要な役割を担う
ことになります。品質や価格競争力に優れる海
外原薬メーカーを各国から発掘することで調達
ルートを拡大し、国内ではAPI倉庫の拡充を
進めるなど需要増を見据えた動きを加速してい
ます。欧州から品質に優れる原薬を輸入すると

ともに、価格競争力のある中国、インドの原薬メーカーに次の照準を合わせていますが、中国やインドではGMP管理の徹底が不十分だったり、日本の法制度への理解不足から、輸入不適合となる原薬もしばしば見受けられます。今後はこうした管理指導も含めた海外ネットワークの拡充が求められます。

一方で先発薬側も対抗策として新薬開発を加速しており、専門商社の存在感は高まっています。単なる輸入販売だけでなく、分析センターの設置や受託合成サービスの提供など、各社の差別化戦略も明らかになってきました。成長市場を取り込むため、これまで以上の機能が求められています。

●マテリアルズ・インフォマティクス

従来の材料研究は、素材となる物質を発見し、組成や組合せを変え、製造条件を見直しながら手探りで進める試行錯誤の連続でしたが、このような時間のかかるプロセスでは対応に限界があります。そこで注目されているのが、データを活用し材料開発の革新を目指すマテリアルズ・インフォマティクス(MI)です。

自然科学研究の方法は、第1に実験、第2に理論であり、近年これに計算が加えられました。材料研究でも、実験により有望な材料の構造や組成を調べ、物性や機能を観察し、観察された現象を支配する基本原理(法則)を見出すことで理論を体系化し、それを数学的に表現することにより解析や予測を行います。これは、原因と結果との間の因果関係を探るという演繹的なアプローチであり、材料開発は長くこのスタイルで行われてきました。

しかし、急速に発展する現代社会の課題に応えるためには、これとは逆のアプローチが必要とされます。つまり、求める機能や物性を示す物質・材料を直接"探索"あるいは"設計"しようという帰納的なアプローチです。ビッグデータを用い、データ駆動型アプローチで課題に迫るというのがMIの基本的な考え方です。原因(構造・組成など)と結果(物性・機能など)の組合せを機械学習させ、望ましい結果が得られるような原因を予測する人工知能を作り出すことが大きな目的になっています。ただ、この場合、結果と原因の間にあるのは因果関係ではなく相関関係になるため、予測結果の検証が必須となります。検証には実験・理論・計算が有効であり、その意味では、自然科学の四本柱すべてが協働するのが本来のMIだといえます。

日本国内でも各種プロジェクトが進行中で、すでに研究レベルでは着実に成果が出ており、実用性に関する期待が高まっている状況です。プロジェクトに参加している企業の顔ぶれをみると、材料メーカーだけでなく、その材料を利用して製品を開発する川下のメーカーも加わっていることが分かります。とりわけ、自動車や航空・宇宙、電子・ハイテク関連産業で顕著で、材料科学を製品設計にシームレスに統合することが、近年の研究開発の基本的なスタンスになりつつあることが背景にあるようです。

4.2 化 粧 品

化粧品は、医薬品医療機器等法で「人の身体を清潔にし、美化し、魅力を増し、容貌を変え、または皮膚若しくは毛髪を健やかに保つために、身体に塗擦、散布その他これらに類似する方法で使用されることが目的とされている物で、人体に対する作用が緩和なもの」と定義さ

れています。その使用目的から、洗顔料や化粧水などのスキンケア化粧品、口紅、ファンデーションなどのメークアップ化粧品、シャンプーなどのヘアケア化粧品、浴用石けんなどのボディケア化粧品、歯磨き剤、香水などのフレグランス化粧品に分類することができます。なお、肌あれ防止、美白などの効果を持つ有効成分を含む薬用化粧品は医薬部外品に分類され、出荷金額は化粧品全体の2割を占めています。

化粧品の原料は、化粧品の形状を構成するのに必要な基剤原料、生理活性や効果、機能を訴求するための薬剤原料、製品の品質を保つ品質保持原料、色や香りに関連する官能的特徴付与原料に大まかに分類できます。具体的にはビタミン類やアミノ酸、高級アルコール、油脂、脂肪酸エステル、界面活性剤、色素、香料、保湿剤、防腐剤、酸化防止剤、紫外線防止剤、キレート剤、顔料、パール顔料など化学品がほとんどです。その種類は、化粧品原料基準や日本汎用化粧品原料集（JCID）、メーカーが独自で開発した新規素材などを合わせると2,000種以上あるといわれています。

インバウンド（訪日外国人）需要の獲得を機に、かつてない好況に沸いていた化粧品業界の風向きが2019年から変わり始めました。2019年1月施行の中国電子商務法によって非正規ルートで並行輸入を行っていた個人バイヤーが規制され、インバウンド需要に少なからず影響を及ぼしました。さらに10月の消費増税は想定よりも回復に時間がかかり、国内の消費意欲の低下を示す結果となりました。それでも東京五輪もあって、訪日客のさらなる増加と日本の化粧品を手に取ってもらう好機と2020年に期待を寄せていたメーカーは少なくありませんでした。しかし新型コロナウイルスの拡大によって、化粧品業界は暗雲が立ちこめている状況です。

経済産業省の化学工業統計によると、2019年における化粧品の出荷個数は前年比1.6％

増の31億7,171万個、出荷金額は同3.8％増の1兆7,592億6,012万円でした。製品別では、日焼け止めといった特殊用途化粧品が同7.6％増と好調でしたが、皮膚用化粧品で同4.4％増、仕上げ用化粧品で同3.1％増と、全体的には緩やかに伸長しています。2018年が前年比で出荷個数が7.1％増、出荷金額が5.7％増だったのに対し、勢いが落ち着いてきたことが分かります。

化粧品受託製造（OEM）市場も増大しましたが、その伸びは鈍化しました。矢野経済研究所によると、2019年度の国内化粧品受託製造市場規模（事業者売上高ベース）は、前年度比3.1％増の3,352億円と引き続き拡大したものの、2010年度より過去10年間で2番目の低い伸長率にとどまったとのことです。2019年度に入ると、①中国EC（電子商務）法施行を主要因としたインバウンド需要減速の顕在化②大手化粧品ブランドメーカーの国内生産強化③化粧品受託企業の生産能力底上げによる供給過多への懸念が表面化しました。

◎化粧品の生産量

（単位：トン）

	2017年	2018年	2019年
香水, オーデコロン	197	174	183
頭髪用化粧品	275,501	278,060	290,515
皮膚用化粧品	125,368	143,601	134,727
仕上げ用化粧品	5,103	5,403	5,331
特殊用途化粧品	27,897	28,196	33,304
合　計	434,066	455,435	464,060

資料：経済産業省『生産動態統計　化学工業統計編』

◎化粧品の販売額

（単位：100万円）

	2017年	2018年	2019年
香水, オーデコロン	4,345	4,942	4,917
頭髪用化粧品	383,279	383,866	393,448
皮膚用化粧品	778,789	849,388	887,587
仕上げ用化粧品	352,315	361,326	372,981
特殊用途化粧品	92,445	94,627	102,213
合　計	1,611,173	1,694,150	1,761,146

資料：経済産業省『生産動態統計　化学工業統計編』

化粧品業界が2020年に復調を期待したのもつかの間、新型コロナウイルスの影響は年明けから瞬く間に世界に広がり、化粧品受託製造市場も減少トレンドに転じています。カウンセリング販売を強みとするメーカーは、美容部員が来店客の肌に触れる活動を自粛せざるをえない事態に直面しました。

ただ、こうしたなかでも、各社では収束時にすぐアクセルを踏み込めるようにと、魅力的な商品・サービスを生み出すための手を模索しているといいます。

商品軸では「環境配慮」型が注目を集めます。これまでもほ場で原料となる植物を自ら栽培、そうした姿勢を打ち出してきたが、ここにきて勢いが加速しつつあります。背景にあるのは、ミレニアル世代（1980年代〜90年代前半生まれ）やZ世代（1990年代後半以降の生まれ）といった今後の消費を担う若年層間で、環境に配慮されたものであることが、一つの商品選択軸になりつつあります。

一方で、長らく販売の場だった店頭の役割が変わり始めています。オンラインショップの台頭にともない、店頭はリアルな体験を提供し、情報を発信する場と位置づけられることが多くなってきました。

花王は化粧品領域における情報発信拠点「ＢＥＡＵＴＹ　ＢＡＳＥ　ｂｙ　Ｋａｏ」を、コーセーはコンセプトストア「メゾンコーセー」を昨年開設しました。花王は当面、専用機器を用いて肌上に極薄膜からなる積層型の膜を作る新技術「ファインファイバーテクノロジー」を応用した商品体験を提供。コーセーも、パナソニックやカシオ計算機の技術に自社知見を搭載したデジタル機器を揃え、最新の美容体験が楽しめるようにしました。資生堂もリアルな体験とデジタルを融合させた美容施設「ビューティ・スクエア」を、アルビオンは化粧品づくりも体験できるオープンラボを有する新業態店「アルビオン　フィロソフィ」を、ポーラ・オルビスグループのオルビスも構造改革を経たブランドのコンセプトを体現するショップなどが相次いでいます。

こうした店舗の開設が続く背景には、店舗で商品を販売するだけでなく、リアルとデジタルを融合した体験や、メーカーあるいはブランドの考え方に触れるような機会を提供することで、消費者の琴線に触れ、選ばれる化粧品でありたい—。そんな願いが込められています。

1989年1月、バブル景気のまっただなかに幕開けした平成。鮮やかな色の口紅が好まれたバブルメイクや「茶髪・細眉」のギャル文化など、時代のなかで生まれては立ち替わる美容トレンドを支えてきたのが化粧品業界です。1990年代半ばにドラッグストアが台頭し、化粧品が身近なものとなるなど、30年の歳月は消費行動にも大きな変化をもたらしました。

もちろん、各企業が世に送り出す商品も進化を重ねてきました。平成を振り返ったとき、最も盛り上がった市場の1つとして挙げられるのが薬用美白化粧品です。

「色の白いは七難隠す」という諺があるように、日本における美白化粧品の歴史は古く、資生堂が同社初の美白化粧水「過酸化水素キューカンバー」を発売したのは1917年のことです。当時、美白の概念は誕生していませんでしたが、白い肌への憧れを叶える商品として売り出されました。1960年代に入ると、古くから美白効果があるとされてきたビタミンCなどを配合して商品開発が進められ、1976年には同社で初めて美白スキンケアをシリーズ化、「資生堂　フレッシュア」を発売しました。

時代が進み平成に入った1990年以降は、各社から医薬部外品の美白有効成分への製造承認申請が相次ぐようになりました。背景にあるのは、薬事法の1980年改正です。改正により、ヒトで試験した成分の有効性が厚生省（当時）に認可されれば、独自成分が提案できるるようになったのです。1980年以前にも「日焼けによるシミ、そばかすを防ぐ」美白有効成分としてビタミンCとプラセンタエキスは存在していましたが、すでに汎用されている状態でした。1980年の改正を受け、化粧品関連メーカーは美白有効成分の開発に着手し、コウジ酸（1988年、三省製薬）、アルブチン（1989年、資生堂）、安定型ビタミンC誘導体（1994年、資生堂など）、エラグ酸（1996年、ライオン）、ルシノール（1998年、ポーラ化成工業）、カモミラET（1999年、花王）など、現在までに約20種が承認を取得しています。

こうした成分が市場に与えた影響は大きく、アルブチン配合の「資生堂　ホワイテスエッセンス」は1990年の発売から10年間で2,000万本以上を売り上げ、美白ブームを盛り上げました。

様々な有効成分の登場により一見、飽和状態を迎えつつある美白化粧品市場ですが、シミの原因は人それぞれ、同じ人でもシミごとに異なるものです。今後もシミの悩みがある限り、各社は知恵を絞り、美白化粧品市場は拡大を続けていくと見込まれます。

4.3　食品添加物

食品添加物は、加工食品に欠かせません。加工食品の製造から流通・販売、家庭で保存され実際に調理されるまで、すべての過程で重要な役割を担っています。品質や安全性の確保、味・香り・色・食感の付与に加え、カロリーコントロールや減塩など健康増進ニーズにも応えて広く浸透しています。

食品添加物は食品の製造過程で、加工、保存の目的で食品に添加、混和、浸潤その他の方法で用いられるものであるため、内閣府食品安全委員会（食安委）における安全性評価を経て、厚生労働大臣が薬事・食品衛生審議会（薬食審）の意見を聞き、人の健康を損なう恐れのないものとして定める場合に限り販売、製造、輸入、使用等を認める指定制度がとられています。2017年11月には、品質規格などを定める食品添加物公定書の第9版が官報告示され、酵素製剤など89品目が新たに使用可能になりました。

改定は、2007年の第8版発行からおよそ10年ぶりです。また2019年4月には、加工食品について認められている一括表示や用途名の表示方法、「無添加」「不使用」といった消費者の誤認を誘う表示等について議論を深めることを目的に、消費者庁に「食品添加物表示制度に関する検討会」が設けられました。

【酸　味　料】

酸味料は、清涼飲料・加工食品に酸味を与えたり、調整する目的で用いられます。代表としてクエン酸および乳酸、リンゴ酸があります。保存、酸化防止、pH調整機能もあり高い安全性から医薬・工業用途としても利用されています。使用量が最も多いのはクエン酸で、「クエン酸塩（クエン酸を含む化学物質）」を合わせると国内需要はおよそ2万7,000トンです。食品用途としては5割が清涼飲料水向けで、安定しています。

これに次いで国内需要量が多いのが乳酸で、「乳酸塩類（乳酸を含む化学物質）」と合わせると1万7,000トン程度の規模（いずれも50％換算）があり、醸造工業、飲料向けが中心です。「乳酸塩類」の乳酸カリウムについては「減塩」食品開発への応用が見込まれています。さわやかな酸味が特徴の「リンゴ酸」は「リンゴ酸塩類（リンゴ酸を含む化学物質）」と合わせるとおよそ5,000トンで、果実系の飲料や菓子に多く用いられます。これらの酸味料の国内需要は、ほぼ安定的に推移しています。その他の酸味料には酒石酸、フマル酸、コハク酸、グルコン酸、シュウ酸、アジピン酸、リン酸などが挙げられます。

食品添加物として用いられる酸味料は、食品の酸性・アルカリ性などを調整する機能があることから、組み合わせて使われるのが一般的です。また、菌種によっては一定程度の抗菌性も得られます。食品機能としては退色を防いだり、ビタミンの分解を防ぎます。この機能に着目し

た食品開発も行われています。

【酸化防止剤】

酸化防止剤は、加工食品中の油脂成分の変質・劣化や、果実・野菜加工品の変色・褐変を防ぐために用いられます。風味や外観の悪化のみならず、栄養成分の減少や人体に有害な過酸化物質の生成を防ぐ目的があります。

食品に応じて水溶性と油（脂）溶性のものに大別されますが、内需としては合計で4,000トン程度です。水溶性のものはエリソルビン酸、アスコルビン酸類（ビタミンC類）や亜硝酸塩類、油溶性のものはトコフェロール類（ビタミンE類）およびブチルヒドロキシアニソール（BHA）などが代表例です。いずれもビタミン類の補給という栄養強化目的でも用いられます。また、一部の香辛料には酸化防止効果成分を含むものがあります。

酸化防止剤は食品成分よりも先に酸素と結合することで食品の酸化を防ぎます。また、酸化防止剤ではありませんが、クエン酸、酒石酸などは酸化防止剤と併用することによって効果を高めることが知られています。このほか、加工食品の酸化防止を目的として、包材に酸素透過性を抑えた多層フィルムを用いたり、脱酸素剤・乾燥剤を併用したりすることによって、さらに効果を上げることもできます。

需要規模が最も大きいのはL-アスコルビン酸と同ナトリウムで、果実缶詰、清涼飲料水などに用いられます。栄養強化目的分などを除いた酸化防止剤としての需要は、合わせて年2,900トン程度です。これに次ぐのがエリソルビン酸と同ナトリウムで、果実缶詰、魚介加工品などに用いられます。酸化防止剤としてはL-アスコルビン酸が圧倒的なシェアを持ちますが、食品に合わせて各種選択されています。

【保 存 料】

　保存料は微生物による食品の腐敗・変敗を防ぐ目的で用いられ、加工食品においては消費期限や賞味期限の延長につながり、食中毒や食品ロスを防止することにもなります。一方で、食品の安全性をアピールする（保存料不使用をうたう）ために使用される日持ち向上剤（保存期間が数時間～数日程度と短い）が、惣菜業界を中心に普及しています。通常の加工食品に比べて微生物の繁殖を抑える時間が短いため、商品管理や家庭での消費のタイミングには注意が必要です。

　食品添加物には合成品である安息香酸、ソルビン酸、パラオキシ安息香酸エステルなどの指定添加物のほか、天然添加物としてカワラヨモギ抽出物、白子タンパク抽出物、ペクチンなどがあります。これらはターゲットとなる微生物に応じて選択されますが、使用できる食品と使用量が厳密に定められています。

　国内需要の主力は酢酸ナトリウム（需要量は年間１万トン）で、つづいてグリシン（同7,000トン）、ソルビン酸およびソルビン酸ナトリウム（あわせて5,000トン）となっています。

　日持ち向上剤の抗菌性は弱く、使用する食品の特性や風味への影響、流通条件、微生物の種類に応じて複数の食品添加物を製剤化して供給されています。主なものとしては、グリセリン脂肪酸エステル、グリシン、酢酸ナトリウム、氷酢酸などの合成品のほか、チャ抽出物、ユッカフォーム抽出物、リゾチーム、ローズマリー抽出物などの天然添加物もあります。

【着 色 料】

　食品素材由来の色素は様々な要因によって劣化・分解し退色していきます。着色料は加工食品において、農作物や水産物が本来持っていた自然な色調を維持するために用いられます。鮮魚・食肉・野菜などの鮮度を見誤らせる恐れがあるため、生鮮食品に用いることはできません。

　主力は天然系着色料のカラメル色素で、内需は年2万トン程度とみられます。主用途は清涼飲料およびアルコール飲料で、ハム・ソーセージ製品、各種の冷凍食品にも用いられています。天然系色素としては他にアナトー、アントシアニン、カロチン、クチナシ、コチニール、ベニバナ、ラックなどが用いられます。

　化学的合成品であるタール系色素（食用赤色２号、黄色４号など）の国内需要は、ピーク時には年400トン程度ありましたが、現在は80トン程度とみられ、主に魚肉・畜産加工品に用いられます。消費者の嗜好に対応して天然系色素への切り替えが進んでいますが、発色の良さと安全性の高さから工業用でも需要があります。

　なお、着色料に似た機能のものとして発色剤がありますが、これは加工時に失われる色素を固定させるもので、食品に着色する着色剤とは異なります。伝統食品では発色剤として鉄釘やミョウバン類が用いられてきましたが、使用が認められているのは亜硝酸ナトリウム、硝酸カリウム、硝酸ナトリウムの３種のみです。これらは魚肉などに含まれるヘモグロビンの酸化を防ぎ、褐変を抑えます。

　以上で紹介したもののほかに、食品添加物として以下のものが挙げられます。

【乳 化 剤】

［グリセリン脂肪酸エステル、ショ糖脂肪酸エステル、ソルビタン脂肪酸エステル、レシチン酸、プロピレングリコール脂肪酸エステルなど］
　乳化剤は、食品原料中の油脂・水分を均一化させるほか、起泡、消泡、洗浄の目的でも用い

られます。主な用途としてチョコレート、キャラメルなどの製菓、マーガリン・ショートニング、マカロニなどの麺類製造における乳化(食品原料中の油脂・水分を均一化させる)のほか、豆腐製造・アルコール発酵飲料製造時の消泡、液状食品の安定化、でんぷん・タンパク質食品の改質が挙げられます。コンビニエンスストアの東南アジア進出においては、総菜製造用として乳化剤などを製剤化し、現地でも日本並みの総菜製造を行うなどの取り組みが試みられています。

　食品用乳化剤は大きく合成系と天然系に分かれますが、内需全体では2万5,000〜2万8,000トン規模で推移しているとみられます。合成系の主力はグリセリン脂肪酸エステルで、内需はおよそ1万3,000トンです。脂肪酸モノグリセリドが大半を占めており、同1万トン程度の需要があるとみられます。でんぷん・タンパク質の改質機能があるほか、工業用途としては乳化剤、プラスチック可塑剤としても需要があります。天然系の主力はレシチン類です。植物系から動物系など多様で、大豆、ナタネ、ヒマワリなどを原料とする植物レシチン、分別レシチン、卵黄レシチン、酵素処理レシチンおよび酵素分解レシチンの5タイプに分けられます。用途に応じた需要があり、内需は1万トン程度とみられます。取り扱いの多い大豆レシチンの国内需要規模はおよそ7,000トンです。

【増粘安定剤】

　［カルボキシメチルセルロースナトリウム
　　（CMC）、アラビアガム、カラギナン、ペク
　　チン、グアーガム、キサンタンガムなど］
　増粘安定剤(糊料)は、加工食品に粘性を与え、「滑らかさ」や「粘り気」といった食感を生み出します。この特性を食品加工に適用することで、分散安定剤、結着剤、保水剤、被覆剤といった役割が得られます。一般的には粘性付与を目

的とする「増粘剤」と、ゼリー状に加工する「ゲル化剤」に大別されます。食品そのものにも同様の性質を持つものがあり、小麦粉に含まれるグルテンなどはその一例です。

　アルギン酸ナトリウムやCMCなど合成物のほか、同様の機能を持つ天産物も多く、種子、樹脂、海藻、植物や甲殻類などの多糖類から抽出されたものが利用されています。増粘安定剤として最も需要量が大きいのは動物性タンパク質であるゼラチンで、年1万2,000トン程度です。これに次いで多いのが種子多糖類で、大豆、ローカストビーンガム、タマリンドガムなどが代表例です。これらのガム類を合わせると年8,000トン程度の需要量があります。天産物については、天候要因や輸出規制などの外的要因で原料需給が変動します。

　また、増粘安定剤のいくつかは工業用途としても利用されています。種子由来の増粘安定剤については一時期、シェールガス井掘削用とみられる分野にも応用され需給がひっ迫しましたが、現在はこうした特殊要因は消失し落ち着きをみせています。分散性の付与を目的にアイスクリーム、各種のソース類、麺類加工などに利用されるCMCは食品用途として年600トン程度の需要がありますが、一方で、植物繊維(セルロース)を加工して得られ、微粒子分散性が高いという特徴を生かして繊維産業での捺染剤、排水処理分野での凝集剤や医薬部外品などでの用途もあります。

　近年では、嚥下のしやすさを向上させるものとして、介護食品向けの需要が注目されています。

【甘　味　料】

　［サッカリン、アスパルテーム、D-ソルビトー
　　ル、キシリトール、ステビオサイド、甘草、
　　トレハロース］
　一般的に甘味料というとショ糖(砂糖)、ブド

ウ糖、果糖などを指しますが、これらは食品扱いで、加工食品などに用いても食品添加物の対象とはなりません。食品添加物としての甘味料は、砂糖・水飴などの「食品」とは区別され、加工食品・清涼飲料水に甘味を付与するために用いられます。食品に悪影響を与える雑菌(酵母など)を増殖させてしまう砂糖などを味覚面で代替する材料として開発されてきた経緯がありますが、過去にチクロなどのサイクラミン酸塩が使用禁止になったことがあり厳しい目が向けられる傾向があります。一方で、低カロリー性や虫歯になりにくい抗う蝕性など健康面での機能についても理解が進んできており、食品開発においてはこうしたリスクコミュニケーションが欠かせません。上記したもののほか、ショ糖の1万倍の甘味度を持つ超高甘度甘味料として2007年にネオテーム、2014年には同4万倍以上のアドバンテームが新規指定を受けています。ごく少量の使用で甘味を付与することが可能で、低カロリー食品開発につながる素材として注目されています。また逆に、ショ糖の4割程度の甘味しかないニゲロオリゴ糖などの低甘味度甘味料も、甘味の切れを向上させる素材として開発されています。

【栄養強化剤】

[ビタミン類: L-アスコルビン酸(ビタミンC)、トコフェロール酢酸エステル(ビタミンE)、エルゴカルシフェロール、β-カロテンなど、ミネラル類:炭酸カルシウム、乳酸カルシウムのほか、亜鉛塩類、塩化カルシウム、塩化第二鉄など、アミノ酸:L-アスパラギン酸ナトリウム、DL-アラニン、L-イソロイシンなど]

栄養強化剤は、戦後の食糧事情が悪かった時期においては不足する栄養成分を積極的に補給する目的で、主にコメ、ムギ、パン、麺などの主食を対象に用いられたほか、醤油・味噌、バ

ター・マーガリンや、粉乳、清涼飲料などにも応用されてきました。

今日では食品加工時および保存時に失われてしまう栄養成分を補う目的で、アミノ酸類、ビタミン類、ミネラル類が指定されています。このほか既存添加物も合わせた国内需要規模は2万数千トン規模とみられます。最も需要の多いのが炭酸カルシウムで、市場規模は1万3,000トンです。即席麺や菓子類、乳飲料向けが中心です。ビタミンCは酸化防止剤としての用途もありますが、栄養強化剤としては5,000トン弱の市場と推定されています。

食品素材によっては、不足している成分を強化して栄養価を高めるために用いられます。栄養強化目的で使用した場合には食品衛生法上、使用した食品添加物の表示義務はありませんが、通常は表示されるのが一般的です。また、保健機能食品(特定保健用食品および栄養機能食品)の栄養成分としても、これらの食品添加物が用いられています。

【調　味　料】

[L-グルタミン酸ナトリウム、5-イノシン酸2ナトリウムなど]

調味料は食品に「味」や「うまみ」を付与し、調整する目的で用いられるもので、食品香料と組み合わせて用いられることもあります。一般に調味料というと味噌、醤油、食塩などを指しますが、これらは「食品」扱いであるため食品添加物には含めません。また天然系調味料であるビーフエキス、酵母エキス、タンパク質分解物なども、食品素材そのものであるため除かれます。

食品添加物として「調味料」の一括表示が認められているものは「アミノ酸系」「核酸系」「有機酸系」「無機塩系」に大別されます。代表的なのはアミノ酸系の「L-グルタミン酸ナトリウム」(MSG)で、いわゆる「昆布のうま味」成

分です。発酵法によって工業生産され、国内では12万トン、全世界では年300万トン規模の需要があります。家庭用から飲食店向けまで幅広く用いられるほか、加工食品製造としては水産・食肉加工製品、インスタント食品類や缶詰・瓶詰食品などを中心に広く用いられています。また、核酸系調味料である「5-イノシン酸2ナトリウム」などと組み合わせるとさらにうまみが向上するため、アミノ酸系と核酸系を合わせた調味料も開発されています。

調味料単独の製品ではありませんが、近年の野菜摂取志向の高まりで鍋つゆが人気となっているほか、家庭で本格的な味が再現できるメニュー調味料も、中華風や韓国風に加え和風や洋風が登場したことで急速に市場を拡大しています。

4. 4 農 薬

農薬の使用を規制する農薬取締法では、農薬を「農作物(樹木及び農林産物を含む)を害する菌、線虫、だに、昆虫、ねずみその他の動植物又はウイルスの防除に用いられる殺菌剤、殺虫剤その他の薬剤及び農作物等の生理機能の増進又は抑制に用いられる植物成長調整剤、発芽抑制剤その他の薬剤をいう。」と規定しています。用途別に、殺虫剤(農作物を加害する害虫を防除する)、殺菌剤(農作物を加害する病気を防除する)、殺虫・殺菌剤(農作物の害虫、病気を同時に防除する)、除草剤(雑草を防除する)、殺そ剤(農作物を加害するノネズミなどを防除する)、植物成長調整剤(農作物の生育を促進したり、抑制する)、誘引剤(主として害虫をにおいなどで誘き寄せる)、忌避剤(農作物を加害する哺乳動物や鳥類を忌避させる)、展着剤(他の農薬と混合して用い、その農薬の付着性を高める)に分類することができます。

動植物のどこにどう作用して効力を発揮するかは製品ごとに異なります。例えば、殺虫剤の場合、昆虫の神経に作用するもの、脱皮や変態を妨げるもの、昆虫の筋肉細胞に作用し、筋収縮を起こして摂食行動を停止させるものなどがあります。

農薬工業会のまとめた2019農薬年度(2018年10月〜2019年9月)の出荷実績によると、数量ベースでは、18万4008トンで前年度比1.6%減、金額ベースで3,403億1,000万円の同0.9%増でした。金額では3年連続の増加となりました。少量でも効果が高く、付加価値タイプの農薬へのニーズの高まりが金額を押し上げた格好です。

使用分別にみると、数量では水稲が同2.4%減の5万4,577トン、果樹は同1.4%減の1万8,295トン、野菜・畑作は同2%減の7万6,644トン、非農耕地や林業、ゴルフ場向けなどのその他は同0.3%減の2万9,494トン、忌避剤などの分類なしが同5.2%増の4,998トン。金額では、水稲が同1.5%減の1,142億3,700万円、果樹が同1.4%減の472億600万円でした。これに対し、野菜・畑作は同2.2%増の1,246億3,900万円、その他は同6%増の451億9,000万円、分類なしが同1.6%増の90億3,700万円とそれぞれプラスとなりました。

種類別には、数量で殺虫剤が同3.7%減の5万8,247トン、殺菌剤が同0.8%減の3万7,643トン、殺虫殺菌剤が同6%減の1万6,474トン、除草剤が同0.4%増の6万6,647万トン、

植調剤が同4.3％増の1,468トンとなりました。金額では、殺虫剤が同0.4％減の959億5700万円、殺菌剤が同0.4％増の747億円、殺虫殺菌剤が同4％減の335億7,600万円、除草剤が同3.5％増の1,270億3,800万円、植調剤が同1.1％増の51億9,900万円でした。

農業の後継者確保を念頭に、政府は2016年に、農家の所得倍増を旗印に「農業競争力強化プログラム」を策定しています。所得増加のために生産資材価格の引き下げに取り組むと明記されており、農薬業界は対応が求められます。2017年には農業競争力強化支援法が成立し、農政改革が実行段階に入りました。農薬については国際的対応が特に重要とされ、2018年12月に農薬取締法の一部改正がなされています。具体的には、登録審査にリスク評価を実施するとともに、登録してから15年以上が経過した有効成分である農薬原体を対象に再評価制度を導入します。最新の科学に照らして農薬の安全性を確保するのが狙いです。大仕事となることが予想されるものの、安全性には代えら

れません。農薬登録に関する論議では、価格引き下げばかりに注目が集まってきましたが、本質的な問題にも踏み込んだことになります。リスクベースでの安全性評価は、欧米などの先進諸国で1990年代から実施されており、その下でよりリスクの少ない農薬や使用方法での登録が推進されてきました。一方、日本では農薬の毒性に応じて防護装備着用の注意事項を付すことで、使用者の安全を確保しようとしてきました。曝露量が多くても使用方法の変更を指示することはなく、また曝露量が少ない農薬について過剰な防護装備を義務づける場合もありました。

日本では農業者の高齢化や減農薬栽培が広がるなかで、省力化へのニーズが一段と高まっています。農薬業界は、少量で高い効果のあるものや、高い選択性、人畜への安全性に加え、環境負荷の低い有効成分や混合剤を開発するなど、高付加価値製品を市場に送り出すことで収益確保を図っています。結果として出荷数量では減少するものの、出荷金額は増えるという傾

◎種類別農薬出荷

（単位：トン、億円）

種　別	数　　量			金　　額		
	2017年度	2018年度	2019年度	2017年度	2018年度	2019年度
殺　虫　剤	60,125	60,462	58,247	978	963	960
殺　菌　剤	37,907	37,933	37,643	755	744	747
殺虫殺菌剤	18,529	17,519	16,474	356	350	336
除　草　剤	63,116	66,371	66,647	1,192	1,227	1,270
植調剤ほか	4,896	4,751	4,998	88	89	90
合　　計	184,574	187,038	184,008	3,370	3,373	3,403

資料：農薬工業会

◎使用分野別農薬出荷

（単位：トン、億円）

使用分野	数　　量			金　　額		
	2017年度	2018年度	2019年度	2017年度	2018年度	2019年度
水　　稲	57,871	55,937	54,577	1,167	1,159	1,142
果　　樹	18,639	18,559	18,295	485	479	472
野菜・畑作	77,322	78,206	76,644	1,238	1,220	1,246
そ　の　他	25,847	29,585	29,494	391	426	452
分類なし	4,896	4,751	4,998	88	89	90
合　　計	184,574	187,038	184,008	3,370	3,373	3,403

資料：農薬工業会

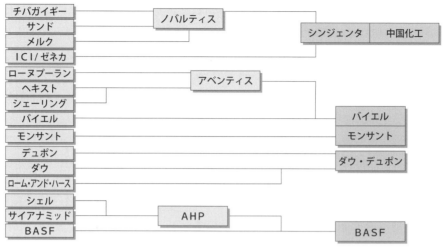

◎農薬大手企業の主な合併・統合の推移

向にあります。

　農薬企業には、合理化の促進と同時に、省力化などの新たな生産者のニーズにかなった製品を開発していくことで、農業生産のトータルコスト削減を実現していくことが求められています。

　海外では従来、シンジェンタ、モンサント、バイエル、ダウ・ケミカル、デュポン、BASFの「ビッグ6」が高いシェアを握ってきましたが、2017～2018年にかけて再編されました。シンジェンタが国有企業の中国化工傘下に入り、大手でさえ攻略が難しかった中国市場で有利に立ったほか、ダウとデュポンが統合、さらにバイエルがモンサントの買収を決め、「ビッグ4」時代が始まっています。

　これら世界大手以外で新規有効成分の開発能

●スマート農業

　農業従事者の高齢化や耕作放棄地の拡大などを受け、耕作面積の減少が目立つなか、省力化、効率化、少量で効果を発揮する高機能型農薬へのニーズは確実に増加しています。スマート農業の一翼を担うドローン（小型無人機）の普及には、ドローンでの散布が可能な農薬の存在がカギとなります。

　小型で扱いやすく機動性のあるドローンによる農薬散布は、2016年から本格普及が始まっていますが、この数年間で利用増加が目立ちます。農林水産航空協会による2018年度の登録機体台数は1,437機と、前年に比べ約2倍となりました。農林水産省では普及推進のため、2019年7月に「無人マルチローターによる農薬の空中散布に係る安全ガイドライン」を策定しています。ドローンによる空中散布で認められているのは、地上散布と同様の1,000～2,000倍の希釈倍数ですが、積載重量の関係で小容量

の薬液タンクしか搭載できないドローンでは効率的な散布は困難です。ドローンを利用した効率的な散布を行うためには8～16倍が現実的と考えられますが、このような高濃度散布が可能な農薬となると登録数が限られている状況です。2019年2月時点で使える農薬は約650剤で、野菜や果樹用の品目は特に少なく、高濃度・少量で効果を発揮する農薬の登場が求められています。農林水産省では2022年末までにドローンに適した農薬数を1,046剤にするという目標を立てています。

　農薬メーカーのなかには製剤開発をはじめ、センシングデータの活用や人工知能により、ほ場の画像から農作物上の特定の病害虫を検知しピンポイントで散布する技術、複数台を同時に航行する制御技術などの開発をドローンメーカー、IT企業との協業により進めているところもあります。

力を持つのは事実上、日本企業に限られ、しかも開発の早さでは優に世界大手を上回ります。大規模化にともない世界大手は大型製品へ集中せざるを得ないという事情がありますが、そこに生じる空白は、日本の農薬企業にとっては大きなビジネスチャンスとなります。

4.5 塗　　　料

身の回りに当たり前に存在するという意味で、塗料業界ではしばしば、「塗料は空気のようなもの」といわれます。実際、住宅の外壁や屋根はもちろん、スマートフォンや自動車のボディ、テレビや冷蔵庫、椅子や机、食器、路面標示など、塗装されているものを挙げていったら切りがありません。塗料の役割には、色付けや艶出しといった美観の付与だけではなく、金属や木材などを雨やサビ、汚れ、カビなどから保護する機能があります。また、火災から守る難燃・耐火、表面の平滑化、撥水など様々な機能を素材に付与することも可能です。例えば自動車では0.1mmの塗膜のなかに、防錆の役割を果たす下塗りからトップコートまでが何層にも塗布されます。橋梁では長期にわたる耐候性、船舶では燃費向上や生物の付着防止など、それぞれの用途に応じた塗料が採用されています。

塗料は成分により油性塗料、繊維素系塗料、溶剤系・水系および無溶剤、合成樹脂塗料、無機質塗料などに分類されますが、現在生産されている製品は様々な配合が行われており、上記の分類では区分が難しくなっています。組成中に顔料を含み不透明仕上がりになるものをペイントまたはエナメル、顔料を含まないか少量含んでも透明仕上がりになるものをワニスまたはクリヤーとする一般的な区分もあります。

日本塗料工業会（日塗工）によると、塗料の2019年の生産量は164万6,074トンで前年度比0.3％減となりました。電気絶縁塗料やシンナーなどが減少したものの、主流の合成樹脂塗料は微増となりました。各分類では溶剤系が横ばい、水系・無溶剤系が微増と比較的堅調でした。またシンナー・ラッカーを含む2019年度（2019年4月〜2020年3月）の塗料生産量は前年度比1.7％減の162万4,372トンでした。米中貿易摩擦長期化による景気後退や10月の消費増税の影響を反映しました。165万トンを大きく下回るのは前回増税のあった2014年度以来5年ぶりです。

新型コロナ禍の影響で、2020年3月以降の国内生産・販売量も大きく減少しています。

日塗工の2020年5月業況観測アンケートによれば、販売シェアを加味した前年同月比指数計算値は、金額・数量とも約2割の減少となりました。需要分野別では、自動車用塗料が約4割減と最大です。国内工場の生産停止が直接反映され、次いで減少幅の大きい電気・機械・金属向けの工業用塗料にも影響が及んだ格好となりました。

同アンケートでは、6月見込みからは減少幅は縮小に振れると予想していますが、経済への影響は2年程度続くとみる声が大半のようです。

一方、建築内装塗料では抗ウイルスニーズなど新たなトレンドが生まれています。すでに大手を中心に抗ウイルス塗料の引き合いが増加。従前から新市場として期待してきた内装分野の攻略に向けて、本腰を入れ始めています。

各社では、新商品投入に向けた動きが加速するとみられますが、長期スパンでみた抗ウイルス機能の持続性評価などには課題が残っています。今後は、統一的な評価基準の策定や規格制定に向けて、業界の協力が必要となる可能性が考えられます。

また、コロナ禍の影響で成長した分野としては、ＤＩＹ塗料のネット販売が挙げられます。

巣ごもり需要にともなう可処分時間の増加を受け、大手・中堅各社でも３〜４月ころから急伸との声が聞かれています。木部・金属類など小物への塗装のほか、建築内装塗料の普及に向けて、今後の需要継続に期待が持たれています。

グローバルに目を転じると塗料業界は2010年代に大きな変貌を遂げました。シャーウィン・ウィリアムズ（Ｓ＆Ｗ）、ＰＰＧインダストリーズ、アクゾノーベルコーティングのトップ３が事業規模をさらに拡大し、日系大手も真のグローバルメーカーを目指してＭ＆Ａ（合併・買収）を活発化させました。2014年には旧日本ペイントがアジア各国の合弁各社を連結化してホールディング制に移行。「中国一本足打法」の改善を図り、先進国・発展途上国の双方でバランスの取れたＭ＆Ａ戦略を展開する。関西ペイントはアフリカ大陸などの新興市場を取り込

◎塗料の輸出入実績

（単位：トン、100万円）

	2017年	2018年	2019年
輸 出 量	141,798	139,213	133,835
輸出金額	207,769	218,148	209,883
輸 入 量	69,234	64,952	66,112
輸入金額	30,409	32,701	33,499

〔注〕 塗料製品のほかワニスなど原材料も含む。
　　　 輸出金額はFOB、輸入金額はCIF。
資料：日本塗料工業会

◎塗料の品種別生産・販売実績および平均単価（2019年）

（単位：トン、円／kg）

品　　　　目		生産量	出荷量	平均単価
ラッカー		16,611	8,599	600
電気絶縁塗料		20,962	20,921	777
アルキド樹脂系	ワニス・エナメル	17,506	17,895	500
	調合ペイント	14,852	14,340	443
	さび止めペイント	38,492	35,204	247
アミノアルキド樹脂系		61,288	55,429	591
アクリル樹脂系	常温乾燥型	51,931	48,576	600
	焼付乾燥型	38,199	34,900	856
エポキシ樹脂系		124,509	131,396	386
ウレタン樹脂系		123,030	134,417	757
不飽和ポリエステル樹脂系		7,714	6,346	790
船底塗料		13,845	16,468	610
その他の溶剤系		76,222	72,756	735
溶剤系計		567,588	567,727	593
エマルジョンペイント		244,031	238,014	298
厚膜型エマルジョン		24,008	32,682	156
水性樹脂系塗料		168,631	162,426	422
水系計		436,670	433,122	334
粉体塗料		39,882	47,957	699
トラフィックペイント		57,618	60,443	110
無溶剤計		97,500	108,400	371
合成樹脂塗料計		1,101,758	1,109,249	470
その他の塗料		73,180	107,998	528
シンナー		433,563	465,323	177
合　　　計		1,646,074	1,712,090	399

資料：日本塗料工業会

んで事業規模を拡大したのち、現在は事業再編のフェーズに入っています。

国内市場の成熟化にともない、塗料市場の拡大する新興国を狙うのが日系大手に共通する戦略です。年間4〜5社を継続的に買収するトップ3とはペースが異なりますが、M&Aを通じて2番手グループから脱する動きが加速していく予想です。

労働安全衛生法の改正（2016年6月1日施行）にともない化学物質のリスクアセスメントが義務化されたことなどから、塗料・塗装業界では、引き続き安全や環境問題に対する取り組みを最大の課題としています。

VOC（揮発性有機化合物）排出量の低減は1997年頃から進められています。一般に塗料という言葉からシンナー臭を連想する人が多く見受けられますが、塗料＝シンナーという図式は過去のものになりつつあります。シンナーには塗料中の樹脂や油類を溶解・分散させつつ、短時間で揮発するという重要な機能がありますが、シンナーに代表される有機溶剤は揮発時にVOCを多く発生することから、環境や人体への悪影響が指摘されてきました。この流れを受け、各社は水系樹脂の採用などにより、有機溶剤ではなく水道水で希釈できる水系塗料の開発を推進しました。VOC排出量は10年前に比べ

●平成時代を振り返る〜塗料業界〜

高度成長期からアジア進出を続けてきた日系塗料大手は、平成の30年間で「グローバル展開」へと大きく舵を切ったといえます。日本ペイントホールディングスと関西ペイントを中心にその軌跡をみてみましょう。

両社の海外進出は1960年代のシンガポールを起点とします。日本ペイントは1962年にウットラムグループと合弁を設立し、パートナーシップを築きました。関西ペイントは1963年にユナイテッドペイントに資本参加しています。ともに独立前夜の同地における建設ラッシュに商機を見出し、建築塗料での商圏獲得を狙ったものです。

ASEAN域内での各種産業の勃興にともない、その後は家電向け塗料などの供給に乗り出しました。1970年代以降はタイに進出した完成車メーカー向けの塗料供給が安定基盤となるなど、「需要家に付随した進出」が海外展開の基調となりました。

1980年代終盤、国内の塗料生産量は200万トンを突破し、日本ペイントの売上高は1,353億円、関西ペイントは1,436億円に達しました。しかしバブル崩壊後の国内市場縮小を受けて、塗料は輸出から現地生産の時代に突入していきます。とりわけ平成初期は北米・中国など新市場の開拓が主で、参入障壁の高い自動車用塗料では外資などとの合弁を基本として拠点を設立

したほか、工業用塗料分野でも新規参入が相次ぎました。

一方で、縮小する国内市場や原材料市況に左右されやすい体質への対策も進められました。1990年代半ば以降の景気後退の影響で塗料単価は低迷し、コスト低減が強く意識されるようになりました。品質管理活動が活発化し、膨大な品目数にのぼる添加剤などを中心として購買見直しが進められたほか、販管費削減の施策として両社とも2000年代前半には国内の地域販社を統合しています。収益率の改善が実りつつあったなかでリーマンショック（2008年）に直面することとなり、以後はさらなる事業改革が進められました。

攻めの戦略として進められてきたグローバル化の方針は2010年代に次のステージへと移り、大型M&Aを多用して自律的に市場獲得を目指す姿勢が鮮明となりました。支配権が確定していない新興国を狙った「ドミナント戦略」の時代に入ったといえます。

平成の30年間、両社は経済のグローバル化を追い風に売上規模を3〜4.5倍程度に拡大してきました。今後の戦略は、インドネシアなど億単位の人口を持つ成長圏で先行者利益を高めること、先進国などで既存のドミナントを「買う」ことと考えられます。引き続き両社のグローバル戦略からは目が離せません。

て30％以上減少しており、出荷量の減少率をしのいでいます。建築用に限れば、すでに大半が水系に移行しています。

　鉛含有塗料についても、業界は自主的に使用量削減を進めてきました。2015年4月には「鉛含有塗料に関するお知らせとお願い」と題した資料を発行し、鉛含有塗料をめぐる状況や日塗工の取り組みを紹介するとともに、廃絶に向けての協力と理解を求めました。こうした取り組みもあって、日塗工では2020年3月をもって正会員企業において鉛含有塗料の生産および販売が全て終了したことを報告するとともに、会員企業が生産・販売する塗料*には鉛が含有されていないことを宣言しました。

4.6　印刷インキ

　印刷は文明度や経済状態を反映するといわれています。文化水準が高ければ印刷物は多く、インキ需要も伸びるほか、経済活動が活発なときには印刷物が増えます。文字、写真、絵画など各種の原稿にしたがって作製した版の上へ印刷機のロールによってインキをつけ、紙・その他の印刷素材の上へ印圧によってインキを転移させ、原稿の画線を再現するのが印刷という作業であり、インキはこれらの諸要素を結びつけて印刷面を形成する重要な役割を担っています。

　印刷インキには用途、印刷方法によって様々なタイプがあります。代表的なものは、平版インキ（オフセットインキ。ポスター、雑誌、カタログ）、樹脂凸版インキ（フレキソインキ。紙袋、包装紙、段ボール）、グラビアインキ（化粧合板、携帯電話、菓子袋）、スクリーンインキ（自動車パネル、看板、CD・DVD）、特殊機能インキ（液晶テレビ、プラズマテレビ、電子基盤）、新聞インキ（新聞印刷）などで、出版印刷、商業印刷、包装印刷、有価証券印刷、事務印刷、特殊印刷など多くの分野に対応する多種類のインキがあります。

　印刷インキの種類は印刷素材、版式、後加工の有無や要求特性によって異なり、それぞれに適した原材料を選択して製品設計を行います。高粘度のペースト状インキ（平版や凸版インキなど）と低粘度の液状インキ（グラビアインキなど）に大別されますが、基本的にはワニス製造、練肉・分散、調整の工程からなっています。高粘度のペースト状インキは、まず原料である合成樹脂（ロジン変性フェノールアルキド）、乾性油（亜麻仁油、桐油、大豆油）、高級アルコールなどの溶剤を加熱・溶解してワニスを作り、これに顔料を加えてよく混ぜた後、希釈ワニス、溶剤を加えてベースを生産、色・粘度調整を行い製品に仕上げます。低粘度の液状インキは樹脂と溶剤を攪拌・溶解してワニスを製造し、練肉・分散工程を経て、色・粘度調整、品質チェックを行います。

　インキ工業では、植物油インキのうち大豆油を原料とするものについて、環境にやさしいインキとして普及活動を展開し、新聞インキや平版インキのほとんどで大豆インキを使用するまでになっていますが、食用穀物の確保などの点から大豆油に限定せず、各種植物油に対象を広げ、植物油インキの拡大を推進しようとしています。

　印刷インキを構成する主成分は、"色料""ビヒクル""補助剤"です。色料は、インキに色を

与えるのが主な役目でありますが、同時にインキの流動性や硬さ、乾燥性、光沢、その他の性状にも密接な関連を持っています。色料は顔料と染料に分けられますが、インキに染料が使われるのはごく特別な場合で、大部分のインキには顔料が用いられます。ビヒクル（Vehicle）は英語で荷車のことで、顔料粒子を印刷機の肉つぼから版を通って紙まで運ぶ役目を担います。また、紙へ移された後は乾燥固化して顔料粒子を紙面に固着させるという重要な役割もあります。補助剤は、これらインキの流動性や乾燥性などを調整するために少量添加されるもので、いろいろな種類があり、インキメーカーがインキ製造時に入れておく場合と、印刷担当者が印刷時に様々な条件の変化に対応するために加える場合とがあります。最近はそのまま使用できる「プレスレディ」タイプのインキが増えており、印刷担当者による調整作業は大幅に減少してきています。

経済産業省「化学工業統計」によると2019年の印刷インキ生産量は31万7,573トン（前年比4.8％減）、出荷量は35万7,021トン（同4.8％減）、出荷金額は2,766億円（同3.4％減）と、いずれも落ち込みました。2020年に入ってからも減少傾向が続いています。新型コロナウイルス感染の終息が未だ見えず、世界経済の停滞が続くなか、インキメーカーの業績も苦戦が続いています。大手6社の2020年1～6月期決算、4～6月期決算は全社が減収でした。国内をはじめ、インキでは出版用の苦戦が目立ちます。近年、減少傾向だったところにイベントの中止、広告の減少などが加わり、大きく落ち込んでいます。各社は生産体制の見直しや効率化を加速させる方針です。一方、パッケージ用インキは巣ごもり需要が一部追い風となり堅調とのことです。

落ち込みが目立ったのは出版用インキです。デジタル化の進展やスマートフォンの普及などで近年減少傾向にありましたが、今年に入り東京オリンピック・パラリンピックをはじめとした各種イベントの中止、広告の減少、新聞発行部数の減少などが重なり、大きく落ち込みました。

富士経済は、2023年の機能性インキ世界市場を調査しました。世界的に環境調和型インキの需要が高まっているのを受けたもので、軟包装用インキは2019年比10.6％増の125万トン、ＵＶインキが同16.7％増の21万トンの予想です。軟包装用は新興国を中心に食品包装など生活日用品に使用されるほか、ＵＶインキは環境負荷低減を目的に溶剤インキからの切り替えが進み、市場が拡大するとみています。

◎印刷インキの需給実績

（単位：トン）

	2017年		2018年		2019年	
	生産量	出荷量	生産量	出荷量	生産量	出荷量
平版インキ	100,904	112,963	95,549	107,129	87,836	99,214
樹脂凸版インキ	21,921	23,119	21,673	22,882	21,260	22,210
金属印刷インキ	11,210	13,309	10,856	13,020	10,609	12,633
グラビアインキ	126,395	153,106	127,272	154,416	124,415	150,303
その他のインキ	41,769	42,193	41,548	41,133	41,437	41,740
一般インキ合計	302,199	344,690	296,898	338,580	285,557	326,100
新聞インキ	39,765	39,220	36,567	36,284	32,016	30,921
合　計	341,964	383,910	333,465	374,864	317,573	357,021

資料：経済産業省『生産動態統計　化学工業統計編』

　印刷インキの生産量は時代の流れや人々の生活に左右されます。平成の30年間には、バブル崩壊、リーマンショック、少子高齢化により進む人口減少など様々な出来事がありました。インキメーカーは激変の時代を生き抜くために、海外進出を加速させたほか、インキ製造で培った技術を応用した新製品の開発を進めました。

　まずは国内市場の推移を振り返ってみましょう。経済産業省の生産動態統計によると、印刷インキ合計の出荷量は1950年の統計開始以降、二度のオイルショックの影響でマイナスとなった1974〜1975年、1980年を除いて増加し、1989年には38万5,539トンに達しました。その後も増加傾向が続き2006年には50万1,274トンで過去最高を記録しましたが、その後はリーマンショックの影響を受けた2009年に前年比11％減となるなど一転して減少傾向です。この背景には新聞、雑誌など紙の印刷物の生産減が大きく影響しています。日本新聞協会による会員社計の朝刊発行部数は2008年をピークに10年連続で減少しており、雑誌も部数減が続

き、休刊・廃刊が相次いでいます。情報はウェブ上の無料ニュースから得れば十分と考える若年層が多いのが現状で、様々な場面でペーパーレス化が進んでいます。

　インキメーカーの海外進出は1980年代後半から本格化しました。主に中国、東南アジア、欧米へ、インキをはじめとした製造販売拠点を増やしていき、近年は新たな市場を求め、新興国への本格進出が加速しています。

　また、これまで培ってきた技術を応用し、各インキメーカーは市場動向や将来予測などを検討しながら、高利益率製品の開発に着手してきました。平成に入り環境問題への関心が高まり環境規制の法整備が進むと、各社は環境に配慮した製品開発にも取り組みました。環境への配慮をアピールするため、印刷インキ工業連合会は2008年に植物油インキマーク、2015年にインキグリーンマークを制定しています。今後は海外でも環境規制強化が予想され、環境配慮型製品のノウハウは日本メーカーの強みとなるはずです。独自の技術を生かし、時代の要求に合った製品を提供し続けるインキメーカーの存在は、今後も欠かせません。

4.7　接　着　剤

　接着剤は建築、自動車、電機、医療分野などの工業用から一般家庭用まで幅広い場面で使われており、多くの種類があります。接着剤の性能は主成分（主に高分子化合物）の持つ性質によって異なり、その性質を効果的に発揮させるための様々な添加物が加えられています。接着剤を使用する際には、その性質をよく把握したうえで、被接着物質の種類や用途に合うものを選ぶ必要があります。

　接着の仕組みには様々な説があり、化学的接着（化学反応が起きる）、機械的接着（微細な凹凸にひっかかる）、物理的接着（分子間力が働く）

などが考えられています。接着のメカニズムは完全には解明されていませんが、接着剤が液体として細かい隙間にも流れ込み被着材表面をよく濡らし、固まった後、強靭な接着剤の層を形成することが重要とされています。

　接着剤と同じ「物にくっつくもの」として、粘着テープがあります。粘着テープは基材フィルムの片面に粘着剤、裏面にはく離剤を塗布したテープで、ほとんどすべての物質によく接着するため作業能率がよく、包装用、その他に広く使われています。粘着剤は塗布したのち溶剤が揮散しても固化せず粘着力を失いません。し

◎接着剤形別生産量

（単位：トン）

	2017年	2018年	2019年
縮　合　形※	256,658	252,868	245,258
溶　剤　形	36,454	37,161	37,543
水　性　形	245,651	246,963	236,920
ホットメルト形	110,540	116,520	112,513
反　応　形	100,732	103,673	101,888
感　圧　形	142,403	147,648	137,909
天然形・水溶性形	50,588	30,889	38,153
そ　の　他	28,073	27,396	24,804
合　　計	971,099	963,116	934,988

〔注〕※ユリア、メラミン、フェノールの各樹脂系
　　　接着剤
資料：日本接着剤工業会

たがって、必要なときに被着物に圧着すれば貼り合わすことができますが、接着剤ほど接着力は強くありません。

日本接着剤工業会によると、接着剤の2019年国内生産量は、前年比3％減の93万4,988トンとなりました。

国内接着剤市場は、ピーク時には130万トン台でしたが、2008年9月のリーマンショック直後に80万トン台を割り込み、100万トン台回復にはいたっていません。メラミン樹脂系、ユリア樹脂系およびフェノール樹脂系のホルムアルデヒド形接着剤を用いる合板・木工産業の海外シフトが大幅減少の要因ですが、自動車やエレクトロニクス産業を中心に回復してきているようです。

今期は新型コロナウイルス感染拡大の影響による消費の減少もあり、さまざまな分野向けの生産・出荷が落ち込んでいますが、通販やeコマース向け包装資材用の需要が伸びるなどの光明もありました。今後の消費回復はコロナ禍の状況に大きく影響されそうです。

建築向けでは東京オリンピック・パラリンピック向け需要が終わり、コロナ禍で主に外国人宿泊客を想定した宿泊施設向け需要も停滞しています。人口減、少子高齢化の進行などで今後、新築件数の頭打ちが見込まれますが、都心部のマンションや中古物件への居住が増えリフォームやリノベーションなど内装需要の増加が見込まれることもあって、大きな減少にはならないとみられます。

現場では人手不足で熟練工の減少が深刻化しており、経験の少ない職人でも使いやすい接着剤が求められています。また省人化の動きも始まっています。人件費の高騰で工期の短縮も求められていますので、短期間で効率よく作業できる接着剤の需要が高まっています。一部メーカーが現場に合わせて自社接着剤を最適に使える工具の開発を進めるなど、現場に適した接着剤などのセット提供が今後広がる可能性があります。

工業用では自動車、電子機器、スマートフォン、第5世代通信（5G）などの分野を見据えて製品開発が進んでいます。自動車では樹脂と金属の異種接合など、電子機器や5Gでは放熱など、ほかの機能と組み合わせた高付加価値製品が必要とされています。木材への使用も広がりそうです。木質材用接着剤の消費も伸長が期待されています。

海外では、欧州で接着剤の管理に関するISO（国際標準規格）21368の新しい案が提示されています。現状は日本接着剤工業会が会員の活動に影響が出ないように意見を取りまとめ、対応を進めているところです。さらに中国では12月から厳しいVOC（揮発性有機化合物）に関する規制（国家基準）が施行される予定となっており、同会が対応を進めています。一大生産・消費国での動きだけに、今後が注目されます。

●平成時代を振り返る〜接着剤業界〜

平成の30年間を振り返ると、接着剤は時代の動きに合わせて製品開発が行われ、建築や自動車などへと新たな用途が広がっていきました。他業界に比べ海外展開が進んでいませんでしたが、2000年代に入り少しずつ拠点が増加していきました。

日本接着剤工業会がまとめた国内の接着剤生産量によると、2019年は93万4,988トンと、ピークだった1990年（132万4,094トン）の約71%にすぎません。減少傾向が続く背景には、バブル崩壊やリーマンショック、少子高齢化、人口減少等の影響に加え、使用量の多い建築用途における環境規制が強まっていく時期だったことも関係があると考えられます。2000年に話題になったシックハウス症候群の問題をきっかけにVOC（揮発性有機化合物）が規制対象になり、建築現場で火災の原因になっていたことから、溶剤を使わない接着剤への移行も進みました。

2000年にはヒトの健康や生態系に有害な恐れがある化学物質について、環境中への排出量などを把握し登録するPRTR法（化管法）が施行され、2004年には1%を超える重量のアスベストを含む接着剤の製造、輸入、譲渡、提供、使用が禁止されています。

各種電子材料、電気自動車、携帯電話・スマートフォンなど、平成には様々なモノが登場し急速に普及しました。各社は、耐熱性、絶縁性、難燃性などの機能を用途に応じて組み合わせた高付加価値製品の開発に取り組み、広がり続けるニーズに対応してきました。今後も、自動車における樹脂と金属の異種接合、電子機器や第5世代通信（5G）における各接合部での最適な接着能力の発揮、放熱・耐熱機能など、様々なニーズが待ち受けている一方で、同時に環境への配慮も求められます。今後も接着剤メーカーの挑戦は続きます。

4.8 電子材料

【電　　池】

電池の種類は大きく分けて2つ、充電できない使いきりの一次電池と、充電すれば繰り返し使える二次電池があります。度重なる自然災害への備えとして、乾電池の備蓄が改めて見直されているほか、電気自動車（EV）向けや、出力が不安定な再生可能エネルギーの導入拡大にともなう電力需給調整対策として蓄電池が大きく期待されています。電池はエネルギーインフラにもなりうるものであり、その進化は今後の社会全体の発展を左右するともいえます。

世の中に様々な電池が存在するなか近年最も注目を集めるのがリチウムイオン二次電池（LiB）です。民生用途を中心に拡大した同電池ですが、電気自動車用としても搭載が進んでいます。航続距離の向上が課題として挙げられていますが、この解決に向け化学メーカーの技術力は欠かせません。部材メーカー各社は、安全性を絶対条件に、LiBの容量増加に寄与する研究開発を加速しています。

電池工業会によると、2019年の電池総生産は、総数で38億8,000万個（前年比6.7%減）、販売総額で8,251億円（同2.1%減）でした。LiBは販売総額の49%を占めており、二次電池全体では92%を占めます。

LiBは図に示すように、リチウムを含む酸化物（正極：＋）とカーボン（負極：－）の間に電解質が満たされており、中央部がセパレーター（高

122　第2部　分野別化学産業

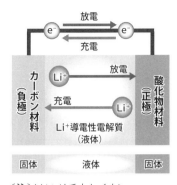

放電
充電

カーボン材料（負極） ／ 酸化物材料（正極）

Li⁺ 放電

充電 Li⁺

Li⁺導電性電解質（液体）

固体 ／ 液体 ／ 固体

〔注〕Li⁺：リチウムイオン
資料：新エネルギー・産業技術総合
開発機構（NEDO）
◎リチウムイオン二次電池の仕組み

分子微孔膜）によって仕切られた構造となっています。正極と負極の間を電解質を介してリチウムイオンが移動することによって充電・放電が行われます。主要部材は、①正極材、②負極材、③電解質、④セパレーターの４つです。４つの部材は、いずれも日本メーカーが高い技術を持っており、優位なポジションを占めていますが、コスト競争力に優れた韓国・中国メーカーが猛追しています。

LiBは正極材と負極材の組合せにより、高容量タイプ・高出力タイプのどちらの電池も作ることができます。航続距離の延長が命題のEV向けには高容量タイプが求められており、電池メーカーおよび材料メーカーが最も開発に注力している分野です。正極材にはニッケル・コバルト・マンガンの三元系が主に使われ、当初のNCM111（ニッケル1：コバルト1：マンガン1）から、現在はNMC522が主流となっており、今後もハイニッケル化が進む見通しです。負極材についても従来のカーボン材料のほか、理論値容量が10倍のシリコンや、金属リチウムを複合化した負極材開発が進んでいます。

高出力タイプは、急激な充放電に対応する用途に使われます。例えば車載の始動用バッテリーは、現在の鉛電池からLiBへの置き換えが進むと予想されています。車載用に次ぐ用途としては電力貯蔵向けが挙げられます。政府は再生可能エネルギーの主電源化を推進しており、出力が不安定な太陽光発電などの導入をさらに拡大するためには、その出力変動を蓄電池による充放電で調整しなければなりません。

富士経済の調べによると、LiB用材料の世界市場は2019年に主要4部材を併せ2兆6,515億円となる見通しです。2018年比で2％の成長にとどまります。LiB需要が増加したものの、正極活物質の原料の一つであるコバルト価格が下落し正極活性物質の実績が二ケタ近く縮小したことによるものです。それでも数量ベースではすべての品目が伸びていますので、今後はLiB需要の増加や車載用をはじめ高出力で高価格な材料の採用が増加するとして、2023年には5兆7,781億円と2.2倍を予測しています。

車載電池は人命に関わるだけに、燃えにくいという安全性が第一に優先されます。併せてエネルギー密度、充放電特性、10年以上の長期耐久性が求められます。いずれも有機系電解液を使う既存のLiBでは実現が難しく、ポストLiBとして全固体電池に注目が集まっています。LiBでは可燃性の電解液を用いますが、全固体電池は電解質に固体を使用するため、高電圧化しエネルギー密度を高めても安全性が担保でき、発火リスクのない次世代電池として知られています。充放電の繰り返しで正極の活物質が溶け出したり、電解液が分解してガスを発生するなど電池性能が低下する要因が少なく、液体の電解液に比べてパッケージも簡素化できます。電解質は硫化物系、酸化物系に分かれますが、それぞれ一長一短があり、各企業、大学などで研究開発が進められているところです。

オールジャパンで全固体LiBの早期実用化を目指す取り組みもあります。NEDOは2018年6月に第2期の研究開発プロジェクトをスタートしています。自動車・蓄電池・材料メーカー23社および大学・公的研究機関15法人が参画するもので、2022年には800W時／Lの高容量化セル技術を実現させる考えです。

電気を生成する創電デバイスとして注目されているのは太陽電池です。太陽電池には多くの住宅用途で使われているシリコン型（単結晶と多結晶がある）や薄膜シリコン型（アモルファスシリコン型）、化合物系、色素増感型などの種類があります。限られた面積で高い発電効率が求められる住宅向けでは、シリコン型が利用されています。

再生可能エネルギーの固定価格買い取り制度（FIT，2012年7月施行）を追い風に、日本国内の太陽電池需要は急成長を遂げました。太陽光発電協会（JPEA）によると、日本における2014年度の太陽電池モジュールの出荷量は、9.87GWと過去最高を記録しましたが、FITが定めた3年間のプレミアム期間が終了したこともあり減少しました。その後、2017年度を底に反転し2019年度は前年比9％増の6.4GWと増加しました。世界的にみれば「太陽光発電産業は空前の繁忙期」（某メーカー）にあたります。ドイツや日本などのPV先進国以外は、ほとんどの国・地域が未開の地といえる状況です。陸上設置を中心としたメガソーラーの建設は世界中で進んでおり、今後もガリバーメーカーによるPV供給が続くものと見込まれます。

PVの活躍の場はメガソーラーだけではありません。現在、社会生活や産業インフラにおけるIoT化が急速に進展していますが、機器やシステムを稼働させる電源確保が課題となっており、PV先進国にも、十分すぎるほど新たな開拓領域が残されているといえます。

【有機EL】

有機EL（エレクトロ・ルミネッセンス）とは、電圧をかけると自ら発光する性質を持つ有機材料です。電圧をかけて注入された電子（－）と正孔（＋）が、有機材料で形成された発光層で結合することによって発光する仕組みです。この仕組みを用いたデバイスも含めて有機ELと呼ばれています。液晶テレビに使われる液晶の場合、それ自体は発光しないため光源としてバックライトが必要ですが、自発光材料である有機ELには光源が不要です。しかも有機ELは液晶に比べて素子の動作が高速で、コントラストも優れるとあって、理想的な薄型テレビが実現すると期待が高まっています。また、薄型・軽量、デザイン性の高さ、フレキシブル性（プラスチック基板。曲げることができる）など、液晶にはない特性もあります。

有機ELの構造はLED（発光ダイオード）と同様のため、海外では一般にOLED（オーガニック・ライトエミッティング・ダイオード）と呼ばれます。要の発光材料には低分子系と高分子系があり、現在実用化されているのは光の三原色（赤・緑・青）の各有機材料を加熱して気化させ、微細なスリットの入った板（シャドウマスク）を通し、ガラスや樹脂の基板に積層する低分子法（蒸着法）です。比較的単純な工程で材料の純度を上げやすく寿命を延ばせますが、熱膨張の影響を受けることなどから、精緻な積層が

◎有機ELの主な概要

発　光　材　料	主　な　用　途	特　長 （ディスプレイの場合）
・高分子材料 　（ポリマー状の分子を用いたもの） ・低分子材料 　（それ以外の分子を用いたもの）	・携帯電話 ・薄型テレビ ・パソコンなどのディスプレイ ・照明（家庭用、事務用、フレキシブルなど） ・誘導灯 ・スピーカー　ほか	・コントラストが鮮明 ・消費電力が低い ・薄型軽量（バックライト不要） ・高速応答 ・広い視野角

困難でコスト高につながっています。

　ぎらぎらした感じのあるLEDと違い、有機ELはパネル全体が均一に発光するため、柔らかな感じがあり、その特性を照明に活かす動きも国内外で活発化しています。デザイン性に優れ自然な色合いを表現できる有機EL照明は、ショールームや飲食店だけではなく、医療関係者にも注目されています。今後、有機EL照明の普及にとって課題になるのはLED照明よりも高価格なことです。製造過程に工夫を凝らしつつ、有機EL照明の持つ特性を追求していくことが重要です。

　有機EL市場の拡大を牽引するのはスマートフォン（スマホ）です。もはや全世界的な生活必需品となっており、開発途上国の農村にも浸透しています。また2〜3年で買い換える必要があるため、継続的な需要が見込めます。2017年秋にはアップル社の「iPhoneX」が有機ELを初搭載し、次世代ディスプレイの筆頭が有機ELであることを全世界に印象付けました。有機ELディスプレイは韓国勢が先行しており、中小型フレキシブル有機ELではサムスンディスプレイが世界シェアの9割以上を占める状態が続いていましたが、2019年に入って8割に縮小するなど勢力図に変化がみられます。ホワイト有機ELパネルで大型市場を独占するLGディスプレイが存在感を強めており、アップル社の「iPhone 11 Pro / Pro Max」向けの供給が大きく牽引しています。今後、中小型市場におけるサムスンのシェアは徐々に落ち込んでいくとの見方も浮上しています。

　有機EL市場は拡大を続けていますが、スマホ以外の用途では厳しい状況にあります。特にテレビ向けの大型はLGディスプレイが手掛けるのみとなっています。液晶を上回る表示性能を有しながらも、高価格が普及の足かせとなっています。既存の蒸着プロセスから、材料の使用効率が格段に上がる塗布・印刷プロセスに移行すれば、有機ELテレビが一気に普及すると

いわれています。化学各社では、塗布プロセスに対応する発光材料の開発に力を入れており、塗布型有機ELパネル市場は間もなく本格化する見込みです。

【液晶ディスプレイ】

　液晶とは液体と固体（結晶）の中間の状態のことで、液体と固体の両方の性質を兼ね備えています。液体のように流動性を示す一方で、結晶のように構造上の規則性があり、電磁力や圧力、温度に敏感に反応することからディスプレイなどに利用されます。

　一般的な液晶ディスプレイは、偏光フィルター、ガラス基板、透明電極、配向膜、液晶、カラーフィルター、バックライトが、サンドイッチのように層状に重なった構造をしています。バックライトから出た光は、まず偏光フィルター（特定の種類の光しか通さない）を通り、次に液晶に向かいます。液晶に電圧をかけると分子の配列が変わり、光を通したり通さなかったり、ちょうど窓のブラインドのような役目を果たします。液晶を通った光はカラーフィルターを通って色の付いた光となり、第2の偏光フィルターを通過して私たちの目に届きます。以上が液晶ディスプレイの仕組みです。

　中期的なトレンドとしては、中小型に限らずFPD（フラットパネルディスプレイ）市場全体における液晶のシェアは年々減少していくとされていますが、液晶がすぐに有機ELに代替されることはありません。英IHS Markitは、2025年の勢力図を液晶66％：有機EL33％と予測しています。多くの用途において生産技術が確立し、さらなる進化も見込める液晶が引き続き優位性を発揮するとみられます。有機ELディスプレイ市場の拡大を受け、液晶ディスプレイ市場の縮小が見込まれていますが、有機EL同様にワイド・フルスクリーンを実現できる低温ポリシリコン（LTPS）液晶は堅調に推移

する見通しです。

　シャープのIGZO（インジウム・ガリウム・亜鉛からなる酸化物半導体）液晶ディスプレイやジャパンディスプレイのLTPSなどバックプレーンの進化によって、人間の目の限界とされる画素800ppiを見据えた開発が行われています。LTPSはディスプレイの大きさに合わせて高精度なトランジスタを形成でき、IGZOは高速応答性、表示性能向上、低消費電力といった強みを持ちます。バックプレーンは液晶だけでなく有機ELにも必要であり、LTPSとIGZOの存在感は今後、重みを増していくとみられます。液晶と有機ELが併存し、競合するなかでより進化した次世代ディスプレイが生まれることになるでしょう。

【半 導 体】

　半導体はアルミニウムや銅線からなる膨大な電気回路を集積したもので、ウエハーと呼ばれる基板材料には、主にシリコンでできたシリコンウエハーが使用されます。半導体はより小さなサイズで高性能を発揮できるように配線幅が年々狭くなっていますが、これを支えるのがフォトレジスト（感光性樹脂）を用いるリソグラフィ（回路転写）技術です。表面を酸化させたシリコンウエハー上にフォトレジストを薄く塗布した後、回路原板（フォトマスク）越しに露光機（スキャナー）から光を照射すれば、光が当たったフォトレジスト部分だけが現像後に残るか（ネガ型）、または熔解します（ポジ型）。光が当たらず反応しなかった部分は現像液で除去し、次に腐食液やガスを使ってシリコンウエハーの酸化した表面を除去します（エッチング）。こうしてできた凹部に不純物（ホウ素やリンなど）を注入することで半導体領域が形成されます。そして銅やアルミニウムの薄膜を作り電気回路にします。その後、ウエハーをチップの大きさに切断し、配線を取り付け、最後に半導体チップ

を汚れや衝撃から保護するため、樹脂などでできた封止材で固めます。日本の最大の強みは原材料から製品までのサプライチェーンが国内で完結することで、技術課題が高くなるほどシェアを拡大してきた実績があります。

　需要を牽引しているのはスマホですが、加えて自動車や大型サーバーも大きく貢献しています。スマホの成長期が終わった後のカギを握るのがIoTといえます。あらゆる種類の半導体を量産可能な日本には、大きく躍進する潜在力があります。

　世界半導体市場統計（WSTS）によると、2019年の半導体産業の世界全体の売り上げは、4,120億ドル（前年比12％減）と落ち込みました。進行中の世界的な貿易紛争や製品価格の周期性などのさまざまな要因が重なったようです。一方、2020年の世界半導体市場は、メモリ市況の回復によって前年比3.3％増となるそうです。さらに、2021年も同6.2％増となると予測しています。新型コロナウイルス感染症（COVID-19）によって先行きが不透明な状況であるものの、2年連続のプラス成長を見込む結果となっています。

　半導体製造用部材における最大のテーマは、次世代プロセスへの対応です。業界を先導する米インテル、韓国サムスン電子、台湾TSMCの各社は回路線幅5nmを実現するためにEUV（極紫外線）リソグラフィ導入を急いでおり、関連するEUVレジストや洗浄剤といった高純度薬剤市場も急速に立ち上がっています。一方でEUV露光機の光源出力向上が難航しており、そのしわ寄せがレジストやエッチャントにきているため、電材各社は一段の高機能化を迫られている状況です。

　半導体用薬剤で市場が大きいのはレジスト回りです。現像液やレジスト剥離剤、洗浄剤のような汎用薬剤でも、測定限界を超える高い純度が求められるようになってきています。半導体メーカーも新プロセスにおいて歩留まり低下の

　半導体は、平成の30年間で最も極限まで突き進んだ分野といえます。インテル創業者の一人、ゴードン・ムーアが提唱した「18カ月で集積率が2倍になる」というムーアの法則に沿った進化が続き、最小パターン幅が1μmから7nmに、1000分の7に縮小しました。原子数個の誤差しか許されず、物理的限界に近づいているともいわれています。デバイスの主要プレーヤーは日本からアジア諸国に広がりましたが、装置、先端材料などの周辺産業では高いシェアを保っています。

　1989年は、日米半導体協定もあり、メモリーなどで市場を独占していた日本半導体産業の衰退が始まる年といえます。現在、最先端ロジックの製造は米インテル、台湾TSMC、韓国サムスンの三社に絞られ、日本メーカーはマイコンやパワー半導体などにシフトしています。すべてを自社で担う垂直統合体制から、前工程と後工程が分離する水平分業への移行など、業界構造も変わってきています。

　半導体の進化は材料の進化であるともいえます。シリコンウエハーは平成初期に直径200mm品が実用化され、現在は300mmまで伸長しています。パターン転写用のフォトレジストや光源では、EUV（極紫外線）を用いるものが実用化され、他の薬剤も純度が1,000倍以上に向上するなど、先端半導体の安定製造に向けた取り組みが今なお続いています。

原因をつかめない場合が多いだけに、サプライヤーへの品質要求は厳しくならざるを得ないところがあります。

　半導体メーカーはプロセス微細化と省材料対策を進めており、封止材市場がかつてのような高成長を実現するのは難しい状況です。デスクトップPCおよびノートPCの販売不振が長引き、EMC（エポキシモールディングコンパウンド）業界にとって逆風となっているなかで急成長しているMUF（モールドアンダーフィル）は、フリップチップとプリント配線板のわずかな隙間をエポキシのモールド樹脂で埋める新技術です。従来は高価な液状封止剤が使われていましたが、これを代替できるだけではなくプロセスコストも削減、信頼性も向上と多くの利点があります。

　SEMI（国際半導体製造装置材料協会）によると、2019年の半導体用シリコンウエハー出荷面積が118億1000万平方インチ、過去最高を記録した2018年（127億3200万平方インチ）比で7%減となりました。販売額は111.5億ドル（2018年は113.8億ドル）と同2%減となりました。ただ、依然として110億ドル台を維持する結果となったことを発表しました。

　半導体関連業界ではイノベーションが次々に起こり続けています。スマホは一時代前のコンピューター並みの能力を持つようになり、自動車の自動運転も実現が近づいています。半導体業界はグローバルな再編のなかで厳しくなっているものの、日本のものづくり技術は世界のトップレベルを維持しています。イノベーションは米国を中心に生まれていますが、ものづくり基盤の優れる日本が工場の最適地であることは間違いありません。従業員の質と定着率、安定した電気や工業用水、行政の対応など、どれも世界最高水準といえます。

【5 G】

　5Gというのは、「移動通信規格の第5世代」のことです。ここで、移動通信システムの歴史を振り返ってみましょう。第1世代（1G）はアナログ無線技術を用いた通話機能のみのもので、もともとは自動車用電話として開発が進められました。バブル時代の象徴として1985年に登場した「ショルダーフォン」も第1世代です。1990年代に普及した第2世代（2G）はデジタル無線技術を用いたもので、メールが利用できる

ようになりました。2000年代に登場した第3世代（3G）では、ユーザーの要望に応え通信の高速化とともに、通信規格の世界標準化が図られました。2015年頃から広まった第4世代（4G／LTE）では、さらなる大容量・高速通信化が可能となりました。5Gは4Gの100倍の通信速度を持ちます。2時間の映画を3秒でダウンロード可能で、タイムラグを意識せずに遠隔地のロボットをリアルタイムで操作することも可能になると見込まれています。

これまでの経緯をみると5Gは《高速ネットワークの改良版》と思われがちですが、「インターネットが普及したとき以上の変革が起きる」（ソフトバンク）という予想もあり、単なる改良ではなく《新たな超高速ネットワークの出現》と捉えるのが正しいようです。今までにない高周波帯域（RF）を利用することで、「超高速」「大容量」「超低遅延」「超多接続」を実現し、社会に大きな変化をもたらすことになります。

5G社会を実現するためには、電子デバイスだけでなく電子材料にもイノベーションが不可欠で、基地局、中継局、アンテナ、端末とそれぞれに商機があり、様々な技術課題を解決すべく化学メーカーの取り組みが進行しています。

5G向けの高速伝送用フレキシブルプリント基板には、高速通信を阻害しない低誘電率、低誘電正接などの特徴が求められます。ベースフィルムは、電気特性に優れる液晶ポリマーフィルムが最有力候補と目され、各社がしのぎを削っています。同様に高いポテンシャルを持つのがフッ素樹脂で、フッ素樹脂メーカーも虎視眈々と市場を狙うほか、エンプラメーカーも参入を目指しており、市場は今後、要求性能に

合わせた棲み分けが進むとみられます。

情報通信の基幹を担う光ファイバーは、有線・無線通信に関わらず、バックボーンとなる設備や施設、大陸間をつなぐ重要な役割を果たしています。5Gでは全体通信量・無線通信量ともに増大するため、親局－子局、交換局間の大容量化や、データセンターなど大量データ処理にともなうバックホール回線の強化、施設内接続の増強などが求められています。日本電線工業会によると、光ファイバーの2019年度の国内需要は642万キロメートルコア（kmc、前年度比1.7％増）で、20年度は新型コロナウイルスの影響から601万kmc（同6.3％減）と減少します。長期的には堅調に推移していくとみられていますので、日系メーカーは強みを持つ超多心品を筆頭に、高付加価値品に注力することで業容拡大を進めています。

光ファイバー業界の世界市場規模は約3000〜5000億円程度と推計されます。

基地局で電波を選り分けるフィルターやRFデバイスのパッケージは信頼性の高いセラミックス製が台頭する見込みです。チップセットなどの実装材料も低誘電率のものが主流になりそうです。

5Gの応用範囲は幅広く、スマートフォン向けの4.5ギガヘルツ以下よりもロボット制御や施設運営、自動運転などにより使いやすい広帯域の28ギガヘルツ帯サービスが「本番」といえます。周波数が高まるにつれ、求められる材料も変わります。期待が寄せられる高周波対応の実現が、ビジネス拡大のカギを握るといえそうです。

●5G

世界的に2019年は「5G元年」といわれており、次世代通信規格「5G」がいよいよ動き出したといえます。日本国内でも、2020年の本格運用を前に、各企業による実証実験等が行われています。

楽天モバイルネットワークは2018年に、宮城県仙台市のスタジアムで5Gネットワークを活用し、ドローンによる撮影映像を用いたユーザー認証を行い、スタジアム内の人物が特定できることを確認しました。2019年には、ソフトバンクが野外音楽フェスティバルでプレサービス用の5Gネットワークを構築し、VR体験ゾーンを設けました。ラグビーW杯2019日本大会の会場では、KDDIがドローン（小型無人機）と5Gを組み合わせたスタジアム警備を行ったほか、NTTドコモが全国の会場で5G端末を貸し出し、来場者にマルチアングル視点での試合観戦サービスを提供しました。

成長著しいドローン関連企業も、実用化に向けて各種の実証実験を実施しています。KDDIと東京大学、広島県福山市は、2018年にドローンの空撮によるリアルタイム映像配信への応用を想定した実験として、上空からの監視を想定し、4K映像と物体の認識結果をドローンから同時に伝送しました。同技術の確立は、スマートシティ実現に向けた施策の1つとして期待が寄せられています。

5Gの活用は、ロボット関連機器の遠隔操作も可能にします。NTTドコモとトヨタ自動車は、トヨタが開発したヒューマノイドロボットを用いた実証実験で、約10 kmを想定した遠隔制御に成功しています。また、NECとKDDI、大林組は、2台の建設機械を遠隔操作により連携させる作業を実施し、1人のオペレーターで2台の建機を同時に操作できることを確認しています。

これらの実証は、いずれも「超高速」「超低遅延」「多数同時接続」といった5Gにより得られた成果といえます。今後も5Gの実用化を見据え、新たな製品やソリューションが続々と誕生することになりそうです。将来的には災害時における救助活動やインフラの復旧活動、遠隔操作による外科手術などの実現につながる技術として、幅広い業界から注目を集めています。

第**3**部

主な化学
企業・団体

日本の化学関連企業ランキング（2019年度 連結決算）

＊132〜142ページのランキングは、売上高が200億円以上の関連企業を対象に作成したものです。

◎売上高

企業が営業活動によって稼いだ売上げの総額を表しています。売上高からは、その企業の事業規模を測ることができます。

・売上高トップ100 　　　　　　　　　　　　　　　　　（単位：100万円、△はマイナス）

順位	社名	売上高	営業利益	経常利益	純利益	売上高営業利益率（%）	売上高経常利益率（%）	海外売上高構成比率（%）	ROE（%）	ROA（%）
1	三菱ケミカルＨＤ*1	3,580,510	144,285	122,003	54,077	4.0	3.4	42.9	4.2	1.0
2	武田薬品工業*1	3,291,188	100,408	△60,754	44,241	3.1	－	76.8	0.9	0.3
3	ダイキン工業	2,550,305	265,513	269,025	170,731	10.4	10.5	76.6	12.0	6.4
4	富士フイルムＨＤ*2	2,315,141	186,570	173,071	124,987	8.1	7.5	56.6	6.3	3.7
5	住友化学*2	2,225,804	137,517	130,480	30,926	6.2	5.9	65.6	3.2	0.9
6	東レ	2,214,633	131,186	103,355	55,725	5.9	4.7	56.6	5.0	2.1
7	旭化成	2,151,646	177,264	184,008	103,931	8.2	8.6	40.0	7.6	3.9
8	信越化学工業	1,543,525	406,041	418,242	314,027	26.3	27.1	73.0	12.3	10.0
9	ＡＧＣ	1,518,039	76,002	76,213	44,434	5.0	5.0	65.9	3.9	1.9
10	花王*1	1,502,241	211,723	210,645	148,213	14.1	14.0	36.9	17.6	9.5
11	大塚ＨＤ*1	1,396,240	176,585	173,515	127,151	12.6	12.4	50.6	7.3	5.0
12	三井化学	1,338,987	71,636	65,517	37,944	5.4	4.9	45.4	7.0	2.6
13	アステラス製薬*1	1,300,843	243,991	245,350	195,411	18.8	18.9	73.4	15.3	9.2
14	資生堂	1,131,547	113,831	108,739	73,562	10.1	9.6	56.1	15.6	6.6
15	積水化学工業	1,129,254	87,768	86,996	58,931	7.8	7.7	24.3	9.7	5.5
16	味の素*1	1,100,039	48,773	48,795	18,837	4.4	4.4	55.9	3.3	1.4
17	第一三共*1	981,793	138,800	141,164	129,074	14.1	14.4	38.2	10.1	6.2
18	ダイワボウＨＤ	944,053	32,841	33,195	21,178	3.5	3.5	－	22.3	6.4
19	昭和電工	906,454	120,798	119,293	73,088	13.3	13.2	43.9	15.5	6.8
20	帝人	853,746	56,205	54,337	25,252	6.6	6.4	44.1	6.3	2.5
21	日本酸素ホールディングス*1	850,239	93,921	79,133	53,340	11.0	9.3	55.5	13.1	3.0
22	豊田合成*1	812,937	17,888	16,106	11,226	2.2	2.0	53.6	3.2	1.6
23	エア・ウォーター	809,083	50,616	49,830	30,430	6.3	6.2	6.9	9.8	3.6
24	東ソー	786,083	81,658	85,963	55,550	10.4	10.9	45.3	10.0	6.3
25	ＤＩＣ	768,568	41,332	41,302	23,500	5.4	5.4	63.6	7.7	2.9
26	日東電工*1	741,018	69,733	69,013	47,156	9.4	9.3	77.5	6.8	5.1
27	ユニ・チャーム	714,233	69,745	69,538	46,116	9.8	9.7	62.1	10.1	5.6
28	エーザイ*1	695,621	125,502	128,063	121,767	18.0	18.4	59.8	18.6	11.4
29	日本ペイントＨＤ	692,009	78,060	79,518	36,717	11.3	11.5	73.7	6.8	3.0
30	中外製薬*1	686,184	210,597	207,893	157,560	30.7	30.3	35.3	19.6	15.9

（続き）

順位	社　　名	売上高	営業利益	経常利益	純利益	売上高営業利益率（%）	売上高経常利益率（%）	海外売上高構成比率（%）	ROE（%）	ROA（%）
31	宇 部 興 産	667,892	34,033	35,724	22,976	5.1	5.3	28.3	6.9	3.1
32	昭和電工マテリアルズ*1	631,433	23,126	23,960	16,401	3.7	3.8	63.7	3.9	2.3
33	三 菱 ガ ス 化 学	613,344	34,260	31,116	21,158	5.6	5.1	54.9	4.3	2.7
34	カ ネ カ	601,514	26,014	20,166	14,003	4.3	3.4	39.3	4.2	2.1
35	ク ラ レ	575,807	54,173	48,271	△1,956	9.4	8.4	68.0	△0.4	△0.2
36	日 清 紡 H D	509,660	6,482	11,703	△6,604	1.3	2.3	46.4	△2.7	△1.1
37	大 日 本 住 友 製 薬*1	482,732	83,239	83,947	40,753	17.2	17.4	63.8	7.9	3.9
38	J S R*1	471,967	32,884	32,629	22,604	7.0	6.9	58.0	5.7	3.3
39	ダ イ セ ル	412,826	29,644	31,781	4,978	7.2	7.7	54.0	1.3	0.8
40	関 西 ペ イ ン ト	406,886	31,510	34,874	18,477	7.7	8.6	61.9	6.9	3.3
41	デ ン カ	380,803	31,587	30,034	22,703	8.3	7.9	41.0	9.1	4.6
42	ラ イ オ ン*1	347,519	29,832	31,402	20,559	8.6	9.0	29.1	10.3	5.6
43	東 洋 紡	339,607	22,794	18,035	13,774	6.7	5.3	32.3	7.8	2.9
44	塩 野 義 製 薬	334,958	125,231	151,751	121,295	37.4	45.3	9.2	18.0	15.7
45	コ ー セ ー	327,724	40,231	40,932	26,682	12.3	12.5	32.1	12.3	8.8
46	丸善石油化学（非上場）	325,053	2,981	4,803	3,618	0.9	1.5	―	―	―
47	日 本 ゼ オ ン	321,966	26,104	28,744	20,201	8.1	8.9	55.8	7.9	4.9
48	ト ク ヤ マ	316,096	34,281	32,837	19,937	10.8	10.4	18.9	12.4	5.2
49	協 和 キ リ ン*1	305,820	44,770	44,492	67,084	14.6	14.5	39.1	10.1	8.8
50	A D E K A	304,131	22,517	21,976	15,216	7.4	7.2	46.2	7.3	3.7
51	日 本 触 媒*1	302,150	13,178	15,748	11,094	4.4	5.2	53.9	3.5	2.3
52	小 野 薬 品 工 業*1	292,420	77,491	79,696	59,704	26.5	27.3	30.6	10.7	9.0
53	大 正 製 薬 H D	288,527	21,460	25,010	20,531	7.4	8.7	24.1	2.9	2.5
54	ニ フ コ	288,012	29,737	28,765	18,321	10.3	10.0	67.0	11.3	6.2
55	東 洋 イ ン キ S C H D	279,892	13,174	13,847	8,509	4.7	4.9	46.0	3.9	2.3
56	東 海 カ ー ボ ン	262,028	54,344	52,986	31,994	20.7	20.2	74.5	16.0	8.2
57	参 天 製 薬	241,555	33,535	32,091	23,618	10.5	125.0	31.7	8.0	5.9
58	リ ン テ ッ ク	240,727	15,440	14,484	9,620	6.4	6.0	49.4	5.1	3.4
59	セ ン ト ラ ル 硝 子	222,469	7,975	8,565	6,418	3.6	3.8	50.3	3.9	2.1
60	ポ ー ラ・オ ル ビ ス H D	219,920	31,137	30,630	19,694	14.2	13.9	11.2	10.4	8.4
61	日鉄ケミカル＆マテリアル（非上場）	215,733	―	18477	―	―	―	―	―	―
62	日 産 化 学	206,837	38,647	40,003	30,779	18.7	19.3	47.2	16.9	12.4
63	住 友 ベ ー ク ラ イ ト*1	206,620	10,285	11,499	8,986	5.0	5.6	58.5	5.1	3.2
64	ア イ カ 工 業	191,501	20,850	21,333	12,732	10.9	11.1	40.7	9.9	6.5
65	日 医 工*1	190,076	2,873	7,396	5,133	1.5	3.9	18.5	4.4	1.6
66	ア ー ス 製 薬	189,527	3,916	4,326	1,250	2.1	2.3	6.0	3.1	1.2
67	ロ ー ト 製 薬	188,327	23,085	22,735	15,410	12.3	12.1	38.5	11.4	7.4
68	エ フ ピ コ	186,349	15,507	16,274	10,777	8.3	8.7	―	9.4	4.4
69	沢 井 製 薬*1	182,537	26,793	26,497	19,279	14.7	14.5	21.0	9.4	5.1
70	ダ イ キ ョ ー ニ シ カ ワ	182,219	8,995	9,500	4,907	4.9	5.2	20.2	6.5	3.3

（続き）

順位	社　　名	売上高	営業利益	経常利益	純利益	売上高営業利益率（%）	売上高経常利益率（%）	海外売上高構成比率（%）	ROE（%）	ROA（%）
71	日　　　　　　　油	180,917	26,874	28,830	21,140	14.9	15.9	28.6	11.9	8.8
72	日　本　化　薬	175,123	17,485	18,026	12,815	10.0	10.3	45.7	6.0	4.5
73	森　六　Ｈ　Ｄ	170,773	5,497	5,668	3,525	3.2	3.3	62.4	5.4	2.8
74	小　林　製　薬	168,052	26,355	27,851	19,139	15.7	16.6	15.8	11.3	8.2
75	サカタインクス	167,237	6,225	7,319	4,114	3.7	4.4	60.9	5.5	2.8
76	三 洋 化 成 工 業	155,503	12,439	12,704	7,668	8.0	8.2	38.7	6.0	4.1
77	大　日　精　化	155,108	4,850	5,582	3,977	3.1	3.6	29.4	4.2	2.1
78	高　砂　香　料	152,455	2,660	2,854	3,408	1.7	1.9	54.8	3.6	1.9
79	東　亞　合　成	144,955	13,782	15,230	10,387	9.5	10.5	15.6	5.5	4.3
80	チッソ（非上場）	144,852	△759	△1,285	△8,177	-0.5	-0.9	28.4	4.6	-12.4
81	日　本　曹　達	144,739	8,135	10,312	6,759	5.6	7.1	33.4	4.8	3.2
82	ク　ラ　ボ　ウ	142,926	4,541	5,485	3,731	3.2	3.8	28.3	4.1	2.2
83	ク　　レ　　ハ*1	142,398	18,041	17,944	13,719	12.7	12.6	27.9	8.4	5.6
84	久　光　製　薬	140,992	22,727	25,628	18,694	16.1	18.2	30.9	7.6	6.2
85	グ　　ン　　ゼ	140,311	6,746	6,868	4,387	4.8	4.9	17.0	4.0	2.6
86	タキロンシーアイ	139,432	7,372	7,611	13,091	5.3	5.5	15.8	17.0	9.2
87	積 水 化 成 品 工 業	136,155	3,725	3,391	2,323	2.7	2.5	36.3	3.6	1.5
88	コ　　ニ　　シ	135,180	7,115	7,248	4,585	5.3	5.4	－	7.8	4.3
89	ファンケル	126,810	14,125	14,313	9,985	11.1	11.3	8.4	15.8	11.4
90	ツ　　ム　　ラ	123,248	18,876	19,649	13,765	15.3	15.9	－	6.8	4.6
91	セ　ー　レ　ン	120,258	10,502	11,250	8,551	8.7	9.4	43.0	11.2	6.8
92	ユ　ニ　チ　カ	119,537	5,467	3,153	△2,158	4.6	2.6	20.4	△5.9	△1.1
93	日本パーカライジング	119,028	12,601	15,723	9,449	10.6	13.2	34.8	6.7	4.3
94	日　本　新　薬	116,637	21,668	22,442	16,866	18.6	19.2	19.0	12.0	9.8
95	藤　森　工　業	114,304	8,856	9,062	5,328	7.7	7.9	29.9	8.3	4.9
96	Ｊ　　Ｓ　　Ｐ	113,375	5,083	5,210	3,638	4.5	4.6	41.1	4.5	2.8
97	東　和　薬　品	110,384	16,143	20,990	14,503	14.6	19.0	－	14.8	7.0
98	キョーリン製薬ＨＤ	109,983	7,503	8,175	6,149	6.8	7.4	1.3	5.0	3.6
99	大　阪　ソ　ー　ダ	105,477	9,698	10,321	6,506	9.2	9.8	25.9	9.7	5.8
100	クミアイ化学工業	103,400	7,639	9,735	6,789	7.4	9.4	42.8	7.4	4.9

［注］ 日本酸素ホールディングスおよび昭和電工マテリアルズは、決算発表時の旧社名である大陽日酸および日立化成の業績を表記した。本書では2020年10月現在の新社名表記とする（以下同じ）。

＊1. 国際会計基準：IFRS（経常利益の項は税前利益、売上高経常利益率の項は売上高税前利益率）

＊2. 米国会計基準（経常利益の項は税前利益、売上高経常利益率の項は売上高税前利益率）

◎営業利益

企業が本業で稼いだ利益を表しています。営業利益からは、その企業の本業の収益力を測ることができます。

・営業利益トップ50 （単位：100万円）

順位	社　　　名	営業利益	順位	社　　　名	営業利益
1	信越化学工業	406,041	26	ユニ・チャーム	69,745
2	ダイキン工業	265,513	27	日東電工[*1]	69,733
3	アステラス製薬[*1]	243,991	28	帝人	56,205
4	花王[*1]	211,723	29	東海カーボン	54,344
5	中外製薬[*1]	210,597	30	クラレ	54,173
6	富士フイルムHD[*2]	186,570	31	エア・ウォーター	50,616
7	旭化成	177,264	32	味の素[*1]	48,773
8	大塚HD[*1]	176,585	33	協和キリン[*1]	44,770
9	三菱ケミカルHD[*1]	144,285	34	DIC	41,332
10	第一三共[*1]	138,800	35	コーセー	40,231
11	住友化学[*2]	137,517	36	日産化学	38,647
12	東レ	131,186	37	トクヤマ	34,281
13	エーザイ[*1]	125,502	38	三菱ガス化学	34,260
14	塩野義製薬	125,231	39	宇部興産	34,033
15	昭和電工	120,798	40	参天製薬	33,535
16	資生堂	113,831	41	JSR[*1]	32,884
17	武田薬品工業[*1]	100,408	42	ダイワボウHD	32,841
18	日本酸素ホールディングス[*1]	93,921	43	デンカ	31,587
19	積水化学工業	87,768	44	関西ペイント	31,510
20	大日本住友製薬[*1]	83,239	45	ポーラ・オルビスHD	31,137
21	東ソー	81,658	46	ライオン[*1]	29,832
22	日本ペイントHD	78,060	47	ニフコ	29,737
23	小野薬品工業[*1]	77,491	48	ダイセル	29,644
24	AGC	76,002	49	日油	26,874
25	三井化学	71,636	50	沢井製薬[*1]	26,793

◎経常利益

企業が本業を含めた財務活動によって得られた利益を表しています。経常利益からは、その企業の財務力を含めた総合的な実力を測ることができます。

・経常利益トップ50　　　　　　　　　　　　　　　　　　　　　　（単位：100万円）

順位	社　　　名	経常利益	順位	社　　　名	経常利益
1	信越化学工業	418,242	26	三井化学	65,517
2	ダイキン工業	269,025	27	帝人	54,337
3	アステラス製薬[*1]	245,350	28	東海カーボン	52,986
4	花王[*1]	210,645	29	エア・ウォーター	49,830
5	中外製薬[*1]	207,893	30	味の素[*1]	48,795
6	旭化成	184,008	31	クラレ	48,271
7	大塚HD[*1]	173,515	32	協和キリン[*1]	44,492
8	富士フイルムHD[*2]	173,071	33	ＤＩＣ	41,302
9	塩野義製薬	151,751	34	コーセー	40,932
10	第一三共[*1]	141,164	35	日産化学	40,003
11	住友化学[*2]	130,480	36	宇部興産	35,724
12	エーザイ[*1]	128,063	37	関西ペイント	34,874
13	三菱ケミカルHD[*1]	122,003	38	ダイワボウHD	33,195
14	昭和電工	119,293	39	トクヤマ	32,837
15	資生堂	108,739	40	ＪＳＲ[*1]	32,629
16	東レ	103,355	41	参天製薬	32,091
17	積水化学工業	86,996	42	ダイセル	31,781
18	東ソー	85,963	43	ライオン[*1]	31,402
19	大日本住友製薬[*1]	83,947	44	三菱ガス化学	31,116
20	小野薬品工業[*1]	79,696	45	ポーラ・オルビスHD	30,630
21	日本ペイントHD	79,518	46	デンカ	30,034
22	日本酸素ホールディングス[*1]	79,133	47	日油	28,830
23	ＡＧＣ	76,213	48	ニフコ	28,765
24	ユニ・チャーム	69,538	49	日本ゼオン	28,744
25	日東電工[*1]	69,013	50	小林製薬	27,851

◎純利益

企業が得た利益（経常利益）から法人税などを差し引いたもので、企業が当該年度に稼いだ最終利益を表しています。純利益からは、その企業の成長性や規模を測ることができます。

・純利益トップ50　　　　　　　　　　　　　　　　　　　　（単位：100万円）

順位	社　名	純利益	順位	社　名	純利益
1	信越化学工業	314,027	26	三井化学	37,944
2	アステラス製薬[1]	195,411	27	日本ペイントHD	36,717
3	ダイキン工業	170,731	28	東海カーボン	31,994
4	中外製薬[1]	157,560	29	住友化学[2]	30,926
5	花王[1]	148,213	30	日産化学	30,779
6	第一三共[1]	129,074	31	エア・ウォーター	30,430
7	大塚HD[1]	127,151	32	コーセー	26,682
8	富士フイルムHD[2]	124,987	33	帝人	25,252
9	エーザイ[1]	121,767	34	参天製薬	23,618
10	塩野義製薬	121,295	35	DIC	23,500
11	旭化成	103,931	36	宇部興産	22,976
12	資生堂	73,562	37	デンカ	22,703
13	昭和電工	73,088	38	JSR[1]	22,604
14	協和キリン[1]	67,084	39	ダイワボウHD	21,178
15	小野薬品工業[1]	59,704	40	三菱ガス化学	21,158
16	積水化学工業	58,931	41	日油	21,140
17	東レ	55,725	42	ライオン[1]	20,559
18	東ソー	55,550	43	大正製薬HD	20,531
19	三菱ケミカルHD[1]	54,077	44	日本ゼオン	20,201
20	日本酸素ホールディングス[1]	53,340	45	トクヤマ	19,937
21	日東電工[1]	47,156	46	ポーラ・オルビスHD	19,694
22	ユニ・チャーム	46,116	47	科研製薬	19,370
23	AGC	44,434	48	沢井製薬[1]	19,279
24	武田薬品工業[1]	44,241	49	小林製薬	19,139
25	大日本住友製薬[1]	40,753	50	味の素[1]	18,837

◎売上高営業利益率

企業の売上高に対する営業利益の占める割合を表しています。売上高営業利益率からは、その企業の本業の活動での収益性を判断することができます。この比率が高いほど、本業で利益を生み出す力が高いといえます。

・売上高営業利益率トップ50　　　　　　　　　　　　　　　　　（単位：％）

順位	社　　名	売上高営業利益率	順位	社　　名	売上高営業利益率
1	塩野義製薬	37.4	26	東和薬品	14.6
2	中外製薬[*1]	30.7	27	上村工業	14.4
3	科研製薬	29.7		関東電化工業	14.4
4	ＪＣＵ	28.2	29	本州化学工業	14.2
5	小野薬品工業[*1]	26.5		ポーラ・オルビスＨＤ	14.2
6	信越化学工業	26.3	31	第一三共[*1]	14.1
7	扶桑化学工業	21.4		花王[*1]	14.1
8	東海カーボン	20.7	33	昭和電工	13.3
9	ノエビアＨＤ　19年9月期	20.2	34	ＪＣＲファーマ	13.1
10	アステラス製薬[*1]	18.8	35	太陽ＨＤ	12.9
11	日産化学	18.7	36	大阪有機化学工業	12.8
12	ミルボン	18.6		テイカ	12.8
	日本新薬	18.6	38	クレハ[*1]	12.7
14	タカラバイオ	18.2	39	大塚ＨＤ[*1]	12.6
15	エーザイ[*1]	18.0		栄研化学	12.6
16	大日本住友製薬[*1]	17.2	41	日本精化	12.5
17	久光製薬	16.1	42	コーセー	12.3
18	積水樹脂	16.0		ロート製薬	12.3
19	小林製薬	15.7	44	第一稀元素化学工業	11.7
20	ツムラ	15.3		エスケー化研	11.7
21	四国化成工業	15.2	46	富士製薬工業　19年9月期	11.5
22	松本油脂製薬	15.1	47	日本ペイントＨＤ	11.3
23	日油	14.9	48	ファンケル	11.1
24	沢井製薬[*1]	14.7	49	日本酸素ホールディングス[*1]	11.0
25	協和キリン[*1]	14.6		日本化学産業	11.0

◎売上高経常利益率

企業の売上高に対する経常利益の占める割合を表しています。売上高経常利益率からは、その企業の本業、財務を含めた事業活動全体における総合的な収益性を判断することができます。この比率が高いほど、収益性が高いといえます。

・売上高経常利益率トップ50　　　　　　　　　　　　　　　　　　　　（単位：％）

順位	社名	売上高経常利益率	順位	社名	売上高経常利益率
1	塩野義製薬	45.3	26	関東電化工業	14.6
2	中外製薬*1	30.3	27	協和キリン*1	14.5
3	科研製薬	30.2		沢井製薬*1	14.5
4	ＪＣＵ	28.0	29	第一三共*1	14.4
5	小野薬品工業*1	27.3	30	花王*1	14.0
6	信越化学工業	27.1		本州化学工業	14.0
7	扶桑化学工業	21.7	32	ポーラ・オルビスHD	13.9
8	ノエビアHD　19年9月期	20.7	33	日本精化	13.5
9	東海カーボン	20.2	34	大阪有機化学工業	13.4
10	日産化学	19.3	35	ＪＣＲファーマ	13.3
11	日本新薬	19.2	36	日本パーカライジング	13.2
12	東和薬品	19.0		昭和電工	13.2
13	アステラス製薬*1	18.9	38	栄研化学	12.9
14	エーザイ*1	18.4	39	テイカ	12.8
	タカラバイオ	18.4	40	クレハ*1	12.6
16	久光製薬	18.2		太陽HD	12.6
17	大日本住友製薬*1	17.4	42	コーセー	12.5
	松本油脂製薬	17.4	43	大塚HD*1	12.4
19	ミルボン	17.2	44	ロート製薬	12.1
20	小林製薬	16.6	45	日本化学産業	12.0
21	積水樹脂	16.0	46	第一稀元素化学工業	11.7
22	ツムラ	15.9	47	富士製薬工業　19年9月期	11.5
	日油	15.9		日本ペイントHD	11.5
24	四国化成工業	15.6	49	エスケー化研	11.4
25	上村工業	15.1	50	ファンケル	11.3

◎海外売上高構成比率

企業の売上高における海外での売上高の占める割合を表しています。

・海外売上高構成比率トップ50　　　　　　　　　　　　　　　（単位：％）

順位	社　　名	海外売上高構成比	順位	社　　名	海外売上高構成比
1	日東電工[*1]	77.5	26	上村工業	59.4
2	武田薬品工業[*1]	76.8	27	住友ベークライト[*1]	58.5
3	ダイキン工業	76.6	28	ＪＳＲ[*1]	58.0
4	東京応化工業	76.1		日本農薬	58.0
5	東海カーボン	74.5	30	有沢製作所	57.4
6	日本ペイントHD	73.7	31	タカラバイオ	57.2
7	アステラス製薬[*1]	73.4	32	富士フイルムHD[*2]	56.6
8	天馬	73.1		ハリマ化成グループ	56.6
9	信越化学工業	73.0		東レ	56.6
10	住友精化	71.6	35	資生堂	56.1
11	ＪＣＵ	71.0	36	味の素[*1]	55.9
12	クラレ	68.0	37	日本ゼオン	55.8
13	ニフコ	67.0	38	日本酸素ホールディングス[*1]	55.5
14	ＡＧＣ	65.9	39	三菱ガス化学	54.9
15	住友化学[*2]	65.6	40	高砂香料	54.8
16	大日本住友製薬[*1]	63.8	41	綜研化学	54.5
17	昭和電工マテリアルズ（旧日立化成）[*1]	63.7	42	ダイセル	54.0
18	ＤＩＣ	63.6	43	日本触媒[*1]	53.9
19	森六HD	62.4	44	豊田合成[*1]	53.6
20	ユニ・チャーム	62.1	45	三光合成	51.8
21	関西ペイント	61.9	46	大塚HD[*1]	50.6
	太陽HD	61.9	47	セントラル硝子	50.3
23	サカタインクス	60.9	48	第一稀元素化学工業	50.2
24	エーザイ[*1]	59.8	49	タイガースポリマー	49.7
25	中国塗料	59.7	50	リンテック	49.4

◎ ROE（return on equity. 自己資本利益率）

企業の純資産（自己資本）に対する当期純利益の割合を表しています。ROE からは、その企業が自己資本で効率的に運用できているか、高い成長力を持つかなど、企業の収益力を判断することができます。ROE が高い企業ほど自己資本をより効率的に運用できている優良企業であると判断されます。

・ROEトップ50　　　　　　　　　　　　　　　　　　　　　　　　（単位：%）

順位	社　　名	ROE	順位	社　　名	ROE
1	ダイワボウHD	22.3	26	扶桑化学工業	12.1
2	中外製薬[*1]	19.6	27	ダイキン工業	12.0
3	東洋合成工業（非連結）	19.1		日本新薬	12.0
4	エーザイ[*1]	18.6	29	日油	11.9
5	塩野義製薬	18.0	30	ロート製薬	11.4
6	KHネオケム	18.0	31	ニフコ	11.3
7	JCU	17.7		小林製薬	11.3
8	花王[*1]	17.6		関東電化工業	11.3
9	タキロンシーアイ	17.0		ダイキアクシス	11.3
10	日産化学	16.9	35	セーレン	11.2
11	東海カーボン	16.0		北興化学工業	11.2
12	ファンケル	15.8	37	サカイオーベックス	11.1
13	資生堂	15.6	38	小野薬品工業[*1]	10.7
	田岡化学工業	15.6	39	ポーラ・オルビスHD	10.4
15	昭和電工	15.5		東邦化学工業	10.4
	科研製薬	15.5	41	ライオン[*1]	10.3
17	アステラス製薬[*1]	15.3	42	第一三共[*1]	10.1
18	東和薬品	14.8		ユニ・チャーム	10.1
19	タカギセイコー	14.6		協和キリン[*1]	10.1
20	ノエビアHD　19年9月期	13.8	45	東ソー	10.0
21	日本酸素ホールディングス[*1]	13.1	46	アイカ工業	9.9
	ミルボン	13.1		栄研化学	9.9
23	トクヤマ	12.4	48	エア・ウォーター	9.8
24	信越化学工業	12.3	49	大阪有機化学工業	9.7
	コーセー	12.3		積水化学工業	9.7

◎ ROA（return on assets. 総資産利益率）

企業の総資産に対する当期純利益の割合を表しています。ROA からは、その企業が純資産、負債を含むすべての資本を効率的に運用できているかどうかを判断することができます。ROA が高い企業ほど効率的に利益を生み出せている優良企業であるといえる一方で、借入金を投入することにより高利益を生み出している場合でも同様に ROA は高くなります。このため、ROA だけではなく、その他の指標とも比較分析するなど注意が必要です。

・ROAトップ50   （単位：％）

順位	社　　名	ROA	順位	社　　名	ROA
1	中外製薬[*1]	15.9	26	栄研化学	7.3
2	塩野義製薬	15.7	27	大阪有機化学工業	7.2
3	ＪＣＵ	13.5	28	東和薬品	7.0
4	日産化学	12.4		ＫＨネオケム	7.0
5	科研製薬	12.3	30	昭和電工	6.8
6	エーザイ[*1]	11.4		セーレン	6.8
	ファンケル	11.4		上村工業	6.8
8	ミルボン	11.1	33	北興化学工業	6.7
9	扶桑化学工業	10.5	34	資生堂	6.6
10	信越化学工業	10.0	35	アイカ工業	6.5
11	日本新薬	9.8	36	ダイキン工業	6.4
12	花王[*1]	9.5		ダイワボウHD	6.4
13	アステラス製薬[*1]	9.2	38	東ソー	6.3
	タキロンシーアイ	9.2	39	第一三共[*1]	6.2
15	小野薬品工業[*1]	9.0		ニフコ	6.2
16	コーセー	8.8		久光製薬	6.2
	協和キリン[*1]	8.8	42	関東電化工業	6.1
	日油	8.8		松本油脂製薬	6.1
19	ノエビアHD　19年9月期	8.7	44	バルカー	6.0
20	ポーラ・オルビスHD	8.4		テイカ	6.0
21	東海カーボン	8.2	46	参天製薬	5.9
	小林製薬	8.2		信越ポリマー	5.9
23	田岡化学工業	8.0		ＪＣＲファーマ	5.9
24	ロート製薬	7.4		本州化学工業	5.9
	サカイオーベックス	7.4	50	四国化成工業	5.8

世界の化学企業ランキング（2019 年）

・売上高トップ50 （単位：100万ドル、％）

順位 19年	18年	社名（国籍）	化学部門 売上高	前年比 伸び率	化学部門 比率	化学部門 営業利益	前年比 伸び率	化学部門 投資額	R&D費
1	1	BASF	66,401	-5.40%	100	5,457	-22.80	4,281	2,416
2	2	Sinopec	61,596	-7	14.7	2,402	-36.1	3,248	—
3	—	Dow	42,951	-13.4	100	3,520	-35.8	1,961	765
4	4	Sabic	34,420	-18.3	92.4	4,277	-55.1	5,323	—
5	6	Ineos	32,009	-8.6	100	2,477	-39	—	—
6	5	台塑グループ^e	31,425	-16.5	66.7	n/a	n/a	—	—
7	7	ExxonMobil Chemical	27,416	-15.5	10.7	955	-77.1	1,933	—
8	9	三菱ケミカルHD	27,353	-6	83.3	1,659	-31.2	1,914	—
9	8	LyondellBasell Industries	27,128	-11.9	78.1	4,613	-17.8	2,529	111
10	21	Linde plc	25,429	76.9	90.1	4,898	65.4	3,828	—
11	11	LG Chem	24,554	1.6	100	768	-60.1	5,351	940
12	13	Air Liquide	24,171	4.9	98.5	2,260	0.3	2,913	355
13	12	中国石油天然気	22,733	-4.4	6.2	496	-56.2	—	—
14	—	DuPont	21,512	-4.8	100	2,788	29.7	2,472	955
15	10	Reliance Industries	20,640	-15.6	22	3,630	-20.6	1,038	—
16	15	東レ	17,344	-8.2	85.4	1,288	-7.7	—	—
17	18	住友化学	15,231	-6.5	76.3	569	-52.5	793	—
18	16	Evonik Industries	14,674	-12.8	100	1,330	-32.4	985	479
19	20	信越化学工業^f	14,158	-3.2	100	3,724	0.6	2,462	445
20	17	Covestro	13,895	-15.1	100	824	-70.8	1,019	298
21	19	Braskem	13,267	-9.8	100	555	-71.7	680	63
22	22	ロッテケミカル	12,973	-8.6	100	950	-43.7	765	73
23	24	Yara	12,858	-0.5	100	989	146	1,066	60
24	25	Solvay	12,568	-0.6	100	1,488	-2.2	841	362
25	23	三井化学	12,282	-9.7	100	657	-23.3	659	334
26	—	Hengli Petrochemical^e	11,839	67.8	81.2	n/a	n/a	—	—
27	32	Bayer	11,482	15.3	23.6	n/a	n/a	—	—
28	27	Indorama	11,362	1.6	100	294	-68.7	537	13
29	29	Syngenta	10,588	1.7	78	2,199	8.8	—	546
30	30	DSM	10,086	-2.8	100	1,025	-25.2	582	391
31	28	旭化成	10,027	-7.1	50.8	847	-28.7	958	—
32	40	万華化学	9,851	12.3	100	1,745	-25.1	—	—
33	33	Arkema	9,782	-0.9	100	984	-11.3	711	279
34	26	Chevron Phillips Chemical	9,333	-17.5	100	n/a	n/a	—	—
35	31	Eastman Chemical	9,273	-8.6	100	1,309	-14.1	425	234
36	35	Borealis	9,071	-2.8	100	676	27.8	421	162
37	39	Air Products & Chemicals	8,919	-0.1	100	2,121	10.7	1,990	73
38	34	Mosaic	8,906	-7.1	100	543	-53.1	1,272	—
39	38	Ecolab^f	8,904	-0.7	59.2	1,234	9.5	—	—
40	48	Johnson Matthey^f	8,819	21.8	47.4	410	-26.7	364	254
41	50	Hanwha Solutions^f	8,569	25	79	342	11.8	802	45
42	45	Umicore^f	8,196	6.6	41.9	406	-12.2	506	215
43	37	SK イノベーション	8,186	-10.7	19.1	605	-36.9	—	—
44	41	Westlake Chemical	8,118	-6	100	693	-51.9	787	—
45	46	Sasol	7,995	7.7	56.7	-586	def	3,009	—
46	42	Nutrien	7,729	-4.9	38.6	2,129	-7.3	—	—
47	36	PTT Global Chemical	7,660	-17.9	57.6	195	-81.8	—	—
48	43	Lanxess	7,614	-5.5	100	626	-4.1	569	—
49	44	東ソー	7,211	-8.8	100	749	-22.7	560	167
50	47	DIC	7,050	-4.6	100	379	-14.6	312	115

〔注〕 為替レートは 1 ドル＝109.02円,1165.8 韓国ウォン, 6.9081 人民元, 30.906 台湾ドル, 31.042 タイ・バーツ, 70.38 印ルピー, 3.75 サウジ・リヤル, 0.8933 ユーロ, 0.9937 スイス・フラン, 3.944 ブラジル・レアル, 14.4475 南ア・ランド。

資料：C&EN, 2020年7月27日号

総合化学企業

旭 化 成 株式会社

[東京本社(本店)] 〒100-0006 東京都千代田区有楽町１−１−２　日比谷三井タワー

[Tel.] 03-6699-3000　　[URL] https://www.asahi-kasei.co.jp

[設立] 1931年５月　[資本金] 1,033億8,900万円

[代表取締役社長] 小堀秀毅

[事業内容] 化成品・樹脂、住宅・建材、繊維、医薬・医療、電子・機能製品などの事業の持株会社

[関係会社] 旭化成アドバンス、PSジャパン、旭化成ホームズ、旭化成建材、旭化成エレクトロニクス、
　旭化成ファーマ、旭化成メディカル、ゾール・メディカル

[従業員数] 8,570名(41.8歳)

[上場市場(証券コード)] 東京《3407》

◎業績

連結　決算期：３月（百万円）				
期別	売上高	経常利益	純利益	売上高経常利益率（％）
2018年	2,042,216	212,544	170,248	10.4
2019年	2,170,403	219,976	147,512	10.1
2020年	2,151,646	184,008	103,931	8.6

●海外売上高

　調査会社のTPCマーケティングリサーチがまとめた大手化学メーカーのグローバル戦略に関する調査結果によると、対象20社における海外売上高は2017年度時点で10兆3,698億円でした（1社平均は約5,185億円、海外売上高比率は48.0%）。

　企業別の海外売上高は三菱ケミカル（1兆5,470億円）、住友化学（1兆3,847億円）、東レ（1兆1,996億円）、信越化学工業（1兆676億円）の順となっています。

　エリア別の売上高は、アジア（5兆7,400億円。55.4%）、北米（2兆4,000億円。23.2%）、欧州（1兆6,280億円。15.7%）となっており、アジアは住友化学（8,426億円）、北米・欧州は三菱ケミカル（4,000億円・2,800億円）がそれぞれ最大の売上高を誇っています。

　日本の大手化学企業は売り上げの多くを海外で稼いでいます。国内市場の成熟化を背景に海外比率は今後も拡大するでしょう。海外での事業成否が企業の成長のカギを握るともいえます。それを支えるグローバル人材の育成は急務の課題です。

宇 部 興 産 株式会社

［**宇部本社**］ 〒755-8633 山口県宇部市大字小串1978-96

［**Tel.**］ 0836-31-2111　　［**Fax.**］ 0836-21-2252

［**東京本社**］ 〒105-8449　東京都港区芝浦 1 - 2 - 1　シーバンスＮ館

［**Tel.**］ 03-5419-6110　　［**Fax.**］ 03-5419-6230　　［**URL**］ https://www.ube-ind.co.jp

［**設立**］ 1942 年 3 月　　［**資本金**］ 584億円

［**代表取締役社長**］ 泉原雅人

［**事業内容**］ 化学、医薬、エネルギー・環境、建設資材

［**従業員数**］ 3,329名（41.7歳）

［**上場市場（証券コード）**］ 東京　福岡《4208》

◎業績

連結　決算期：3月（百万円）				
期別	**売上高**	**経常利益**	**純利益**	**売上高経常利益率（%）**
2018年	695,574	50,728	31,680	7.3
2019年	730,157	47,853	32,499	6.6
2020年	667,892	35,724	22,976	5.3

昭 和 電 工 株式会社

〒105-8518　東京都港区芝大門 1 - 13 - 9

［**Tel.**］ 03-5470-3235（広報室）　　［**Fax.**］ 03-3431-6215

［**URL**］ https://www.sdk.co.jp

［**設立**］ 1939年 6 月　　［**資本金**］ 1,405億6,400万円

［**代表取締役社長**］ 森川宏平

［**製造品目**］ 石油化学製品、有機・無機化学品、化成品、各種ガス、特殊化学品、電極、金属材料、研削材、
　耐火材、電子材料、ハードディスク、アルミニウム加工品

［**従業員数**］ 3,543名（40.1歳）

［**上場市場（証券コード）**］ 東京《4004》

◎業績

連結　決算期：12月（百万円）				
期別	**売上高**	**経常利益**	**純利益**	**売上高経常利益率（%）**
2017年	780,387	63,851	37,404	8.2
2018年	992,136	178,804	111,503	18.0
2019年	906,454	119,293	73,088	13.2

信越化学工業 株式会社

〒100-0004 東京都千代田区大手町２-６-１　朝日生命大手町ビル

[Tel.] 03-3246-5011　　[Fax.] 03-3246-5350　　[URL] https://www.shinetsu.co.jp

[設立] 1926年９月　　[資本金] 1,194億1,968万円

[代表取締役社長] 斉藤恭彦

[製造品目] 塩化ビニル、シリコーン、メタノール、カ性ソーダ、クロロメタン、セルロース誘導体、半導体シリコン、リチウム・タンタレートなど単結晶、合成石英製品、電子産業用有機材料、レア・アース、希土類磁石、フォトレジスト製品

[従業員数] 3,170名(42.1歳)

[上場市場(証券コード)] 東京　名古屋《4063》

◎業績

◎連結　決算期：３月（百万円）				
期別	売上高	経常利益	純利益	売上高経常利益率（%）
2018年	1,441,432	340,308	266,235	23.6
2019年	1,594,036	415,311	309,125	26.1
2020年	1,543,525	418,242	314,027	27.1

住 友 化 学 株式会社

[東京本社] 〒104-8260 東京都中央区新川２-27-１　東京住友ツインビル東館

[Tel.] 03-5543-5500　　[Fax.] 03-5543-5901

[大阪本社] 〒541-8550　大阪市中央区北浜４-５-33　住友ビル

[Tel.] 06-6220-3211　　[Fax.] 06-6220-3345　　[URL] https://www.sumitomo-chem.co.jp

[設立] 1925年６月　　[資本金] 896億9,900万円

[代表取締役社長] 岩田圭一(社長執行役員)

[製造品目] 無機化学品、有機化学品、合成樹脂、合成ゴム、アルミニウム、染料、染料中間物、繊維用加工剤、有機中間物、医薬原体・中間体、高分子添加剤、ゴム用有機薬品、高機能ポリマーほか

[従業員数] 6,214名(40.9歳)

[上場市場(証券コード)] 東京《4005》

◎業績

連結　決算期：３月（百万円）				
期別	売上高	税前利益	純利益	売上高税前利益率（%）
2018年	2,190,509	240,811	133,768	11.0
2019年	2,318,572	188,370	117,992	8.1
2020年	2,225,804	130,480	30,926	5.9

東 ソ ー 株式会社

〒105-8623 東京都港区芝3-8-2

[Tel.] 03-5427-5103　　[Fax.] 03-5427-5195　　　[URL] https://www.tosoh.co.jp

[設立] 1935年2月　　[資本金] 551億7300万円

[社長] 山本寿宣(社長執行役員)

[事業内容] (石油化学事業)オレフィン、ポリマー　　(クロル・アルカリ事業)化学品、ウレタン、
　　セメント　(機能商品事業)有機化成品、バイオサイエンス、高機能材料

[従業員数] 3,728名(39.1歳)

[上場市場(証券コード)] 東京《4042》

◎業績

連結　決算期：3月（百万円）				
期別	売上高	経常利益	純利益	売上高経常 利益率(%)
2018年	822,857	132,256	88,795	16.1
2019年	861,456	113,027	78,133	13.1
2019年	786,083	85,963	55,550	10.9

三 井 化 学 株式会社

〒105-7122 東京都港区東新橋1-5-2　汐留シティセンター

[Tel.] 03-6253-2100(コーポレートコミュニケーション部)

[Fax.] 03-6253-4245(コーポレートコミュニケーション部)　　[URL] https://www.mitsuichem.com

[設立] 1955年7月　　[資本金] 1,252億9,800万円

[代表取締役] 淡輪　敏〔業務執行全般統括(CEO)〕

[事業内容] (ヘルスケア事業)ビジョンケア材料、パーソナルケア材料、不織布　(モビリティ事業)エ
　　ラストマー、機能性コンパウンド、機能性ポリマーほか　(フード&パッケージング事業)コーティング・
　　機能材、フィルムほか　(基盤素材事業)フェノール、PTA・PET、工業薬品、石化原料、ライセンス

[従業員数] 4,562名(40.9歳)

[上場市場(証券コード)] 東京《4183》

◎業績

連結　決算期：3月（百万円）				
期別	売上高	経常利益	純利益	売上高経常 利益率(%)
2018年	1,328,526	110,205	71,585	8.3
2019年	1,482,909	102,972	76,115	6.9
2020年	1,338,987	65,517	37,944	4.9

株式会社 三菱ケミカルホールディングス

〒100-8251　東京都千代田区丸の内 1 - 1 - 1　パレスビル

[Tel.] 03-6748-7200　　[URL] https://www.mitsubishichem-hd.co.jp

[設立] 2005年10月　　[資本金] 500億円

[取締役] 越智　仁(代表執行役社長)

[事業内容] グループ会社の経営管理(グループの全体戦略策定，資源配分など)

[従業員数] 193名(47.5歳)

[上場市場(証券コード)] 東京《4188》

◎業績

連結　決算期：3月（百万円）				
期別	売上高	税前利益	純利益	売上高税前利益率(%)
2018年	3,724,406	344,077	211,788	9.2
2019年	3,923,444	288,056	169,530	7.3
2020年	3,580,510	122,003	54,077	3.4

【主な関係会社】

三菱ケミカル 株式会社

〒100-8251　東京都千代田区丸の内 1 - 1 - 1　パレスビル

[Tel.] 03-6748-7300　　[Fax.] 03-3286-1210　　[URL] https://www.m-chemical.co.jp

[設立] 2017年4月　　[資本金] 532億2,900万円

[社長] 和賀昌之

[事業内容] 基礎化学品、ポリマー、情報電子、機能化学・電池、炭素、ヘルスケア

[従業員数] 40,776名(連結)

田辺三菱製薬 株式会社

[大阪本社]　〒541-8505　大阪市中央区道修町 3 - 2 -10

[Tel.] 06-6205-5085　　[Fax.] 06-6205-5262

[東京本社]　〒103-8405　東京都中央区日本橋小網町17-10

[Tel.] 03-6748-7700　　[URL] https://www.mt-pharma.co.jp

[設立] 2007年10月　　[資本金] 500億円

[社長] 上野裕明(代表取締役社長)

[事業内容] 医療用医薬品を中心とする医薬品

[従業員数] 3,764名(単体)

株式会社 生命科学インスティテュート

〒101-0047 東京都千代田区内神田 1 - 13- 4　THE KAITEKIビル

[URL] http://www.lsii.co.jp

[設立] 2014年 4 月　　[資本金] 92億5,000万円

[社長] 木曽誠一

[事業内容] 持株会社として生命科学インスティテュートグループの戦略策定、資源分配などの経営
　管理

[関係会社] エーピーアイ コーポレーション

日本酸素ホールディングス 株式会社

〒142-8558 東京都品川区小山 1 - 3 -26

[Tel.] 03-5788-8000　　[URL] https://www.nipponsanso-hd.co.jp

[設立] 1910年10月　　[資本金] 373億4,400万円

[社長] 市原裕史郎（代表取締役社長ＣＥＯ）

[事業内容] 子会社管理及びグループ運営に関する事業

[従業員数] 19,719名（連結）

[上場市場（証券コード）] 東京《4091》

●求むバイリンガル！！

　日本の化学産業の人材獲得手段が大きく変化しています。特に英語を中心にバイリンガルの理系・文系人材をヘッドハンティング市場から確保する動きが急速に目立ってきています。バイリンガル人材紹介の英ロバート・ウォルターズによれば、2014年から2017年（一部見通しを含む）までの人材登録数は化学分野だけで累積2,000人に達し、この 4 年間で 2 倍に伸びています。国内市場の成熟を背景に海外市場に活路を求めようという動きに加えて、新規事業領域の拡大などで新たな人材の確保が急務となっているものと考えられます。

　化学産業は他産業に比べて転職者の採用に保守的でしたが、数回の転職歴があっても構わないというケースが増えてきているそうです。バイリンガルの求人はこれまでは欧米を中心とした外資系が軸でしたが、新たに日系総合化学企業など化学メーカー、さらに専門商社の大手中堅でもこの傾向が顕著になっています。

　転職で増加が目立つのは、外資系化学企業での就業経験者が日本の化学企業に入社するケースで、転職時の給与アップはこれまでの10％から20％にまで水準が上がってきています。企業の求人に比べて求職者の数が圧倒的に低い"売り手市場"であることが原因とみられます。ロバート・ウォルターズによれば、「150人の求人に対して、採用が決まるのは12人程度」で、特にスイートスポットといわれる30〜45歳の人材に対する求人意欲は強く、「結果として、50歳を超える人材の採用もみられるようになってきた」とのことです。

主要化学企業

株式会社 ＡＤＥＫＡ

〒116-8554　東京都荒川区東尾久７‐２‐35

[Tel.] 03-4455-2811　　[Fax.] 03-3809-8210　　[URL] https://www.adeka.co.jp

[設立] 1917年１月　　[資本金] 229億9,400万円

[社長] 城詰秀尊

[事業内容] 情報・電子化学品、機能化学品、基礎化学品、食品、その他

[従業員数] 1,841名(38.3歳)　　[上場市場(証券コード)] 東京《4401》

◎業績

連結　決算期：３月（百万円）		
期別	売上高	純利益
2018年	239,612	15,346
2019年	299,354	17,055
2020年	304,131	15,216

Ａ　Ｇ　Ｃ　株式会社

〒100-8405　東京都千代田区丸の内１‐５‐１

[Tel.] 03-3218-5096(代表)　　[Fax.] 03-3201-5390　　[URL] https://www.agc.com

[設立] 1950年６月　　[資本金] 908億7,300万円

[代表取締役] 島村琢哉(社長執行役員；ＣＥＯ)

[事業内容] ガラス、電子、化学品、その他

[従業員数] 7,159名(43.2歳)　　[上場市場(証券コード)] 東京《5201》

◎業績

連結　決算期：12月（百万円）		
期別	売上高	純利益
2017年	1,463,532	69,225
2018年	1,522,904	89,593
2019年	1,518,039	44,434

株式会社 大阪ソーダ

〒550-0011 大阪市西区阿波座 1 -12-18

[Tel.] 06-6110-1560　　[Fax.] 06-6110-1603

[URL] http://www.osaka-soda.co.jp

[設立] 1915年11月　　[資本金] 158億7,000万円

[代表取締役] 寺田健志(社長執行役員)

[事業内容] 基礎化学品、機能化学品、住宅設備ほか

[従業員数] 614名(41.3歳)　　[上場市場(証券コード)] 東京《4046》

◎業績

連結　決算期：3月（百万円）		
期別	売上高	純利益
2018年	101,231	4,778
2019年	107,874	6,793
2020年	105,477	6,506

花　　王 株式会社

〒103-8210 東京都中央区日本橋茅場町 1 -14-10

[Tel.] 03-3660-7111　　[Fax.] 03-3660-7044　　　[URL] https://www.kao.com/jp

[設立] 1940年 5 月　　[資本金] 854億2,400万円

[代表取締役] 澤田道隆(社長執行役員)

[事業内容] コンシューマープロダクツ事業、ケミカル事業

[従業員数] 8,150名(40.6歳)　　[上場市場(証券コード)] 東京《4452》

◎業績

連結　決算期：12月（百万円）		
期別	売上高	純利益
2017年	1,489,421	147,010
2018年	1,508,007	153,698
2019年	1,502,241	148,213

株式会社 カ　ネ　カ

[大阪本社] 〒530-8288 大阪市北区中之島 2 - 3 -18　中之島フェスティバルタワー

[Tel.] 06-6226-5050（ダイヤルイン）　[Fax.] 06-6226-5037　[URL] http://www.kaneka.co.jp

[設立] 1949年 9 月　　[資本金] 330億4,600万円

[社長] 田中　稔

[事業内容] 化成品、機能性樹脂、発泡樹脂製品、食品、ライフサイエンス、エレクトロニクスほか

[従業員数] 3,552名(40.8歳)　　[上場市場(証券コード)] 東京　名古屋《4118》

◎業績

連結　決算期：3月（百万円）		
期別	売上高	純利益
2018年	596,142	21,571
2019年	621,043	22,238
2020年	601,514	14,003

株式会社 ク ラ レ

[東京本社] 〒100-8115 東京都千代田区大手町 1 - 1 - 3　大手センタービル

[Tel.] 03-6701-1000（代表）　　[Fax.] 03-6701-1005　　[URL] https://www.kuraray.co.jp

[設立] 1926年6月　　[資本金] 889億5,500万円

[代表取締役社長] 伊藤正明

[製造品目] ビニロン、ポバール樹脂、ポバールフィルム、人工皮革、「エバール」樹脂、「エバール」フィルム、歯科材料、熱可塑性エラストマー、ファインケミカルなど

[従業員数] 4,266名（40.9歳）　　[上場市場（証券コード）] 東京《3405》

◎業績

連結　決算期：12月（百万円）		
期別	売上高	純利益
2017年	518,442	54,459
2018年	602,996	33,560
2019年	575,807	△1,956

株式会社 ク レ ハ

〒103-8552 東京都中央区日本橋浜町 3 - 3 - 2

[Tel.] 03-3249-4666（代表）　　[Fax.] 03-3249-4744　　[URL] http://www.kureha.co.jp

[設立] 1944年6月　　[資本金] 181億6,900万円

[代表取締役社長] 小林　豊

[製造品目] 機能樹脂、炭素製品、無機薬品、有機薬品、医薬品、動物用医薬品、農薬、食品包装材、家庭用品、合成繊維、包装機械

[従業員数] 1,695名（単体）（43.4歳）　　[上場市場（証券コード）] 東京《4023》

◎業績

連結　決算期：3月（百万円）		
期別	売上高	純利益
2018年	147,329	9,697
2019年	148,265	13,933
2020年	142,398	13,719

堺化学工業 株式会社

〒590-8502 大阪府堺市堺区戎島町 5 - 2

[Tel.] 072-223-4111（代表）　　[Fax.] 072-223-8355　　[URL] http://www.sakai-chem.co.jp

[設立] 1932年 2 月　　[資本金] 218億3,837万円

[社長] 矢部正昭

[事業内容] バリウム・ストロンチウム・亜鉛製品、酸化チタン、電子材料、樹脂添加剤、触媒製品

[従業員数] 776名(38.8歳)　　　[上場市場(証券コード)] 東京《4078》

◎業績

連結　決算期：3 月（百万円）		
期別	売上高	純利益
2018年	87,223	2,329
2019年	89,541	3,606
2020年	87,177	2,535

Ｊ　Ｎ　Ｃ　株式会社

〒100-8105 東京都千代田区大手町 2 - 2 - 1　　新大手町ビル

[Tel.] 03-3243-6760　　[Fax.] 03-3243-6960　　[URL] https://www.jnc-corp.co.jp

[設立] 2011年 1 月　　[資本金] 311億5,000万円

[社長] 山田敬三

[製造品目] 液晶・有機ＥＬ材料、アルコール・溶剤、合成樹脂、合成繊維など

[従業員数] 3,274名(連結)

◎業績

連結　決算期：3 月（百万円）	※チッソ㈱連結決算	
期別	売上高	純利益
2018年	159,984	▲3,318
2019年	155,025	▲8,151
2020年	144,852	▲11,906

Ｊ　Ｓ　Ｒ　株式会社

〒105-8640 東京都港区東新橋 1 - 9 - 2

[Tel.] 03-6218-3500（代表）　　[Fax.] 03-6218-3682（代表）　　[URL] http://www.jsr.co.jp

[設立] 1957年12月　　[資本金] 233億7,000万円

[社長] 川橋信夫

[事業内容] 合成ゴム、エマルジョン、TPE、半導体材料、ディスプレイ材料、光学材料

[従業員数] 9,050名(連結)　　　[上場市場(証券コード)] 東京《4185》

◎業績

連結　決算期：3 月（百万円）		
期別	売上高	純利益
2018年	421,930	33,230
2019年	496,746	31,116
2020年	471,967	22,604

積水化学工業 株式会社

[**大阪本社**] 〒530-8565 大阪市北区西天満2-4-4
[**Tel.**] 06-6365-4122 　[**Fax.**] 06-6365-4139 　[**URL**] https://www.sekisui.co.jp
[**設立**] 1947年3月 　[**資本金**] 1,000億200万円
[**社長**] 加藤敬太
[**事業内容**] 住宅、環境・ライフライン、高機能プラスチックス、その他
[**従業員数**] 27,326名(連結) 　[**上場市場(証券コード)**] 東京《4204》

◎業績

連結　決算期：3月（百万円）		
期別	売上高	純利益
2018年	1,107,429	63,459
2019年	1,142,713	66,093
2020年	1,129,254	58,931

株式会社 ダイセル

[**大阪本社**] 〒530-0011 大阪市北区大深町3-1 　グランフロント大阪 タワーB
[**Tel.**] 06-7639-7171 　[**Fax.**] 06-7639-7181 　[**URL**] https://www.daicel.com
[**設立**] 1919年9月 　[**資本金**] 362億7,544万円
[**社長**] 小河義美
[**事業内容**] セルロース、有機合成、火工品
[**従業員数**] 2,492名(41.3歳) 　[**上場市場(証券コード)**] 東京《4202》

◎業績

連結　決算期：3月（百万円）		
期別	売上高	純利益
2018年	462,956	37,062
2019年	464,859	35,301
2020年	412,826	4,978

帝　　　人 株式会社

[**大阪本社**] 〒530-8605 大阪市北区中之島3-2-4 　中之島フェスティバルタワー・ウエスト
[**Tel.**] 06-6233-3401(代表) 　[**URL**] https://www.teijin.co.jp
[**設立**] 1918年6月 　[**資本金**] 718億3,300万円
[**代表取締役**] 鈴木　純(社長執行役員)
[**事業内容**] ポリエステル繊維、アラミド繊維、炭素繊維、ポリエステルフィルムほか
[**従業員数**] 20,584名(連結) 　[**上場市場(証券コード)**] 東京《3401》

◎業績

連結　決算期：3月（百万円）		
期別	売上高	純利益
2018年	834,986	45,556
2019年	888,589	45,057
2020年	853,746	25,252

Ｄ　Ｉ　Ｃ　株式会社

[本社（本店事務取扱所）] 〒103-8233　東京都中央区日本橋3-7-20　ディーアイシービル

[Tel.] 03-6733-3000（大代表）　　　[URL] http://www.dic-global.com

[設立] 1937年3月　　[資本金] 965億5,700万円

[代表取締役] 猪野　薫（社長執行役員）

[事業内容] プリンティングインキ、ファインケミカル、ポリマ、アプリケーションマテリアルズ

[従業員数] 3,688名（43.4歳）　　[上場市場（証券コード）] 東京《4631》

◎業績

連結　決算期：12月（百万円）		
期別	売上高	純利益
2017年	789,427	38,603
2018年	805,498	32,028
2019年	768,568	23,500

デ　ン　カ　株式会社

〒103-8338　東京都中央区日本橋室町2-1-1　日本橋三井タワー

[Tel.] 03-5290-5055　　[Fax.] 03-5290-5059　　[URL] https://www.denka.co.jp

[設立] 1915年5月　　[資本金] 369億9,800万円

[代表取締役社長] 山本　学

[事業内容] エラストマー・機能樹脂部門、インフラ・ソーシャルソリューション部門、電子・先端
　プロダクツ部門、生活・環境プロダクツ部門

[従業員数] 3,349名（40.7歳）　　[上場市場（証券コード）] 東京《4061》

◎業績

連結　決算期：3月（百万円）		
期別	売上高	純利益
2018年	395,629	23,035
2019年	413,128	25,046
2020年	380,803	22,703

東　洋　紡　株式会社

〒530-8230　大阪市北区堂島浜2-2-8

[Tel.] 06-6348-3111　　[Fax.] 06-6348-3206　　[URL] https://www.toyobo.co.jp

[設立] 1914年6月　　[資本金] 517億3,000万円

[代表取締役社長] 楢原誠慈（社長執行役員）

[事業内容] フィルム・機能樹脂、産業マテリアル、衣料繊維などの製造、加工、販売ほか

[従業員数] 3,181名（単独）（41.3歳）　　[上場市場（証券コード）] 東京《3101》

◎業績

連結　決算期：3月（百万円）		
期別	売上高	純利益
2018年	331,148	13,044
2019年	336,698	△603
2020年	339,607	13,774

東 レ 株式会社

[東京本社] 〒103-8666 東京都中央区日本橋室町2-1-1　日本橋三井タワー

[Tel.] 03-3245-5111（代表）　　[Fax.] 03-3245-5054　　　[URL] https://www.toray.co.jp

[設立] 1926年1月　　[資本金] 1,478億7,303万771円

[代表取締役社長] 日覺昭廣（CEO・COO）

[事業内容] 繊維事業、プラスチック・ケミカル事業、炭素繊維複合材料事業ほか

[従業員数] 7,568名（38.5歳）　　[上場市場（証券コード）] 東京《3402》

◎業績

連結　決算期：3月（百万円）		
期別	売上高	純利益
2018年	2,204,858	95,915
2019年	2,388,848	79,373
2020年	2,214,633	55,725

株式会社 トクヤマ

[東京本部] 〒101-8618 東京都千代田区外神田1-7-5　フロントプレイス秋葉原

[Tel.] 03-5207-2500　　[Fax.] 03-5207-2580　　　[URL] https://www.tokuyama.co.jp

[設立] 1918年2月　　[資本金] 100億円

[代表取締役] 横田　浩

[事業内容] 化学品、特殊品、セメント、ライフアメニティー、その他

[従業員数] 2,203名（42.0歳）　　[上場市場（証券コード）] 東京《4043》

◎業績

連結　決算期：3月（百万円）		
期別	売上高	純利益
2018年	308,061	19,698
2019年	324,661	34,279
2020年	316,096	19,937

株式会社 日 本 触 媒

[大阪本社] 〒541-0043 大阪市中央区高麗橋4-1-1　興銀ビル

[Tel.] 06-6223-9111（総務部）　[Fax.] 06-6201-3716　[URL] http://www.shokubai.co.jp

[東京本社] 〒100-0011　東京都千代田区内幸町1-2-2 日比谷ダイビル　[Tel.] 03-3506-7475

[設立] 1941年8月　　[資本金] 250億3,800万円

[社長] 五嶋祐治朗

[事業内容] 基礎化学品、機能性化学品、環境・触媒

[従業員数] 2,443名（38.3歳）　[上場市場（証券コード）] 東京《4114》

◎業績

連結　決算期：3月（百万円）		
期別	売上高	純利益
2018年	322,801	24,280
2019年	349,678	25,012
2020年	302,150	11,094

富士フイルム HD 株式会社

〒107-0052 東京都港区赤坂 9 - 7 - 3

[Tel.] 03-6271-1111（大代表）　　[URL] https://www.fujifilmholdings.com

[設立] 1934年1月　　[資本金] 403億6,300万円

[代表取締役社長] 助野健児（ＣＯＯ）

[従業員数] 73,569名（連結）　　[上場市場（証券コード）] 東京《4901》

◎業績

連結　決算期：3月（百万円）		
期別	売上高	純利益
2018年	2,433,365	140,694
2019年	2,431,489	138,106
2020年	2,315,141	124,987

【主な事業会社】

富士フイルム 株式会社

[URL] https://www.fujifilm.jp　　[主な製造品目] イメージングソリューション、インフォメーションソリューション

富士フイルム富山化学株式会社

[URL] http://fftc.fujifilm.co.jp　　[主な製造品目] 医薬品

三菱ガス化学 株式会社

〒100-8324 東京都千代田区丸の内 2 - 5 - 2　三菱ビル

[Tel.] 03-3283-5000　　[Fax.] 03-3287-0833　　[URL] https://www.mgc.co.jp

[設立] 1951年4月　　[資本金] 419億7,000万円

[社長] 藤井政志

[事業内容] 天然ガス系化学品、芳香族化学品、機能化学品、特殊機能材など

[従業員数] 2,391名（40.5歳）　　[上場市場（証券コード）] 東京《4182》

◎業績

連結　決算期：3月（百万円）		
期別	売上高	純利益
2018年	635,909	60,531
2019年	648,986	55,000
2020年	613,344	21,158

持株会社

アサヒグループホールディングス株式会社

[本部] 〒130-8602　東京都墨田区吾妻橋 1 -
23- 1

[Tel.] 0570-00-5112

[URL] https://www.asahigroup-holdings.com

[設立] 1949年 9 月

[資本金] 1,825億3,100万円

[社長] 小路明善（CEO）

◎業績 [連結]

2019年12月期　売上収益2,089,048（百万円）

[事業内容] グループの経営戦略・経営管理

[主なグループ会社] アサヒビール、ニッカウ
ヰスキー、アサヒ飲料ほか

[従業員数] 30,676名（連結）

[上場市場（証券コード）] 東京《2502》

ENEOSホールディングス株式会社（旧JXTGホールディングス株式会社）

〒100-8161　東京都千代田区大手町 1 - 1 - 2

[Tel.] 03-6257-5050

[Fax.] 03-6213-3417

[URL] https://www.hd.jx-group.co. jp

[設立] 2010年 4 月

[資本金] 1,000億円

[社長] 大田勝幸（社長執行役員）

◎業績 [連結]

2020年 3 月期　売上高10,011,774（百万円）

[事業内容] 事業を行う子会社およびグループ
会社の経営管理ならびにこれに付帯する業務

[主なグループ会社] ENEOS（エネルギー事

業）、JX石油開発（石油・天然ガス開発事業）、
JX金属（金属事業）

[従業員数] 40,983名（連結）

[上場市場（証券コード）] 東京　名古屋《5020》

大塚ホールディングス 株式会社

〒108-8241　東京都港区港南 2 -16- 4　品川
グランドセントラルタワー

[Tel.] 03-6717-1410

[Fax.] 03-6717-1409

[URL] https://www.otsuka.com

[設立] 2008年 7 月

[資本金] 816億9,000万円

[社長] 樋口達夫（CEO）

◎業績 [連結]

2019年12月期　売上高1,396,240（百万円）

[事業内容] 持株会社

[主なグループ会社] 大塚製薬、大塚製薬工場、
大鵬薬品工業、大塚倉庫、大塚化学、大塚メ
ディカルデバイス

[従業員数] 32,935名（連結）

[上場市場（証券コード）] 東京《4578》

キリンホールディングス 株式会社

〒164-0001　東京都中野区中野 4 -10- 2　中
野セントラルパークサウス

[Tel.] 03-6837-7000

[URL] https://www.kirinholdings.co.jp

[設立] 1907年 2 月

[資本金] 1,020億4,579万3,357円

[社長] 磯崎功典

◎**業績**［連結］

2019年12月期　売上収益1,941,305（百万円）

［**事業内容**］グループの経営戦略・経営管理

［**主なグループ会社**］キリンビール、協和キリン

［**従業員数**］31,631名（連結）

［**上場市場（証券コード）**］全国4市場《2503》

コスモエネルギーホールディングス 株式会社

〒105-8302　東京都港区芝浦1-1-1　浜松町ビル

［**Tel.**］03-3798-7545

［**URL**］https://ceh.cosmo-oil.co.jp

［**設立**］2015年10月

［**資本金**］400億円

［**社長**］桐山　浩（社長執行役員）

◎**業績**［連結］

2020年3月期　売上高 2,738,003（百万円）

［**事業内容**］総合石油事業等を行う傘下グループ会社の経営管理およびそれに付帯する業務

［**主なグループ会社**］コスモエネルギー開発、コスモ石油、コスモ石油マーケティング

［**従業員数**］7,103名（連結）

［**上場市場（証券コード）**］東京《5021》

サッポロホールディングス 株式会社

〒150-8522　東京都渋谷区恵比寿4-20-1

［**Tel.**］03-5423-7407

［**URL**］https://www.sapporoholdings.jp

［**設立**］1949年9月

［**資本金**］538億8,700万円

［**社長**］尾賀真城

◎**業績**［連結］

2019年12月期　売上高 491,896（百万円）

［**事業内容**］持株会社

［**主なグループ会社**］サッポロビール、ポッカサッポロフード＆ビバレッジ

［**従業員数**］7,736名（連結）

［**上場市場（証券コード）**］東京　札幌《2501》

ＪＦＥホールディングス 株式会社

〒100-0011　東京都千代田区内幸町2-2-3

［**Tel.**］03-3597-4321

［**Fax.**］03-3597-4397

［**URL**］https://www.jfe-holdings.co.jp

［**設立**］2002年9月

［**資本金**］1,471億4,300万円

［**社長**］柿木厚司（ＣＥＯ）

◎**業績**［連結］

2020年3月期　売上高3,729,717（百万円）

［**事業内容**］グループの戦略機能、リスク管理、対外説明責任

［**主なグループ会社**］ＪＦＥスチール、ＪＦＥエンジニアリング、ＪＦＥ商事、ジャパンマリンユナイテッド

［**従業員数**］45名（単独）　64,009名（連結）

［**上場市場（証券コード）**］東京　名古屋《5411》

宝ホールディングス 株式会社

〒600-8688　京都市下京区四条通烏丸東入長刀鉾町20　四条烏丸ＦＴスクエア

［**Tel.**］075-241-5130（大代表）

［**URL**］https://www.takara.co.jp

［**設立**］1925年9月

［**資本金**］132億2,600万円

［**社長**］木村　睦

◎**業績**［連結］

2020年3月期　売上高281,191（百万円）

［**業務内容**］子会社の事業活動の支配・管理、不動産の賃貸借・管理、工業所有権の取得・維持・管理・使用許諾・譲渡など

［**主なグループ会社**］宝酒造、タカラバイオ

［**従業員数**］4,680名（連結）

［**上場市場（証券コード）**］東京《2531》

DOWA ホールディングス 株式会社

〒101-0021　東京都千代田区外神田 4 - 14 - 1
秋葉原ＵＤＸビル22階

[Tel.] 03-6847-1100

[Fax.] 03-6847-1272

[URL] http://www.dowa.co.jp

[設立] 1937年 3 月

[資本金] 364億3,700万円

[社長] 関口　明

◎業績 [連結]

　　2020年 3 月期　売上高 48,5130（百万円）

[事業内容] 非鉄金属製錬業、環境・リサイク
　ル事業、電子材料事業、金属加工事業、熱処
　理事業

[主なグループ会社] DOWAメタルマイン、
　DOWAエコシステム、DOWAエレクトロニ
　クス、DOWAメタルテックほか

[従業員数] 7,227名（連結）

[上場市場（証券コード）] 全国 4 市場《5714》

東洋インキＳＣホールディングス
株式会社

〒104-8377　東京都中央区京橋 2 - 2 - 1　京
　橋エドグラン

[Tel.] 03-3272-5731（代表）

[Fax.] 03-3278-8688

[URL] http://schd.toyoinkgroup.com

[設立] 1907年 1 月

[資本金] 317億3,349万6,860円

[社長] 髙島　悟

◎業績 [連結]

　　2019年12月期　売上高 279,892（百万円）

[事業内容] オフセットインキ、印刷機器、印
　刷材料、接着剤、顔料ほか

[主なグループ会社] 東洋インキ、トーヨーケ
　ム

[従業員数] 8,183名（連結）

[上場市場（証券コード）] 東京《4634》

日清紡ホールディングス 株式会社

〒103-8650　東京都中央区日本橋人形町 2 -
　31-11

[Tel.] 03-5695-8833（代表）

[Fax.] 03-5695-8970

[URL] https://www.nisshinbo.co.jp

[設立] 1907年 2 月

[資本金] 276億6,900万円

[社長] 村上雅洋

◎業績 [連結]

　　2019年12月期　売上高 509,660（百万円）

[事業内容] 繊維製品、ブレーキ製品、紙製品、
　精密機器、化学品、エレクトロニクス製品など

[主なグループ会社] 日清紡テキスタイル、日
　清紡ブレーキ、日清紡メカトロニクス、日清
　紡ケミカル、日本無線ほか

[従業員数] 22,109名（連結）

[上場市場（証券コード）] 全国 4 市場《3105》

日 本 製 紙 株式会社

〒101-0062　東京都千代田区神田駿河台 4 - 6
　御茶ノ水ソラシティ

[Tel.] 03-6665-1111

[Fax.] 03-6665-0300

[URL] https://www.nipponpapergroup.com

[設立] 1949年 8 月

[資本金] 1,048億7,325万円

[社長] 野沢　徹（社長執行役員）

◎業績 [連結]

　　2020年 3 月期　売上高 1,043,912（百万円）

[事業内容] 紙パルプ、紙関連、木材・建材・
　土材関連ほか

[主なグループ会社] 日本製紙クレシア、日本
　製紙パピリア

[従業員数] 13,008名（連結）

[上場市場（証券コード）] 東京《3863》

日本ペイントホールディングス　株式会社

〒531-8511　大阪市北区大淀北 2 - 1 - 2

[Tel.] 06-6458-1111（代表）

[Fax.] 06-6455-9260

[URL] https://www.nipponpaint-holdings.com

[設立] 1898年 3 月

[資本金] 788億6,200万円

[代表取締役社長] 田中正明（取締役会長代表執行役社長兼CEO）

◎業績［連結］

　2019年12月期　売上高692,009（百万円）

[事業内容] グループ戦略立案および各事業会社の統括管理

[主なグループ会社] 日本ペイント・オートモーティブコーティングス、日本ペイント、日本ペイント・インダストリアルコーティングス、日本ペイント・サーフケミカルズ、日本ペイントマリン

[従業員数] 25,970名（連結）

[上場市場（証券コード）] 東京《4612》

ハリマ化成グループ　株式会社

[大阪本社] 〒541-0042　大阪市中央区今橋 4 - 4 - 7

[Tel.] 06-6201-2461

[Fax.] 06-6227-1030

[URL] https://www.harima.co.jp

[設立] 1947年11月

[資本金] 100億1,295万1,000円

[社長] 長谷川吉弘

◎業績［連結］

　2020年 3 月期　売上高 71,799（百万円）

[業務内容] トール脂肪酸、製紙用サイズ剤、表面塗工剤、紙力増強剤ほか

[主な関係会社] ハリマ化成、ハリマエムアイディ、ハリマ化成商事、日本フィラーメタルズ、セブンリバーほか

[従業員数] 1,487名（連結）

[上場市場（証券コード）] 東京《4410》

古河機械金属　株式会社

〒100-8370　東京都千代田区丸の内 2 - 2 - 3 丸の内仲通りビル

[Tel.] 03-3212-6570

[Fax.] 03-3212-0696

[URL] https://www.furukawakk.co.jp

[設立] 1918年 4 月

[資本金] 282億818万円

[社長] 宮川尚久

◎業績［連結］

　2020年 3 月期　売上高 165,215（百万円）

[事業内容] 所有ビルの賃貸、不動産の仲介斡旋

[主なグループ会社] 古河ケミカルズ

[従業員数] 2,802名（連結）

[上場市場（証券コード）] 東京《5715》

明治ホールディングス　株式会社

〒104-0031　東京都中央区京橋 2 - 4 -16

[Tel.] 03-3273-4001（代表）

[URL] https://www.meiji.com

[設立] 2009年 4 月

[資本金] 300億円

[社長] 川村和夫

◎業績［連結］

　2020年 3 月期　売上高1,252,706（百万円）

[事業内容] 食品、薬品等の製造、販売等を行う子会社等の経営管理およびそれに付帯または関連する事業

[主なグループ会社] 明治、Meiji Seikaファルマ

[従業員数] 17,571人（連結）

[上場市場（証券コード）] 東京《2269》

製造業者

アキレス 株式会社

〒169-8885　東京都新宿区北新宿 2 -21- 1
　新宿フロントタワー

[Tel.] 03-5338-9200

[URL] https://www.achilles.jp

[設立] 1947年 5 月

[資本金] 146億4,000万円

[社長] 伊藤　守

◎業績 [連結]

　2020年 3 月期　売上高80,225（百万円）

[主な製造品目] シューズ、プラスチック、産
　業資材など

[従業員数] 1,714名

[上場市場(証券コード)] 東京《5142》

アステラス製薬 株式会社

〒103-8411　東京都中央区日本橋本町 2 - 5 - 1

[Tel.] 03-3244-3000（代表）

[URL] https://www.astellas.com/jp

[設立] 1939年 3 月

[資本金] 1,030億100万円

[社長] 安川健司

◎業績 [連結]

　2020年 3 月期　売上高1,300,843（百万円）

[主な製造品目] 医薬品

[従業員数] 15,883名（連結）

[上場市場(証券コード)] 東京《4503》

味　の　素　株式会社

〒104-8315　東京都中央区京橋 1 -15- 1

[Tel.] 03-5250-8111（代表）

[Fax.] 03-5250-8314（広報部）

[URL] https://www.ajinomoto.com

[設立] 1925年12月

[資本金] 798億6,300万円

[社長] 西井孝明（最高経営責任者）

◎業績 [連結]

　2020年 3 月期　売上高1,100,039（百万円）

[主な製造品目] 日本食品、海外食品、ライフ
　サポート、ヘルスケア

[従業員数] 3,401名（単体）

[上場市場(証券コード)] 東京《2802》

荒川化学工業 株式会社

〒541-0046　大阪市中央区平野町 1 - 3 - 7

[Tel.] 06-6209-8500（ダイヤルイン案内台）

[Fax.] 06-6209-8543

[URL] https://www.arakawachem.co.jp

[設立] 1956年 9 月

[資本金] 33億4,300万円

[社長] 宇根高司

◎業績 [連結]

　2020年 3 月期　売上高72,967（百万円）

[主な製造品目] 製紙薬品、化成品、ファイン
　ケミカル、電子材料事業（電子部材，光電子
　材料）など

[従業員数] 802名（個別）　1,606名（連結）

[上場市場(証券コード)] 東京《4968》

イ ビ デ ン 株式会社

〒503-8604　岐阜県大垣市神田町 2 - 1

[Tel.] 0584-81-3111（大代表）

[Fax.] 0584-81-4676

[URL] https://www.ibiden.co.jp

[設立] 1912年11月

[資本金] 641億5,200万円

[社長] 青木武志

◎業績［連結］

　2020年3月期　売上高295,999（百万円）

[主な製造品目] ICパッケージ基板、プリント
　配線板、SiC-DPF、特殊炭素製品など

[従業員数] 3,599名

[上場市場（証券コード）] 東京　名古屋《4062》

石 原 産 業 株式会社

〒550-0002　大阪市西区江戸堀 1 - 3 -15

[Tel.] 06-6444-1451

[Fax.] 06-6445-7798

[URL] https://www.iskweb.co.jp

[設立] 1949年6月

[資本金] 434億2,000万円

[社長] 田中健一（社長執行役員）

◎業績［連結］

　2020年3月期　売上高101,066（百万円）

[主な製造品目] 酸化チタン、機能材料、環境商
　品、電池材料、農薬、医薬など、有機中間体

[従業員数] 1,106名

[上場市場（証券コード）] 東京《4028》

出 光 興 産 株式会社

〒100-8321　東京都千代田区丸の内 3 - 1 - 1

[Tel.] 03-3213-3115（広報CSR室）

[Fax.] 03-3213-3049

[URL] https://www.idss.co.jp

[設立] 1940年3月

[資本金] 1,683億5,100万円

[社長] 木藤俊一

◎業績［連結］

2020年3月期　売上高6,045,850（百万円）

[主な製造品目] 燃料油、基礎化学品、高機能剤、
　電力・再生可能エネルギー、資源

[従業員数] 4,985名

[上場市場（証券コード）] 東京《5019》

ENEOS株式会社
（旧JXTGエネルギー株式会社）

〔大手町本社〕　〒100-8162　東京都千代田区大
　手町 1 - 1 - 2

〔品川本社〕　〒108-8005　東京都港区港南 1 -
　8 -15　Wビル

[Tel.] 0120-56-8704

[URL] https://www.noe.jx-group.co.jp

[設立] 1888年5月

[資本金] 300億円

[社長] 大田勝幸

◎業績［連結］

　2020年3月期　売上高88,902（億円）

[主な製造品目] 石油製品（揮発油、灯・軽油、
　重油、潤滑油ほか）、石油化学製品、蓄電装
　置

[従業員数] 9,206名

エ ー ザ イ 株式会社

〒112-8088　東京都文京区小石川 4 - 6 -10

[Tel.] 03-3817-3700

[URL] https://www.eisai.co.jp

[設立] 1941年12月

[資本金] 449億8,600万円

[取締役] 内藤晴夫（代表執行役ＣＥＯ）

◎業績［連結］

　2020年3月期　売上高695,621（百万円）

[主な製造品目] がん関連領域製品、アルツハ
　イマー型認知症治療剤、プロトンポンプ阻害
　剤など

[従業員数] 2,953名

[上場市場（証券コード）] 東京《4523》

エア・ウォーター 株式会社

[本社] 〒542-0081 大阪市中央区南船場 2 -
　12 - 8

[Tel.] 06-6252-5411

[Fax.] 06-6252-3965

[URL] https://www.awi.co.jp

[設立] 1929年 9 月

[資本金] 558億5,500万円

[社長] 白井清司

◎業績 [連結]
　2020年 3 月期　売上高809,083（百万円）

[主な製造品目] 産業ガス関連事業、ケミカル
　関連事業、医療関連事業、エネルギー関連事
　業、農業・食品関連事業、その他の事業

[従業員数] 909名（単体）　18,211名（連結）

[上場市場（証券コード）] 東京　札幌《4088》

大 塚 化 学 株式会社

〒540-0021 大阪市中央区大手通 3 - 2 -27

[Tel.] 06-6943-7701（大代表）

[Fax.] 06-6946-0860

[URL] https://www.otsukac.co.jp

[設立] 1950年 8 月

[資本金] 50億円

[社長] 土佐浩平

◎業績
　2019年12月期　売上高 30,292（百万円）

[主な製造品目] ヒドラジン誘導体、発泡剤、
　重合開始剤、無機塩類、医薬中間体など

[従業員数] 509名

大 塚 製 薬 株式会社

〒101-8535 東京都千代田区神田司町2-9

[Tel.] 03-6717-1400（東京本部）

[Fax.] 03-6717-1499（東京本部）

[URL] https://www.otsuka.co.jp

[設立] 1964年 8 月

[資本金] 200億円

[社長] 井上　眞

◎業績 [連結]
　2019年12月期　売上高543,233（百万円）

[主な製造品目] 医薬品、飲料、食品

[従業員数] 5,713名

関西ペイント 株式会社

〒541-8523 大阪市中央区今橋 2 - 6 -14

[Tel.] 06-6203-5531（ダイヤルイン）

[Fax.] 06-6203-5018

[URL] https://www.kansai.co.jp

[設立] 1918年 5 月

[資本金] 256億5,800万円

[社長] 毛利訓士

◎業績 [連結]
　2020年 3 月期　売上高406,886（百万円）

[主な製造品目] 塗料および塗料関連製品とこ
　れらに関する機器装置類の製造・販売・設計
　および塗装の監理など

[従業員数] 16,459名（連結）

[上場市場（証券コード）] 東京《4613》

関東電化工業 株式会社

〒100-0005 東京都千代田区丸の内 2 - 3 - 2
　郵船ビルディング

[Tel.] 03-4236-8801

[Fax.] 03-4236-8820

[URL] https://www.kantodenka.co.jp

[設立] 1938年 9 月

[資本金] 28億7,700万円

[社長] 長谷川淳一

◎業績 [連結]
　2020年 3 月期　売上高53,679（百万円）

[主な製造品目] カ性ソーダ、塩酸など
[従業員数] 651名
[上場市場（証券コード）] 東京《4047》

京 セ ラ 株式会社

〒612-8501 京都市伏見区竹田鳥羽殿町6
[Tel.] 075-604-3500（代表）
[Fax.] 075-604-3501
[URL] https://www.kyocera.co.jp
[設立] 1959年4月
[資本金] 1,157億300万円
[社長] 谷本秀夫
◎業績［連結］
　2020年3月期　売上高1,599,053（百万円）
[主な製造品目] ファインセラミック部品関連、
　半導体部品関連、ファインセラミックス応用
　品関連など
[従業員数] 19,651名（京セラ単体）
[上場市場（証券コード）] 東京《6971》

協和キリン 株式会社

〒100-0004 東京都千代田区大手町1-9-2
　大手町フィナンシャルシティグランキューブ
[Tel.] 03-5205-7200（代表）
[Fax.] 03-5205-7182
[URL] https://www.kyowakirin.co.jp
[設立] 1949年7月
[資本金] 267億4,500万円
[社長] 宮本昌志
◎業績［連結］
　2019年12月期　売上高305,820（百万円）
[主な製造品目] 医療用医薬品、臨床検査試薬、
　医薬・工業用原料、ヘルスケア製品
[従業員数] 5,425名（連結）　3,698名（単体）
[上場市場（証券コード）] 東京《4151》

クラボウ（倉敷紡績 株式会社）

〒541-8581 大阪市中央区久太郎町2-4-31
[Tel.] 06-6266-5111（代表）
[Fax.] 06-6266-5555
[URL] https://www.kurabo.co.jp
[設立] 1888年3月
[資本金] 220億4,000万円
[社長] 藤田晴哉
◎業績［連結］
　2020年3月期　売上高142,926（百万円）
[主な製造品目] 繊維事業、化成品事業、環境
　メカトロニクス事業、食品サービス事業ほか
[従業員数] 4,424名（グループ）
[上場市場（証券コード）] 東京《3106》

群栄化学工業 株式会社

〒370-0032 群馬県高崎市宿大類町700
[Tel.] 027-353-1818（代表）
[Fax.] 027-353-1833
[URL] https://www.gunei-chemical.co.jp
[設立] 1946年1月
[資本金] 50億円
[社長] 有田喜一郎
◎業績［連結］
　2020年3月期　売上高26,983（百万円）
[主な製造品目] 工業用フェノール樹脂、鋳物
　用粘結剤、高機能繊維など
[従業員数] 320名（単体）
[上場市場（証券コード）] 東京《4229》

株式会社 神戸製鋼所

[神戸本社] 〒651-8585 兵庫県神戸市中央区
　脇浜海岸通2-2-4
[Tel.] 078-261-5111（大代表）
[Fax.] 078-261-4123
[URL] https://www.kobelco.co.jp

［設立］1911年6月

［資本金］2,509億3,000万円

［社長］山口　貢

◎業績［連結］

　2020年3月期　売上高1,869,835（百万円）

［主な製造品目］鋼材、加工製品・銑鉄ほか、溶接材料、アルミ圧延品、銅圧延品など

［従業員数］11,560名

［上場市場（証券コード）］東京　名古屋《5406》

サカタインクス　株式会社

［大阪本社］〒550-0002　大阪市西区江戸堀1-23-37

［Tel.］06-6447-5811（代表）

［Fax.］06-6447-5898

［URL］http://www.inx.co.jp

［設立］1920年9月

［資本金］74億7,200万円

［社長］森田耕太郎

◎業績［連結］

　2019年12月期　売上高167,237（百万円）

［主な製造品目］各種印刷インキ・補助剤の製造・販売、印刷用・製版用機材の販売ほか

［従業員数］875名

［上場市場（証券コード）］東京《4633》

三洋化成工業　株式会社

〒605-0995　京都市東山区一橋野本町11-1

［Tel.］075-541-4311

［Fax.］075-551-2557

［URL］https://www.sanyo-chemical.co.jp

［設立］1949年11月

［資本金］130億5,100万円

［社長］安藤孝夫（執行役員社長）

◎業績［連結］

　2020年3月期　売上高155,503（百万円）

［主な製造品目］生活・健康産業関連、石油・

輸送機産業関連、プラスチック・繊維産業関連ほか

［従業員数］2,107名（連結）

［上場市場（証券コード）］東京《4471》

ＪＦＥエンジニアリング　株式会社

［東京本社］〒100-0005　東京都千代田区丸の内1-8-1　丸の内トラストタワーN館19階

［Tel.］03-6212-0800

［Fax.］03-6212-0802

［URL］http://www.jfe-eng.co.jp

［設立］2003年4月

［資本金］100億円

［社長］大下　元（ＣＥＯ）

◎業績［連結］

　2020年3月期　売上高369,863（百万円）

［主な製造品目］総合エンジニアリング事業（エネルギー、都市環境、リサイクル、鋼構造、産業機械などに関するエンジニアリング事業）

［従業員数］約10,000名（グループ会社含む）

ＪＦＥケミカル　株式会社

〒111-0051　東京都台東区蔵前2-17-4　JFE蔵前ビル4階

［Tel.］03-5820-6500

［Fax.］03-5820-6539

［URL］https://www.jfe-chem.com

［設立］2003年4月

［資本金］60億円

［社長］鈴木　彰

◎業績［単体］

　2020年3月期　売上高46,557（百万円）

［主な製造品目］タール蒸留製品、BTX製品、工業ガス類、精密化学品ほか

［従業員数］583名（2019年3月末時点）

ＪＦＥスチール 株式会社

〒100-0011 東京都千代田区内幸町２-２-３
日比谷国際ビル

[Tel.] 03-3597-3111

[Fax.] 03-3597-4860

[URL] https://www.jfe-steel.co.jp

[設立] 2003年４月

[資本金] 2,396億4,400万円

[社長] 北野嘉久

◎業績 [連結]
2019年３月期　売上高1,880,253（百万円）

[主な製造品目] 鉄鋼製品

[従業員数] 45,844名（連結）

株式会社 Ｊ Ｓ Ｐ

〒100-0005 東京都千代田区丸の内３-４-２
新日石ビル

[Tel.] 03-6212-6300

[Fax.] 03-6212-6302

[URL] https://www.co-jsp.co.jp

[設立] 1962年１月

[資本金] 101億2,800万円

[社長] 酒井幸男

◎業績 [連結]
2020年３月期　売上高113,375（百万円）

[主な製造品目] 発泡ポリスチレンシート、発
泡ポリエチレンシートなど

[従業員数] 782名

[上場市場（証券コード）] 東京《7942》

ＪＸ金属 株式会社

〒105-8417 東京都港区虎ノ門２-10-４
オークラプレステージタワー

[Tel.] 03-6433-6000

[URL] https://www.nmm.jx-group.co.jp

[資本金] 750億円

[社長] 村山誠一（社長執行役員）

◎業績 [連結]
2020年３月期　売上高10,044（億円）

[主な製造品目] 非鉄金属資源の開発・採掘、
非鉄金属製品（銅、金、銀など）の製造・販売、
電解・圧延銅箔の製造・販売など

[従業員数] 2,872名

塩野義製薬 株式会社

〒541-0045 大阪市中央区道修町３-１-８

[Tel.] 06-6202-2161（大代表）

[Fax.] 06-6229-9596

[URL] http://www.shionogi.co.jp

[設立] 1919年６月

[資本金] 212億7,974万円

[社長] 手代木功

◎業績 [連結]
2020年３月期　売上高334,958（百万円）

[主な製造品目] 医薬品、診断薬ほか

[従業員数] 5,222名（連結）

[上場市場（証券コード）] 東京《4507》

株式会社 資 生 堂

〒104-0061 東京都中央区銀座７-５-５

[Tel.] 03-3572-5111（代表）

[URL] https://shiseidogroup.jp

[設立] 1927年６月

[資本金] 645億600万円

[代表取締役] 魚谷雅彦（執行役員社長；ＣＥＯ）

◎業績 [連結]
2019年12月期　売上高1,131,547（百万円）

[主な製造品目] 化粧品、トイレタリー製品、
医薬品などの製造・販売

[従業員数] 40,000名（連結）

[上場市場（証券コード）] 東京《4911》

城北化学工業 株式会社

〒150-0013 東京都渋谷区恵比寿1-3-1 朝日生命恵比寿ビル5階

[Tel.] 03-5447-5760（代表）

[Fax.] 03-5447-5771

[URL] http://www.johoku-chemical.com

[設立] 1958年4月

[資本金] 1億1,000万円

[社長] 大田友昭

[主な製造品目] 亜リン酸エステル、リン酸エステル類ほかリン化合物、紫外線吸収剤、防錆剤、触媒、原子力関連

[従業員数] 106名

昭和電工マテリアルズ株式会社 （旧日立化成株式会社）

〒100-6606 東京都千代田区丸の内1-9-2 グラントウキョウサウスタワー

[Tel.] 03-5533-7000

[Fax.] 03-5533-7077

[URL] http://www.mc.showadenko.com

[設立] 1962年10月

[資本金] 155億円

[取締役社長] 丸山　寿

◎業績［連結］

　2020年3月期　売上高631,433（百万円）

[主な製造品目] 機能材料、先端部品・システム

[従業員数] 6,615名

[上場市場(証券コード)] 東京《4217》

住友金属鉱山 株式会社

〒105-8716 東京都港区新橋5-11-3　新橋住友ビル

[Tel.] 03-3436-7701（ダイヤルイン受付台）

[Fax.] 03-3434-2215

[URL] http://www.smm.co.jp

[設立] 1950年3月

[資本金] 932億4,200万円

[社長] 野崎　明

◎業績［連結］

　2020年3月期　売上高872,615（百万円）

[主な製造品目] 金銀鉱、銅精鉱、金、銀、銅、ニッケル、半導体材料、自動車排ガス処理触媒など

[従業員数] 7,106名（連結）

[上場市場(証券コード)] 東京《5713》

住友ゴム工業 株式会社

〒651-0072　兵庫県神戸市中央区脇浜町3-6-9

[Tel.] 078-265-3000

[Fax.] 078-265-3111

[URL] http://www.srigroup.co.jp

[設立] 1917年3月

[資本金] 426億5,800万円

[社長] 山本　悟

◎業績［連結］

　2019年12月期　売上高893,310（百万円）

[主な製造品目] タイヤ、アルミホイール、精密ゴム部品など

[従業員数] 7,325名

[上場市場(証券コード)] 東京《5110》

住 友 精 化 株式会社

[本社（大阪）] 〒541-0041 大阪市中央区北浜4-5-33　住友ビル

[Tel.] 06-6220-8508（ダイヤルイン総務人事室）

[Fax.] 06-6220-8541

[URL] https://www.sumitomoseika.co.jp

[設立] 1944年7月

[資本金] 96億9,800万円

[社長] 小川育三

◎業績［連結］

　2020年3月期　売上高99,701（百万円）

[主な製造品目] 吸水性樹脂、機能化学品、ガスなど

[従業員数] 1,062名

[上場市場（証券コード）] 東京《4008》

住友電気工業 株式会社

[本社（大阪）] 〒541-0041 大阪市中央区北浜4-5-33　住友ビル

[Tel.] 06-6220-4141（大代表）

[Fax.] 06-6222-3380

[URL] https://www.sei.co.jp

[設立] 1911年8月

[資本金] 997億3,700万円

[代表取締役社長] 井上　治

◎業績［連結］

　2020年3月期　売上高3,107,027（百万円）

[主な製造品目] 電線・ケーブル、特殊金属線、粉末合金製品、ハイブリッド製品、その他

[従業員数] 6,020名

[上場市場（証券コード）] 東京　名古屋　福岡《5802》

住友ベークライト 株式会社

〒140-0002 東京都品川区東品川2-5-8 天王洲パークサイドビル

[Tel.] 03-5462-4111

[Fax.] 03-5462-4873

[URL] https://www.sumibe.co.jp

[設立] 1932年1月

[資本金] 371億4,300万円

[代表取締役] 藤原一彦（社長執行役員）

◎業績［連結］

　2020年3月期　売上高206,620（百万円）

[主な製造品目] 半導体、高機能プラスチック、

クオリティオブライフ関連製品

[従業員数] 5,865名（連結）　1,647名（単体）

[上場市場（証券コード）] 東京《4203》

住 友 理 工 株式会社

[グローバル本社] 〒450-6316 愛知県名古屋市中村区名駅1-1-1　JPタワー名古屋

[Tel.] 052-571-0200

[Fax.] 052-571-0269

[URL] https://www.sumitomoriko.co.jp

[設立] 1929年12月

[資本金] 121億4,500万円

[社長] 松井　徹（ＣＯＯ）

◎業績［連結］

　2020年3月期　売上高445,148（百万円）

[主な製造品目] 各種防振ゴム、ホース、その他工業用ゴム製品、各種樹脂製品

[従業員数] 25,127名（連結）

[上場市場（証券コード）] 東京　名古屋《5191》

セントラル硝子 株式会社

〒101-0054 東京都千代田区神田錦町3-7-1　興和一橋ビル

[Tel.] 03-3259-7111

[URL] https://www.cgco.co.jp

[設立] 1936年10月

[資本金] 181億6,800万円

[代表取締役] 清水　正（社長執行役員）

◎業績［連結］

　2020年3月期　売上高222,469（百万円）

[主な製造品目] 建築用ガラス、自動車用ガラス、電子材料用ガラス、化学品ほか

[従業員数] 6,440名（連結）

[上場市場（証券コード）] 東京《4044》

積水化成品工業 株式会社

〒530-8565 大阪市北区西天満 2 - 4 - 4　堂島関電ビル

[Tel.] 06-6365-3014

[Fax.] 06-6365-3114

[URL] http://www.sekisuiplastics.co.jp

[設立] 1959年10月

[資本金] 165億3,300万円

[社長] 柏原正人

◎業績［連結］

　2020年 3 月期　売上高136,155（百万円）

[主な製造品目] 農水産資材、食品容器、流通資材、建築資材、土木資材、自動車部材、車輌部品梱包材、産業包装材など

[従業員数] 428名

[上場市場（証券コード）] 東京《4228》

ダイキン工業 株式会社

〒530-8323 大阪市北区中崎西 2 - 4 -12　梅田センタービル

[Tel.] 06-6373-4312

[Fax.] 06-6373-4390

[URL] https://www.daikin.co.jp

[設立] 1934年 2 月

[資本金] 850億3,243万6,655円

[代表取締役社長] 十河政則（ＣＥＯ）

◎業績［連結］

　2020年 3 月期　売上高2,550,305（百万円）

[主な製造品目] フッ素樹脂、フッ素ゴム、空調・冷凍機ほか

[従業員数] 80,369名（連結）

[上場市場（証券コード）] 東京《6367》

大 正 製 薬 株式会社

〒170-8633 東京都豊島区高田 3 -24- 1

[Tel.] 03-3985-1111

[Fax.] 03-3985-8627

[URL] https://www.taisho.co.jp

[設立] 1928年 5 月

[資本金] 298億3,700万円

[社長] 上原　茂

◎業績［連結］

　2020年 3 月期　売上高217,471（百万円）

[主な製造品目] 医療用医薬品、OTC医療品など

[従業員数] 2,905名

大日精化工業 株式会社

〒103-8383 東京都中央区日本橋馬喰町 1 - 7 - 6

[Tel.] 03-3662-7111

[Fax.] 03-3669-3924

[URL] https://www.daicolor.co.jp

[設立] 1939年12月

[資本金] 100億3,900万円

[社長] 高橋弘二

◎業績［連結］

　2020年 3 月期　売上高155,108（百万円）

[主な製造品目] 有機・無機顔料、プラスチック用着色剤、印刷インキ・コーティング材など関連機材

[従業員数] 1,509名

[上場市場（証券コード）] 東京《4116》

大日本住友製薬 株式会社

[大阪本社] 〒541-0045 大阪市中央区道修町 2 - 6 - 8

[Tel.] 06-6203-5321（代表）

[Fax.] 06-6202-6028

[URL] https://www.ds-pharma.co.jp（日本語）
　　　 https://www.ds-pharma.com（英語）

[設立] 1897年 5 月

[資本金] 224億円

[代表取締役社長] 野村　博
◎業績 ［連結］
　2020年3月期　売上高482,732（百万円）
[主な製造品目] 医療用医薬品
[従業員数] 3,072名
[上場市場（証券コード）] 東京《4506》

大日本塗料 株式会社

〒554-0081　大阪市中央区南船場1-18-11
[Tel.] 06-6266-3100
[Fax.] 06-6266-3151
[URL] http://www.dnt.co.jp
[設立] 1929年7月
[資本金] 88億2,736万9,650円
[社長] 里　隆幸
◎業績 ［連結］
　2020年3月期　売上高72,709（百万円）
[主な製造品目] 塗料　その他（各種塗装機器・
　装置、塗装工事、その他）
[従業員数] 702名
[上場市場（証券コード）] 東京《4611》

第一工業製薬 株式会社

〒601-8391　京都市南区吉祥院大河原町5
[Tel.] 075-323-5911
[Fax.] 075-326-7356
[URL] https://www.dks-web.co.jp
[設立] 1918年8月
[資本金] 88億9,500万円
[会長・社長] 坂本隆司
◎業績 ［連結］
　2020年3月期　売上高61,456（百万円）
[主な製造品目] 工業用アニオン・カチオン・
　非イオン・両性界面活性剤、凝集剤、セルロー
　ス系高分子、ショ糖脂肪酸エステルなど
[従業員数] 1,032名（連結）　531名（単独）
[上場市場（証券コード）] 東京《4461》

第 一 三 共 株式会社

〒103-8426　東京都中央区日本橋本町3-5-1
[Tel.] 03-6225-1111（代表）
[URL] https://www.daiichisankyo.co.jp
[設立] 2005年9月
[資本金] 500億円
[社長] 眞鍋　淳（ＣＯＯ）
◎業績 ［連結］
　2020年3月期　売上高981,793（百万円）
[主な製造品目] 医療用医薬品の研究開発、製造・
　販売など
[従業員数] 15,720名（連結）
[上場市場（証券コード）] 東京《4568》

高砂香料工業 株式会社

〒144-8721　東京都大田区蒲田5-37-1
　ニッセイアロマスクエア17階
[Tel.] 03-5744-0511
[Fax.] 03-5744-0512
[URL] https://www.takasago.com/ja
[設立] 1920年2月
[資本金] 92億4,800万円
[社長] 桝村　聡
◎業績 ［連結］
　2020年3月期　売上高152,455（百万円）
[主な製造品目] 香粧品香料、食品香料、合成
　香料、製剤用原料など
[従業員数] 1,024名
[上場市場（証券コード）] 東京《4914》

武田薬品工業 株式会社

[グローバル本社] 〒103-8668　東京都中央区
　日本橋本町2-1-1
[Tel.] 03-3278-2111（代表）
[Fax.] 03-3278-2000（代表）
[URL] https://www.takeda.com/ja-jp

［設立］1925年1月

［資本金］16,681億円

［社長］C.ウェバー（ＣＥＯ）

◎業績［連結］

　　2020年3月期　売上高3,291,188（百万円）

［主な製造品目］医薬品の製造・販売

［従業員数］5,350名

［上場市場（証券コード）］全国4市場《4502》

TOYO TIRE 株式会社

［本社］〒664-0847　兵庫県伊丹市藤ノ木2-2-
　　13

［Tel.］072-789-9100（代表）

［URL］https://www.toyotires.co.jp

［設立］1943年12月

［資本金］559億3500万円

［代表取締役］清水隆史

◎業績［連結］

　　2019年12月期　売上高377,457（百万円）

［主な製造品目］自動車タイヤ・チューブ、工
　　業用ゴム・ウレタン製品、自動車部品

［従業員数］11,840名（連結）

［上場市場（証券コード）］東京《5105》

東 亞 合 成 株式会社

〒105-8419　東京都港区西新橋1-14-1

［Tel.］03-3597-7215

［Fax.］03-3597-7217

［URL］http://www.toagosei.co.jp

［設立］1942年3月

［資本金］208億8,600万円

［社長］髙村美己志

◎業績［連結］

　　2019年12月期　売上高144,955（百万円）

［主な製造品目］肥料、カ性ソーダ、塩素系製品、
　　合成樹脂、その他化学工業品

［従業員数］2,553名（連結）　1,284名（単体）

［上場市場（証券コード）］東京《4045》

東 洋 炭 素 株式会社

〒555-0011　大阪市西淀川区竹島5-7-12

［Tel.］06-6472-5811

［Fax.］06-6472-6007

［URL］https://www.toyotanso.co.jp

［設立］1947年7月

［資本金］79億4700万円

［会長・社長］近藤尚孝

◎業績［連結］

　　2019年12月期　売上高36,402（百万円）

［主な製造品目］特殊炭素製品

［従業員数］831名

［上場市場（証券コード）］東京《5310》

豊 田 合 成 株式会社

〒452-8564　愛知県清須市春日長畑1

［Tel.］052-400-1055

［Fax.］052-409-7491

［URL］https://www.toyoda-gosei.co.jp

［設立］1949年6月

［資本金］280億2,700万円

［社長］小山　享

◎業績［連結］

　　2020年3月期　売上高812,937（百万円）

［主な製造品目］ゴム・合成樹脂・ウレタン製
　　品　半導体および半導体応用製品　電気・電
　　子部品　接着剤の製造ならびに販売

［従業員数］6,590名（単独）

［上場市場（証券コード）］東京　名古屋《7282》

ニ ッ タ 株式会社

〒556-0022　大阪市浪速区桜川4-4-26

［Tel.］06-6563-1211

［Fax.］06-6563-1212

［URL］https://www.nitta.co.jp

［設立］1945年2月

［資本金］80億6,000万円

［社長］石切山靖順

◎業績［連結］

　2020年3月期　売上高83,861（百万円）

［主な製造品目］伝動用ベルト、搬送用ベルト、
　カーブコンベヤなどの搬送システムなど

［従業員数］2,974名（連結）

［上場市場（証券コード）］東京《5186》

ニッパツ（日本発条 株式会社）

〒236-0004　神奈川県横浜市金沢区福浦3-10

［Tel.］045-786-7511

［Fax.］045-786-7599

［URL］https://www.nhkspg.co.jp

［設立］1939年9月

［資本金］170億957万円

［社長］茅本隆司

◎業績［連結］

　2020年3月期　売上高664,499（百万円）

［主な製造品目］自動車用懸架ばね、自動車用
　シート、精密ばねなど

［従業員数］5,076名

［上場市場（証券コード）］東京《5991》

日　　油 株式会社

〒150-6019　東京都渋谷区恵比寿4-20-3
　恵比寿ガーデンプレイスタワー

［Tel.］03-5424-6600（代表）

［Fax.］03-5424-6800

［URL］https://www.nof.co.jp

［設立］1949年7月

［資本金］177億4,200万円

［社長］宮道建臣

◎業績［連結］

　2020年3月期　売上高180,917（百万円）

［主な製造品目］油化事業、化成事業、化薬事業、
　食品事業、ライフサイエンス事業、ＤＤＳ事
　業、ディスプレイ材料事業

［従業員数］1,675名

［上場市場（証券コード）］東京《4403》

日産化学 株式会社

〒103-6119　東京都中央区日本橋2-5-1

［Tel.］03-4463-8111

［URL］https://www.nissanchem.co.jp

［設立］1921年4月

［資本金］189億4,200万円

［社長］木下小次郎

◎業績［連結］

　2020年3月期　売上高206,837（百万円）

［主な製造品目］化学品、機能性材料、農業化
　学品、医薬品

［従業員数］1,939名

［上場市場（証券コード）］東京《4021》

日鉄ケミカル＆マテリアル株式会社

〒103-0027　東京都中央区日本橋1-13-1
　日鉄日本橋ビル

［Tel.］03-3510-0301

［Fax.］03-3510-1161

［URL］https://www.nscm.nipponsteel.com

［設立］1956年10月

［資本金］50億円

［社長］榮　敏治

◎業績［連結］

　2020年3月期　売上高215,733（百万円）

［主な製造品目］コールケミカル、化学品、機
　能材料、複合材料

［従業員数］3,147名（連結）

日本板硝子 株式会社

［東京本社］〒108-6321　東京都港区三田3 -
　　5 -27　住友不動産三田ツインビル西館
［Tel.］03-5443-9522
［URL］http://www.nsg.co.jp
［設立］1918年11月
［資本金］1,166億700万円
［代表者］森　重樹（代表執行役社長；ＣＥＯ）
◎業績［連結］
　　2020年3月期　売上高556,178（百万円）
［主な製造品目］建築用ガラス、自動車用ガラス、
　　高機能ガラスなど
［従業員数］1,980名
［上場市場（証券コード）］東京《5202》

日本カーボン 株式会社

〒104-0032　東京都中央区八丁堀1 -10- 7
　　TMG八丁堀ビル
［Tel.］03-6891-3730（大代表）
［Fax.］03-6891-3785
［URL］http://www.carbon.co.jp
［設立］1915年12月
［資本金］74億277万円
［社長］宮下尚史
◎業績［連結］
　　2019年12月期　売上高44,931（百万円）
［主な製造品目］電気製鋼炉用人造黒鉛電極、
　　汎用炭素繊維および黒鉛繊維、炭素繊維強化
　　炭素複合材など
［従業員数］180名
［上場市場（証券コード）］東京《5302》

日本ガイシ 株式会社

〒467-8530　愛知県名古屋市瑞穂区須田町2 -
　　56
［Tel.］052-872-7181

［URL］https://www.ngk.co.jp
［設立］1919年5月
［資本金］698億4,900万円
［社長］大島　卓
◎業績［連結］
　　2020年3月期　売上高441,956（百万円）
［主な製造品目］碍子および電力機器、自動車
　　用セラミックス、化学工業用機器など
［従業員数］4,397名
［上場市場（証券コード）］東京　名古屋《5333》

日本化学工業 株式会社

〒136-8515　東京都江東区亀戸9 -11- 1
［Tel.］03-3636-8111（ダイヤルイン案内台）
［Fax.］03-3636-6817
［URL］https://www.nippon-chem.co.jp
［設立］1915年9月
［資本金］57億5,711万605円
［代表取締役社長］棚橋洋太
◎業績［連結］
　　2020年3月期　売上高36,243（百万円）
［主な製造品目］クロム製品、リン製品、シリ
　　カ製品、バリウム製品、リチウム製品ほか
［従業員数］577名
［上場市場（証券コード）］東京《4092》

日 本 化 薬 株式会社

［本社］〒100-0005　東京都千代田区丸の内2 -
　　1 - 1　明治安田生命ビル19・20階
［Tel.］03-6731-5200（大代表）
［URL］https://www.nipponkayaku.co.jp
［設立］1916年6月
［資本金］149億3,200万円
［社長］涌元厚宏（社長執行役員）
◎業績［連結］
　　2020年3月期　売上高175,123（百万円）
［主な製造品目］医薬品、原料薬品、動物用医

薬品、染料、化成品、調色機器、農薬など
[従業員数] 2,069名
[上場市場（証券コード）] 東京《4272》

日本軽金属 株式会社

〒105-0004 東京都港区新橋1-1-13　アーバンネット内幸町ビル
[Tel.] 03-6810-7101（代表）
[URL] https://www.nikkeikin.co.jp
[設立] 1939年3月
[資本金] 300億円
[社長] 岡本一郎
◎業績 ［連結］
　2020年3月期　売上高125,707（百万円）
[主な製造品目] 水酸化アルミニウム、アルミナ、ローソーダアルミナ、電融アルミナなど
[従業員数] 2,030名

日本ゼオン 株式会社

〒100-8246 東京都千代田区丸の内1-6-2　新丸の内センタービル
[Tel.] 03-3216-1772
[Fax.] 03-3216-0501
[URL] http://www.zeon.co.jp
[設立] 1950年4月
[資本金] 242億1,100万円
[社長] 田中公章
◎業績 ［連結］
　2020年3月期　売上高321,966（百万円）
[主な製造品目] 合成ゴム、合成ラテックス、化学品、情報材料、高機能樹脂など
[従業員数] 1,600名
[上場市場（証券コード）] 東京《4205》

日 本 曹 達 株式会社

〒100-8165 東京都千代田区大手町2-2-1

[Tel.] 03-3245-6054（ダイヤルイン）
[Fax.] 03-3245-6238
[URL] https://www.nippon-soda.co.jp
[設立] 1920年2月
[資本金] 291億6,600万円
[代表取締役社長] 石井　彰
◎業績 ［連結］
　2020年3月期　売上高144,739（百万円）
[主な製造品目] ソーダ薬品、無機および有機薬品、染料、医薬品、特殊中間体、液状ポリブタジエンなど
[従業員数] 1,313名
[上場市場（証券コード）] 東京《4041》

日 本 農 薬 株式会社

〒104-8386 東京都中央区京橋1-19-8
[Tel.] 03-6361-1400
[Fax.] 03-6361-1450
[URL] https://www.nichino.co.jp
[設立] 1926年3月
[資本金] 149億3,900万円
[社長] 友井洋介
◎業績 ［連結］
　2020年3月期　売上高35,674（百万円）
　※決算期変更により6カ月決算
[主な製造品目] 農薬、医薬、動物用医薬、医薬部外品、工業薬品、農業資材、水処理薬剤
[従業員数] 381名
[上場市場（証券コード）] 東京《4997》

長谷川香料 株式会社

〒103-8431 東京都中央区日本橋本町4-4-14
[Tel.] 03-3241-1151（大代表）
[Fax.] 03-3241-2835
[URL] https://www.t-hasegawa.co.jp
[設立] 1961年12月

［資本金］53億6,485万円

［社長］海野隆雄

◎業績［連結］

　2019年9月期　売上高50,493（百万円）

［主な製造品目］各種香料（香粧品、食品、合成）、
　各種食品添加物および食品

［従業員数］1,077名

［上場市場（証券コード）］東京《4958》

株式会社　ブリヂストン

〒104-8340　東京都中央区京橋3-1-1

［Tel.］03-6836-3001

［Fax.］03-6836-3184

［URL］https://www.bridgestone.co.jp

［設立］1931年3月

［資本金］1,263億5,400万円

［取締役］石橋秀一（代表執行役CEO）

◎業績［連結］

　2019年12月期　売上高3,525,600（百万円）

［主な製造品目］各種タイヤ・チューブ、自動
　車用品、ベルト・ホースほか各種工業用品な
　ど

［従業員数］14,567名

［上場市場（証券コード）］東京　名古屋　福岡
　《5108》

古河電気工業　株式会社

〒100-8322　東京都千代田区丸の内2-2-3

［Tel.］03-3286-3001（ダイヤルイン受付台）

［Fax.］03-3286-3919

［URL］https://www.furukawa.co.jp

［設立］1896年6月

［資本金］693億9,500万円

［社長］小林敬一

◎業績［連結］

　2019年3月期　売上高914,439（百万円）

［主な製造品目］電線・ケーブル、工事・機器電材、

伸銅品、情報機器・電子部品など

［従業員数］4,115名（単体）

［上場市場（証券コード）］東京《5801》

ＨＯＹＡ　株式会社

〒160-8347　東京都新宿区西新宿6-10-1
　日土地西新宿ビル

［Tel.］03-6911-4811（代表）

［Fax.］03-6911-4813

［URL］http://www.hoya.co.jp

［設立］1944年8月

［資本金］62億6,420万1,967円

［取締役］鈴木　洋（代表執行役；CEO）

◎業績［連結］

　2020年3月期　売上収益576,546（百万円）

［主な製造品目］ヘルスケア関連製品、メディ
　カル関連製品など

［従業員数］36,795名（連結）

［上場市場（証券コード）］東京《7741》

北興化学工業　株式会社

〒103-8341　東京都中央区日本橋本町1-5-
　4　住友不動産日本橋ビル

［Tel.］03-3279-5151（大代表）

［Fax.］03-3279-5195

［URL］https://www.hokkochem.co.jp

［設立］1950年2月

［資本金］32億1,400万円

［社長］佐野健一

◎業績［連結］

　2019年11月期　売上高41,986（百万円）

［主な製造品目］農業用薬品、化学工業薬品

［従業員数］646名

［上場市場（証券コード）］東京《4992》

保土谷化学工業 株式会社

〒104-0028 東京都中央区八重洲 2 - 4 - 1
ユニゾ八重洲ビル

[Tel.] 03-5299-8000

[Fax.] 03-5299-8250

[URL] https://www.hodogaya.co.jp

[設立] 1916年12月

[資本金] 111億9,600万円

[社長] 松本祐人（社長執行役員）

◎業績［連結］
　2020年3月期　売上高37,771（百万円）

[主な製造品目] 機能性色素、機能性樹脂、基礎化学品、アグロサイエンス

[従業員数] 433名

[上場市場(証券コード)] 東京《4112》

丸善石油化学 株式会社

〒104-8502 東京都中央区入船 2 - 1 - 1　住友入船ビル6階、7階

[Tel.] 03-3552-9361（代表）

[Fax.] 03-5566-8391

[URL] http://www.chemiway.co.jp

[設立] 1959年10月

[資本金] 100億円

[社長] 鍋島　勝

◎業績［連結］
　2020年3月期　売上高325,053（百万円）

[主な製造品目] エチレン、プロピレン、ブタン・ブチレン、ベンゼン、高密度ポリエチレン、酸化エチレン、エチレングリコール、メチルエチルケトン、トルエン、キシレンほか

三井金属鉱業 株式会社

〒141-8584 東京都品川区大崎 1 - 11 - 1
ゲートシティ大崎ウエストタワー

[Tel.] 03-5437-8000（ダイヤルイン番号案内）

[Fax.] 03-5437-8029

[URL] https://www.mitsui-kinzoku.co.jp

[設立] 1950年5月

[資本金] 421億2,900万円

[社長] 西田計治

◎業績［連結］
　2020年3月期　売上高473,109（百万円）

[主な製造品目] 非鉄金属製錬業、電子材料製造業、化学工業品製造業ほか

[従業員数] 2,096名

[上場市場(証券コード)] 東京《5706》

三 菱 製 紙 株式会社

〒130-0026 東京都墨田区両国2-10-14　両国シティコア

[Tel.] 03-5600-1488

[Fax.] 03-5600-1489

[URL] https://www.mpm.co.jp

[設立] 1898年4月

[資本金] 365億6,163万円

[社長] 立藤幸博（社長執行役員）

◎業績［連結］
　2020年3月期　売上高194,575（百万円）

[主な製造品目] 洋紙、板紙、パルプ、写真印画紙、印刷製版材料

[従業員数] 631名

[上場市場(証券コード)] 東京《3864》

株式会社 ヤクルト本社

〒105-8660 東京都港区海岸 1 -10-30

[Tel.] 03-6625-8960（大代表）

[URL] https://www.yakult.co.jp

[設立] 1955年4月

[資本金] 311億1,765万円

[社長] 根岸孝成（社長執行役員）

◎業績［連結］

2020年3月期　売上高406,004（百万円）

[主な製造品目] 乳製品乳酸菌飲料、はっ酵乳、基礎化粧品、抗癌剤、乳酸菌製剤ほか

[従業員数] 2,882名

[上場市場（証券コード）] 東京《2267》

ユニチカ 株式会社

[大阪本社] 〒541-8566　大阪市中央区久太郎町4-1-3　大阪センタービル

[Tel.] 06-6281-5695

[Fax.] 06-6281-5697

[URL] https://www.unitika.co.jp

[設立] 1889年6月

[資本金] 1億円

[代表取締役] 上埜修司

◎業績 [連結]

2020年3月期　売上高119,537（百万円）

[主な製造品目] フィルム、樹脂、不織布、ナイロン、ポリエステル、ビニロン、綿など

[従業員数] 1.396名

[上場市場（証券コード）] 東京《3103》

横浜ゴム 株式会社

〒105-8685　東京都港区新橋5-36-11

[Tel.] 03-5400-4531（大代表）

[Fax.] 03-5400-4570

[URL] https://www.y-yokohama.com

[設立] 1917年10月

[資本金] 389億900万円

[社長] 山石昌孝

◎業績 [連結]

2019年12月期　売上高650,462（百万円）

[主な製造品目] タイヤ、工業用ゴム、ゴルフ用品など

[従業員数] 5,543名

[上場市場（証券コード）] 東京　名古屋《5101》

ライオン 株式会社

〒130-8644　東京都墨田区本所1-3-7

[Tel.] 03-3621-6211

[Fax.] 03-3621-6328

[URL] https://www.lion.co.jp

[設立] 1918年9月

[資本金] 344億3,372万円

[代表取締役] 掬川正純（社長執行役員）

◎業績 [連結]

2019年12月期　売上高347,519（百万円）

[主な製造品目] 歯磨き、歯ブラシ、石けん、洗剤、ヘアケア・スキンケア製品、クッキング用品、薬品、化学品などの製造販売ほか

[従業員数] 2,850名

[上場市場（証券コード）] 東京《4912》

クラリアントジャパン 株式会社

Clariant（Japan）K. K.

〒113-8662 東京都文京区本駒込 2 -28- 8
文京グリーンコートセンターオフィス 9 階

[Tel.] 03-5977-7880

[Fax.] 03-5977-7883

[URL] https://www.clariant.com/ja-JP/
Corporate

[設立] 1966年 9 月

[資本金] 4 億5,000万円

[社長] 田中成紀

[主な製造品目] 工業用界面活性剤、化粧品・
洗剤用界面活性剤ほか

[従業員数] 182名

バイエル クロップサイエンス 株式会社

Bayer CropScience K.K.

〒100-8262 東京都千代田区丸の内 1 - 6 - 5
丸の内北口ビル

[Tel.] 03-6266-7007（代表）

[Fax.] 03-5219-9733

[URL] https://cropscience.bayer.jp

[設立] 1941年 1 月

[資本金] 11億7,505万円

[社長] H.プリンツ

[主な製造品目] 殺虫剤、殺菌剤、殺虫・殺菌剤、
除草剤ほか

[従業員数] 330名

販売業者

伊藤忠エネクス 株式会社

〒100-6028 東京都千代田区霞が関 3 - 2 - 5
霞が関ビルディング

[Tel.] 03-4233-8000

[URL] https://www.itcenex.com

[設立] 1961年1月

[資本金] 198億7,800万円

[社長] 岡田賢二

◎業績［連結］
2020年3月期 売上高897,427（百万円）

[主な販売品目] 石油製品、ＬＰガス、電力、
高圧ガス、ガス関連機器、自動車ほか

[従業員数] 556名

[上場市場（証券コード）] 東京《8133》

伊藤忠商事 株式会社

[大阪本社] 〒530-8448 大阪市北区梅田 3 -
1 - 3

[Tel.] 06-7638-2121（ダイヤルイン受付台）

[URL] https://www.itochu.co.jp

[東京本社] 〒107-8077 東京都港区北青山 2 -
5 - 1

[Tel.] 03-3497-2121（ダイヤルイン受付台）

[設立] 1949年12月

[資本金] 2,534億4,800万円

[社長] 鈴木善久

◎業績［連結］
2020年3月期 売上高10,982,968（百万円）

[主な販売品目] 基礎化学品、芳香族、合成繊
維原料、有機薬品、農薬、メタノール、エタ
ノール、溶剤、各種精密化学品、医薬品、無

機化学品原料など

[従業員数] 129,383名（連結） 4,294名（単体）

[上場市場（証券コード）] 東京《8001》

稲 畑 産 業 株式会社

[大阪本社] 〒542-8558 大阪市中央区南船場
1 - 15 - 14

[Tel.] 06-6267-6051（ダイヤルイン）

[Fax.] 06-6267-6042

[URL] https://www.inabata.co.jp

[設立] 1918年6月

[資本金] 93億6,400万円

[代表取締役社長] 稲畑勝太郎（社長執行役員）

◎業績［連結］
2020年3月期 売上高600,312（百万円）

[主な販売品目] 電子材料、機械、建築材料、医・
農薬中間体などの物品販売業・輸出入業

[従業員数] 541名

[上場市場（証券コード）] 東京《8098》

岩 谷 産 業 株式会社

[大阪本社] 〒541-0053 大阪市中央区本町
3 - 6 - 4

[Tel.] 06-7637-3131

[Fax.] 06-7637-3535

[URL] http://www.iwatani.co.jp

[設立] 1945年2月

[資本金] 200億9,600万円

[社長] 間島 寛

◎業績［連結］
2020年3月期 売上高686,771（百万円）

［主な販売品目］家庭用・業務用・工業用ＬＰ
　ガス、ＬＰガス供給機器・設備ほか
［従業員数］1,275名
［上場市場（証券コード）］東京《8088》

宇 津 商 事 株式会社

〒103-0023　東京都中央区日本橋本町 2 - 8 -
　8　宇津共栄ビル
［Tel.］03-3663-5581（営 業 部）　03-3663-
　7747（総務部）
［URL］https://www.utsu.co.jp
［設立］1963年10月
［資本金］8,000万円
［社長］宇津憲一
［主な販売品目］無機・有機、界面活性剤、電
　子材料、高機能フィルターほか

オー・ジー 株式会社

〒532-8555　大阪市淀川区宮原 4 - 1 -43
［Tel.］06-6395-5000（ダイヤルイン受付台）
［Fax.］06-6395-5011
［URL］http://www.ogcorp.co.jp
［設立］1923年 1 月
［資本金］11億1,000万円
［社長］福井英治
◎業績［連結］
　2020年 3 月期　売上高176,763（百万円）
［主な販売品目］染料、顔料、中間物、有機工
　業薬品、無機工業薬品、石油化学製品、合成
　樹脂、樹脂加工剤、油脂、界面活性剤、可塑
　剤、安定剤、塗料、建材、石油、食品、機械、
　繊維、プラスチック製品、その他化学製品の
　製造・販売、輸出入業、各種分析測定事業
［従業員数］462名

兼 松 株式会社

［東京本社］〒105-8005　東京都港区芝浦 1 -
　2 - 1　シーバンスＮ館
［Tel.］03-5440-8111
［Fax.］03-5440-6500
［URL］http://www.kanematsu.co.jp
［設立］1918年 3 月
［資本金］277億8,100万円
［社長］谷川　薫
◎業績［連結］
　2020年 3 月期 営業収益721,802（百万円）
［主な販売品目］食料、電子・デバイス、鉄鋼・
　素材・プラント、車両・航空
［従業員数］816名
［上場市場（証券コード）］東京《8020》

Ｃ　Ｂ　Ｃ 株式会社

〒104-0052　東京都中央区月島 2 -15-13
［Tel.］03-3536-4500（ダイヤルイン受付台）
［Fax.］03-3536-4780
［URL］https://www.cbc.co.jp
［創立］1925年 1 月
［資本金］51億円
［代表取締役社長］土井宇太郎
◎業績［連結］
　2020年 3 月期　売上高189,314（百万円）
［主な販売品目］光学レンズ関連製品、電子関
　連製品、合成樹脂、合成ゴム原料および製品、
　化学工業薬品などの輸出入・国内販売
［従業員数］434名

ＪＦＥ商事 株式会社

［東京本社］〒100-8070　東京都千代田区大手
　町 1 - 9 - 5
［Tel.］03-5203-5053
［Fax.］03-5203-5289

[URL] https://www.jfe-shoji.co.jp

[設立] 1954年1月

[資本金] 145億円

[社長] 織田直祐（ＣＥＯ）

[主な販売品目] 鉄鋼、機械、プラント、船舶、海運、建設、不動産開発、建設関連製品など

[従業員数] 8,513名（連結）

昭 光 通 商 株式会社

〒105-8432 東京都港区芝公園2-4-1

[Tel.] 03-3459-5111

[Fax.] 03-3459-5390

[URL] https://www.shoko.co.jp

[設立] 1947年5月

[資本金] 80億2,179万円

[社長] 稲泉淳一（社長執行役員）

◎業績 ［連結］

2019年12月期　売上高119,960（百万円）

[主な販売品目] 工業薬品、合成樹脂、医薬品、軽金属、レアアース、黒鉛電極、研削材など

[従業員数] 202名

[上場市場（証券コード）] 東京《8090》

住 友 商 事 株式会社

[東京本社] 〒104-8601 東京都千代田区大手町2-3-2　大手町プレイス　イーストタワー

[Tel.] 03-6285-5000（代表）

[URL] https://www.sumitomocorp.com/ja/jp

[設立] 1919年12月

[資本金] 2,196億1,300万円

[社長] 兵頭誠之

◎業績 ［連結］

2020年3月期 営業収益5,299,814（百万円）

[主な販売品目] 新素材、電子、電池、バイオ、医薬、農薬、ペットケア用品、合成樹脂など

[従業員数] 5,207名

[上場市場（証券コード）] 東京　名古屋　福岡《8053》

ソーダニッカ 株式会社

〒103-8322 東京都中央区日本橋3-6-2　日本橋フロント5階

[Tel.] 03-3245-1802（代表）

[Fax.] 03-3241-3709

[URL] http://www.sodanikka.co.jp

[設立] 1947年4月

[資本金] 37億6,200万円

[社長] 長洲崇彦

◎業績 ［連結］

2020年3月期　売上高99,749（百万円）

[主な販売品目] 無機・有機工業薬品、医薬品、医薬部外品、化粧品、農薬、石油化学製品、合成樹脂など

[従業員数] 276名

[上場市場（証券コード）] 東京《8158》

双 日 株式会社

〒100-8691 東京都千代田区内幸町2-1-1

[Tel.] 03-6871-5000

[Fax.] 03-6871-2430

[URL] https://www.sojitz.com

[設立] 2003年4月

[資本金] 1,603億3,900万円

[社長] 藤本昌義

◎業績 ［連結］

2020年3月期　営業収益1,754,825（百万円）

[主な販売品目] メタノール、エタノール、ベンゼン、トルエン、キシレン、スチレンモノマー、フェノール、ＭＥＫ、酢酸エチルほか

[従業員数] 2,613名

[上場市場（証券コード）] 東京《2768》

第 一 実 業 株式会社

〒101-8222 東京都千代田区神田駿河台 4 - 6 御茶ノ水ソラシティ17階

[Tel.] 03-6370-8600

[Fax.] 03-6370-8601

[URL] http://www.djk.co.jp

[設立] 1948年 8 月

[資本金] 51億500万円

[社長] 宇野一郎

◎業績 [連結]

2020年 3 月期　売上高161,476（百万円）

[主な販売品目] 石油資源開発・石油精製、石油化学用プラントおよび機器・海洋開発機器など

[従業員数] 1,237名（連結）

[上場市場（証券コード）] 東京《8059》

蝶 理 株式会社

[大阪本社] 〒540-8603 大阪市中央区淡路町 1 - 7 - 3

[Tel.] 06-6228-5000（代表）

[Fax.] 06-6228-5546

[URL] https://www.chori.co.jp

[設立] 1948年 9 月

[資本金] 68億円

[社長] 先濱一夫

◎業績 [連結]

2020年 3 月期　売上高329,360（百万円）

[主な販売品目] 有機化学品　無機化学品　精密化学品　医薬原料　食品・飼料添加剤　天鉱産品　車輌　機械・関連資材

[従業員数] 360名

[上場市場（証券コード）] 東京《8014》

巴 工 業 株式会社

〒141-0001 東京都品川区北品川 5 - 5 -15

大崎ブライトコア

[Tel.] 03-3442-5120（代表）

[Fax.] 03-3442-5172

[URL] https://www.tomo-e.co.jp

[設立] 1941年 5 月

[資本金] 10億6,121万円

[社長] 山本　仁

◎業績 [連結]

2019年10月期　売上高41,355（百万円）

[主な販売品目] 合成樹脂原料・製品および関連装置　塗料・インキ・接着剤原材料ほか

[従業員数] 422名

[上場市場（証券コード）] 東京《6309》

豊 田 通 商 株式会社

[名古屋本社] 〒450-8575 愛知県名古屋市中村区名駅 4 - 9 - 8　センチュリー豊田ビル

[Tel.] 052-584-5000（ダイヤルイン受付台）

[Fax.] 052-584-5659

[URL] https://www.toyota-tsusho.com

[設立] 1948年 7 月

[資本金] 649億3,600万円

[社長] 加留部淳

◎業績 [連結]

2020年 3 月期　営業収益6,694,071（百万円）

[主な販売品目] 金属、グローバル部品・ロジスティクス、自動車、化学品、食料ほか

[従業員数] 2,751名

[上場市場（証券コード）] 東京　名古屋《8015》

長 瀬 産 業 株式会社

[大阪本社] 〒550-8668 大阪市西区新町 1 - 1 -17

[Tel.] 06-6535-2114（ダイヤルイン）

[Fax.] 06-6535-2160

[URL] https://www.nagase.co.jp

[設立] 1917年12月

[資本金] 96億9,900万円

[社長] 朝倉研二

◎業績 [連結]

　2020年3月期　売上高799,559（百万円）

[主な販売品目] 化学品、合成樹脂、電子材料、
　化粧品、健康食品など

[従業員数] 909名

[上場市場（証券コード）] 東京《8012》

日鉄物産 株式会社

[本社] 〒107-8527 東京都港区赤坂8-5-27
　日鉄物産ビル

[Tel.] 03-5412-5001

[Fax.] 03-5412-5101

[URL] https://www.nst.nipponsteel.com

[設立] 1977年8月

[資本金] 163億8,905万円

[社長] 佐伯康光

◎業績 [連結]

　2020年3月期　売上高2,480,256（百万円）

[主な販売品目] 鉄鋼、産機・インフラ、繊維、
　食糧その他の商品の販売および輸出入業

[従業員数] 1,861名（単体）　7,971名（連結）

[上場市場（証券コード）] 東京《9810》

丸　　紅 株式会社

[本社] 〒103-6060 東京都中央区日本橋2-
　7-1　東京日本橋タワー

[Tel.] 03-3282-2111（ダイヤルイン受付台）

[Fax.] 03-3282-4241

[URL] https://www.marubeni.com/jp

[設立] 1949年12月

[資本金] 2,626億8,600万円

[代表取締役社長] 柿木真澄

◎業績 [連結]

　2020年3月期　営業収益6,827,641（百万円）

[主な販売品目] 基礎化学品、塩化ビニル原料・

製品、クロールアルカリ関連商品、合成樹脂
原料・製品、無機化学品、農薬、スペシャリ
ティケミカル、電子材料関連商品

[従業員数] 4,453名

[上場市場（証券コード）] 東京　名古屋《8002》

三 木 産 業 株式会社

[本社] 〒103-0027 東京都中央区日本橋3-
　15-5

[Tel.] 03-3271-4186

[URL] http://www.mikisangyo.co.jp

[設立] 1918年4月

[資本金] 1億円

[社長] 三木　緑

◎業績

　2019年3月期　売上高600億6,300万円

[主な販売品目] ファインケミカル製品、工業薬
　品、石油化学製品、合成樹脂、製紙材料ほか

[従業員数] 210名

三 谷 産 業 株式会社

[東京本社] 〒101-8429 東京都千代田区神田
　神保町2-36-1　住友不動産千代田ファー
　ストウイング

[Tel.] 03-3514-6001

[URL] https://www.mitani.co.jp

[設立] 1949年8月

[資本金] 48億800万円

[社長] 三谷忠照

◎業績 [連結]

　2020年3月期　売上高77,595（百万円）

[主な販売品目] 情報システム、樹脂・エレク
　トロニクス、化学品、空調設備工事、住宅設
　備機器、エネルギー

[従業員数] 512名

[上場市場（証券コード）] 東京　名古屋《8285》

三 井 物 産 株式会社

[本店] 〒100-8631 東京都千代田区丸の内
　1-1-3 日本生命丸の内ガーデンタワー
　（登記上の本店所在地）

[本店] 〒100-8631 東京都千代田区大手町1-
　2-1

[Tel.] 03-3285-1111（ダイヤルイン受付台）

[URL] https://www.mitsui.com/jp/ja

[設立] 1947年7月

[資本金] 3,417億7,600万円

[代表取締役社長] 安永竜夫

◎業績 [連結]
　2020年3月期　営業収益6,885,033（百万円）

[主な販売品目] 鉄鋼製品、金属資源、プロジェ
　クト、機械・輸送システム、化学品、エネル
　ギー、食糧、流通事業ほか

[従業員数] 5,676名

[上場市場（証券コード）] 全国4市場《8031》

三 菱 商 事 株式会社

〒100-8086 東京都千代田区丸の内2-3-1
　三菱商事ビルディング

[Tel.] 03-3210-2121（ダイヤルイン受付台）

[URL] https://www.mitsubishicorp.com/jp/ja

[設立] 1950年4月

[資本金] 2,044億4,666万円

[社長] 垣内威彦

◎業績 [連結]
　2020年3月期 営業収益 14,779,734（百万円）

[主な販売品目] 石油化学品、合成繊維原料、
　肥料、機能化学品、合成樹脂原料・製品、食品・
　飼料添加物、医薬・農薬関連、電子材料ほか

[従業員数] 5,882名

[上場市場（証券コード）] 東京　名古屋《8058》

明 和 産 業 株式会社

〒100-8311 東京都千代田区丸の内3-3-1
　新東京ビル

[Tel.] 03-3240-9011（代表）

[Fax.] 03-3240-9561

[URL] https://www.meiwa.co.jp

[設立] 1947年7月

[資本金] 40億2,400万円

[社長] 吉田　毅

◎業績 [連結]
　2020年3月期　売上高137,036（百万円）

[主な販売品目] 化学品、合成樹脂、建築資材、
　石油、食料、機械、金属、その他各種物品の
　国内販売業ならびに輸出入業

[従業員数] 196名（単体）

[上場市場（証券コード）] 東京《8103》

アリスタ ライフサイエンス 株式会社

Arysta LifeScience Corporation

〒104-6591 東京都中央区明石町 8 - 1　聖路
　加タワー38階

[Tel.] 03-3547-4500

[Fax.] 03-3547-4699

[URL] https://arystalifescience.jp

[設立] 2001年10月

[資本金] 1 億円

[代表取締役社長] 小林久哉（ＣＥＯ）

[主な販売品目] 農薬、医薬品・部外品、動物
　用薬品ほか、輸出入、国内・外国間販売

[従業員数] 96名

シンジェンタ ジャパン 株式会社

Syngenta Japan K.K.

〒104-6021 東京都中央区晴海 1 - 8 -10　オ
　フィスタワーＸ21階

[Tel.] 03-6221-1001

[Fax.] 03-6221-1051

[URL] http://www.syngenta.co.jp

[設立] 1992年 6 月

[資本金] 4 億7,500万円

[社長] 的場　稔

[主な販売品目] 農耕地用農薬、非農耕地用農薬、
　木材保存剤、種苗

[従業員数] 330名

ダウ・ケミカル日本 株式会社

Dow Chemical Japan Limited

〒140-8617 東京都品川区東品川 2 - 2 -24
　天王洲セントラルタワー

[Tel.] 03-5460-2100（代表）

[Fax.] 03-5460-6251

[URL] https://jp.dow.com/ja-jp

[設立] 2016年 9 月

[資本金] 4 億円

[社長] 桜井恵理子

[主な販売品目] 基礎化学品、プラスチック、
　消費財・自動車向け製品など

[従業員数] 157名

デュポン 株式会社

Du Pont Kabushiki Kaisha

〒100-6111 東京都千代田区永田町 2 -11- 1
　山王パークタワー

[Tel.] 03-5521-8500

[URL] http://www.dupont.co.jp

[設立] 1993年 6 月

[資本金] 4 億6,000万円

[社長] 田中能之

[主な販売品目] デュポン製品の製造・輸出入・
　販売、研究・開発、技術サービス及び合弁会
　社に関する業務

ＢＡＳＦジャパン 株式会社

BASF Japan Ltd.

〒103-0022 東京都中央区日本橋室町 3 - 4 -
　4　OVOL日本橋ビル

[Tel.] 03-5290-3000

[Fax.] 03-5290-3333

[URL] https://www.basf.com/jp

[設立] 1949年10月

[代表取締役社長] 石田博基

[主な販売品目] 化学品、機能性材料、高性能
　製品、農業関連製品

[従業員数] 1,102名（連結）

●平成時代を振り返る～化学品商社～

平成の30年間は化学品商社にとっても激動の時代だったといえます。一時期、商社不要論が叫ばれた時期もありましたが、商社はそれぞれ存在感を高めるため、商材の単なる受け渡しではなく、これまでになかった高機能製品の取扱いや、付加価値を高めるための企画・開発・製造機能の強化、そしてアジアなど海外市場の成長に寄り添う形でグローバル展開の拡大に力を注いできました。

かつて化学品商社が扱う商材は化学品、合成樹脂が中心でしたが、現在ではこれらを含めエレクトロニクスや自動車、医薬品・ヘルスケアなどに関連する材料が増加しています。このような取り組みに加え、顧客が望むハードウエアやソフトウエア、そして技術サポートまでを一括で提供するソリューションビジネスへの取り組みも増えているようです。

開発・生産機能の拡大や、国内外で事業展開を充実させるためのM＆Aおよび事業提携も活発化しており、その勢いは令和という新しい時代でも続いていくとみられます。

●廃プラスチック

◆中国での輸入禁止⇒東南アジアへの流入

日本からの廃プラスチックの最大の輸出先であった中国では、環境意識の急速な高まりを受け、2017年末に生活由来廃プラの輸入禁止措置がとられました。2018年末には工業由来の廃プラも対象となり、行き場を失った世界各地の廃プラは、東南アジア各国に押し寄せる状況となりましたが、各地で輸入規制の厳格化が進んでいます。このような状況を受け日本政府は、廃プラ処理業者の増設投資を支援し、国内処理を強化する方向に舵を切っています。

◆再利用

「廃プラ」といっても、その品質は様々です。適切なリサイクル処理が施された使用済みプラスチックのことを「資源プラ」と名付け、高品質品を作り出そうとする動きもあります。パナ・ケミカルでは、高品質品へのこだわりが評価され、東南アジアや中東、米国などへの輸出が継続しています。有害廃棄物の越境移動を規制するバーゼル条約でも、単一素材からなるものは廃棄物とみなされません。

プラスチック循環利用協会によると、2017年の日本の廃プラスチックの総排出量は903万トンで、有効利用率は86％と高水準に達しています。この値は世界でもトップクラスで、リサイクルへの意識の高さを示しているといえます。未利用分についても、その過半は焼却処理され、埋め立てに回るのは総排出量の6％にすぎません。

環境保護の観点からすると、プラスチックのマイナス面がクローズアップされがちですが、食品などの鮮度保持・賞味期限の延長、小分け・個包装、輸送時の損傷軽減など、温室効果ガスの削減に役立っている面もあります。高いリサイクル率を誇るなどプラスチックを知り尽くす日本としては、プラスチックが社会に果たしている貢献を世界に広く訴え、情報発信に努めていきたいところです。

◆サーマルリサイクル

日本はプラスチックのリサイクル率が高い（84％）ものの、その半分以上をサーマルリサイクル（廃プラを焼却し、熱エネルギーとして回収）に依存しています。複合材料が使われることが多いプラスチック製品のなかには、マテリアルリサイクルが難しいものがあり、また製品要求を満たすうえで単一素材化が困難なものもあります。こうした特性上、焼却してエネルギーを回収するサーマルリサイクルは、廃プラ削減および再利用の「有用な方法」の1つと日本では考えられています。しかし広大な土地を有する欧米では埋め立て処理が主流で、日本のこうした考え方は受け入れられがたいようです。

海洋プラスチック問題対応協議会（JaIME）では、サーマルリサイクルの有用性を科学的に評価する研究を支援し、その成果を対外的に情報発信する方針です。

協会・団体

一般社団法人　日本化学工業協会

〒104-0033　東京都中央区新川1-4-1　住友不動産六甲ビル7階

[Tel.] 03-3297-2550（総務部・情報化推進室）

03-3297-2555（広報部）

[URL] https://www.nikkakyo.org

[会長] 森川宏平（昭和電工）

[企業会員] 179社　[団体会員] 80団体

◎統計資料：

グラフで見る日本の化学工業（日本語、英語）

塩ビ工業・環境協会

〒104-0033　東京都中央区新川1-4-1　住友不動産六甲ビル

[Tel.] 03-3297-5601（代表）

[URL] http://www.vec.gr.jp

[会長] 斉藤恭彦（信越化学工業）

[会員会社] 8社　[協賛会員] 4社

◎統計資料：

塩化ビニル樹脂（生産・出荷実績、用途別出荷量、製品別出荷量、産業分野別需要構成比）、塩化ビニルモノマー（生産・出荷実績）、生産能力（塩化ビニル樹脂、塩化ビニルモノマー）、プラスチックの種類別生産量（プラスチック原材料の生産推移）、世界の塩ビ（世界の塩ビ樹脂生産量、世界の塩ビ樹脂使用量、アジアの塩ビ樹脂生産量、アジアの塩ビ樹脂使用量、主要国の一人当たりの塩ビ消費量、世界のメーカー別生産能力、世界の塩ビ需要予測）、各種データ（二塩化エチレンの生産・輸入・輸出量、安定剤の出荷量、可塑剤の出

荷量、PRTR集計データなど）

一般財団法人　化学研究評価機構

〒101-0032　東京都千代田区岩本町2-11-9　イトーピア橋本ビル7階

[Tel.] 03-5823-5521

[URL] http://www.jcii.or.jp

[理事長・専務理事] 西出徹雄

化成品工業協会

〒107-0052　東京都港区赤坂2-17-44　福吉坂ビル4階

[Tel.] 03-3585-3371

[URL] http://kaseikyo.jp

[会長] 榮　敏治（日鉄ケミカル＆マテリアル）

[会員会社] 109社（正会員）

[賛助会員] 21社

◎統計資料：

化成品工業協会関係主要品目統計−合成染料（直接染料、分散染料、蛍光染料、反応染料、有機溶剤溶解染料、その他の合成染料）、有機顔料（アゾ顔料、フタロシアニン系顔料）、有機ゴム薬品（ゴム加硫促進剤、ゴム老化防止剤）、アニリン、フェノール、無水フタル酸、無水マレイン酸

関西化学工業協会

〒550-0002　大阪市西区江戸堀1-12-8　明治安田生命肥後橋ビル9階

[Tel.] 06-6479-3808

[URL] https://www.kankakyo.gr.jp

[会長] 小河義美（ダイセル）

[加盟会員] 90社、7団体

一般社団法人　触媒工業協会

〒101-0032　東京都千代田区岩本町1-4-2
H・Iビル5階

[Tel.] 03-5687-5721

[URL] https://cmaj.jp

[会長] 一瀬宏樹（キャタラー）

[正会員] 17社　[賛助会員] 31社

◎統計資料：

　触媒生産出荷・輸出入・需給統計

公益社団法人　新化学技術推進協会

〒102-0075　東京都千代田区三番町2　三番
町KSビル2階

[Tel.] 03-6272-6880（代表）

[URL] http://www.jaci.or.jp

[会長] 十倉雅和（住友化学）

[正会員] 84社　[特別会員] 32団体

石油化学工業協会

〒104-0033　東京都中央区新川1-4-1　住
友不動産六甲ビル

[Tel.] 03-3297-2011

[URL] https://www.jpca.or.jp

[会長] 和賀昌之（三菱ケミカル）

[会員会社] 27社

◎統計資料：

　月次統計資料（最新実績メモ、主要製品生産
実績、4樹脂生産・出荷・在庫実績および推
移、MMA生産・出荷・在庫実績および推移）、
年次統計資料（石油化学製品の生産・輸出入・
国別輸出入額、エチレン換算輸出入バラン
ス、石油化学と合成樹脂＜合成樹脂の生産推

移＞、汎用五大樹脂の用途別出荷内訳、プラ
スチック加工製品の用途別生産比率、石油化
学と合成繊維、石油化学と合成ゴム、石油化
学用原料ナフサ、化学工業に占める石油化学
工業の比率、石油化学と主な関連業界の出荷
額・従業員数、石油化学製品の需要分布）

石 油 連 盟

〒100-0004　東京都千代田区大手町1-3-2
経団連会館17階

[Tel.] 03-5218-2305

[URL] https://www.paj.gr.jp

[会長] 杉森　務（ENEOS HD）

[会員会社] 11社

◎統計資料：

　《石油統計》月次統計（原油バランス、石油製
品バランス、石油製品国別輸入、原油国別・
油種別輸入、非精製用原油油種別出荷、液化
石油(LP)ガス需給、原油・石油製品輸入金額、
製油所装置能力、石油備蓄日数、都道府県別
販売実績、ポンド扱石油製品（ジェット燃料
油・BC重油）、外航タンカー用船状況の推移）
年次統計（今日の石油産業データ集）など

一般社団法人　全国石油協会

〒100-0014　東京都千代田区永田町2-17-14

[Tel.] 03-5251-2201

[URL] http://www.sekiyu.or.jp

[会長] 山冨二郎

[団体会員（石油組合）] 96団体

[個人正会員（石油製品販売業者）] 39社

◎統計資料：

　SS数の推移（都道府県別給油所数）、事業者
数の推移（登録事業者数、給油所数）、わが国
燃料油年間販売量の推移、SS経営実態報告
（石油製品販売業経営実態調査報告書のダイ
ジェスト版）など

日本化学繊維協会

〒103-0023　東京都中央区日本橋本町 3 - 1 -
11　繊維会館

[Tel.] 03-3241-2311

[URL] https://www.jcfa.gr.jp

[会長] 日覺昭廣(東レ)

[正会員] 19社　[準会員] 1 社　[賛助会員]
23社

◎統計資料：

　生産在庫統計、製造品出荷額、従業者数、化
学繊維設備能力、化学繊維生産高、貿易、ミ
ル消費および最終消費量

一般社団法人 日本化学品輸出入協会

〒103-0013　東京都中央区日本橋人形町 2 -33
- 8　アクセスビル

[Tel.] 03-5652-0014(代表)

[URL] https://www.jcta.or.jp

[会長] 加藤丈雄(三井物産)

[会員会社] 229社

◎統計資料：

　化学品通関統計データベースシステム[会員
限定]

一般社団法人 日本ゴム工業会

〒107-0051　東京都港区元赤坂 1 - 5 -26　東
部ビル 2 階

[Tel.] 03-3408-7101(代表)

[URL] https://www.rubber.or.jp

[会長] 池田育嗣(住友ゴム工業)

[会員会社] 112社(準会員10社、 4 団体含む)

◎統計資料：

　ゴム製品の生産・出荷・在庫、ゴム製品の輸
出入、合成ゴム品種別出荷量、新ゴム消費予
想量

日本ソーダ工業会

〒104-0033　東京都中央区新川 1 - 4 - 1　住
友不動産六甲ビル 8 階

[Tel.] 03-3297-0311(総務部門)

[URL] https://www.jsia.gr.jp

[会長] 山本寿宣(東ソー)

[会員会社] 19社28工場

◎統計資料：

　生産・出荷・在庫(カ性ソーダ、液体塩素、
合成塩酸、副生塩酸、塩酸、次亜塩素酸ナト
リウム、高度さらし粉、ソーダ灰)、カ性ソー
ダの需給推移、塩化物の生産推移、ソーダ灰
の需給推移

一般社団法人 日本塗料工業会

〒150-0013　東京都渋谷区恵比寿 3 -12- 8
東京塗料会館

[Tel.] 03-3443-2011

[URL] https://www.toryo.or.jp

[会長] 毛利訓士(関西ペイント)

[正会員] 98社

[賛助会員] 179社

◎統計資料：

　塗料の各統計(生産、出荷、在庫、金額)、貿
易統計、需要実績

日本肥料アンモニア協会

〒101-0041　東京都千代田区神田須田町 2 - 9
宮川ビル 9 階

[Tel.] 03-5297-2210

[URL] http://www.jaf.gr.jp

[会長] 岩田圭一(住友化学)

[会員会社] 20社

◎統計資料：

　単・複合肥料需給実績、単・複合肥料都道府
県別出荷実績、アンモニア需給実績

日本プラスチック工業連盟

〒103-0025　東京都中央区日本橋茅場町 3 - 5 - 2　アロマビル 5 階

[Tel.] 03-6661-6811

[URL] http://www.jpif.gr.jp

[会長] 岩田圭一(住友化学)

[団体会員] 48団体　[企業会員] 71社

◎統計資料：

《月次統計》プラスチック(原材料生産実績、製品生産実績、原材料販売実績、製品販売実績)、《プラスチックの規格》ISO規格、JIS等

日本無機薬品協会

〒103-0025　東京都中央区日本橋茅場町 2 - 4 -10　大成ビル 3 階

[Tel.] 03-3663-1235(代表)

[URL] http://www.mukiyakukyo.gr.jp

[会長] 倉井敏磨(三菱ガス化学)

[会員会社] 61社

◎資料：主要取扱製品

農薬工業会

〒103-0025　東京都中央区日本橋茅場町 2 - 3 - 6　宗和ビル 4 階

[Tel.] 03-5649-7191(代表)

[URL] https://www.jcpa.or.jp

[会長] 小池好智(クミアイ化学工業)

[正会員] 34社　　[賛助会員] 42社

◎統計資料：農薬年度出荷実績

一般社団法人
プラスチック循環利用協会

〒103-0025　東京都中央区日本橋茅場町 3 - 7 - 6　茅場町スクエアビル 9 階

[Tel.] 03-6855-9175

[URL] https://www.pwmi.or.jp

[会長] 和賀昌之(三菱ケミカル)

[正会員] 17社、 3 団体　[賛助会員] 3 団体

官　庁

経済産業省

Ministry of Economy, Trade and Industry

〒100-8901　東京都千代田区霞が関 1 - 3 - 1

[Tel.] 03-3501-1511（代表）

[URL] https://www.meti.go.jp

資源エネルギー庁

[URL] https://www.enecho.meti.go.jp

中小企業庁

[URL] https://www.chusho.meti.go.jp

特　許　庁

〒100-8915　東京都千代田区霞が関 3 - 4 - 3

[Tel.] 03-3581-1101（代表）

[URL] https://www.jpo.go.jp/indexj.htm

（独立行政法人）製品評価技術基盤機構

〒151-0066　東京都渋谷区西原 2 -49-10

[Tel.] 03-3481-1921（代表）

[URL] https://www.nite.go.jp

（独立行政法人）経済産業研究所

[URL] https://www.rieti.go.jp

（国立研究開発法人）産業技術総合研究所

[URL] https://www.aist.go.jp

（独立行政法人）工業所有権情報・研修館

[URL] https://www.inpit.go.jp

農林水産省

Ministry of Agriculture, Forestry
and Fisheries

〒100-8950　東京都千代田区霞が関 1 - 2 - 1

[Tel.] 03-3502-8111

[URL] http://www.maff.go.jp

（国立研究開発法人）農業・食品産業技術
総合研究機構

〒305-8517　茨城県つくば市観音台 3 - 1 - 1

[Tel.] 029-838-8998

[URL] http://www.naro.affrc.go.jp

文部科学省

Ministry of Education, Culture, Sports,
Science and Technology

〒100-8959　東京都千代田区霞が関 3 - 2 - 2

[Tel.] 03-5253-4111（代表）

[URL] http://www.mext.go.jp

（国立研究開発法人）科学技術振興機構

本部：〒332-0012　埼玉県川口市本町 4 - 1 -
8　川口センタービル

[Tel.] 048-226-5601

[URL] https://www.jst.go.jp

東京本部：〒102-8666　東京都千代田区四番
町5-3　サイエンスプラザ

[Tel.] 03-5214-8404（総務部広報課）

厚生労働省

Ministry of Health, Labour and Welfare

〒100-8916　東京都千代田区霞が関 1 - 2 - 2
　中央合同庁舎 5 号館

[Tel.] 03-5253-1111

[URL] https://www.mhlw.go.jp

国立医薬品食品衛生研究所

〒210-9501　神奈川県川崎市川崎区殿町 3 -
　25-26

[Tel.] 044-270-6600

[URL] http://www.nihs.go.jp/index-j.html

環 境 省

Ministry of the Environment

〒100-8975　東京都千代田区霞が関 1 - 2 - 2
　中央合同庁舎 5 号館

[Tel.] 03-3581-3351

[URL] http://www.env.go.jp

(国立研究開発法人) 国立環境研究所

[URL] http://www.nies.go.jp

(独立行政法人) 環境再生保全機構

[URL] https://www.erca.go.jp

地球環境パートナーシッププラザ

[URL] http://www.geoc.jp

総務省 消防庁

Fire and Disaster Management Agency

〒100-8927　東京都千代田区霞が関 2 - 1 - 2
　中央合同庁舎第 2 号館

[Tel.] 03-5253-5111 (代表)

[URL] https://www.fdma.go.jp

国土交通省

Ministry of Land, Infrastructure,
Transport and Tourism

〒100-8918　東京都千代田区霞が関 2 - 1 - 3
　中央合同庁舎 3 号館

東京都千代田区霞が関 2 - 1 - 2　中央合同庁舎
　2 号館 (分館)

[Tel.] 03-5253-8111 (代表)

[URL] http://www.mlit.go.jp

財 務 省

Ministry of Finance

〒100-8940　東京都千代田区霞が関 3 - 1 - 1

[Tel.] 03-3581-4111 (代表)

[URL] https://www.mof.go.jp

●韓国をホワイト国から除外

　日本政府は2019年7月1日、韓国向けの輸出規制を強化すると発表しました。フッ化ポリイミド、レジスト、フッ化水素の3品目については緊急性が高いとされ、関連する製造技術の移転も含め、7月4日以降は包括輸出許可から個別許可に切り替えられました。8月末には、安全保障上の友好国を対象とする「ホワイト国」から韓国を除外する政令が施行されています。

　これまで韓国向けには、日本の輸出企業が複数の製品をまとめて申請することができましたが、今後は運用が厳格化され、契約ごとに許可・審査が必要になります。禁輸措置ではないため影響は軽微とする見方がある一方、韓国企業の間で日本製品の使用自体を「リスク」とする認識が広がっているという話もあり、企業活動への影響が心配されます。

　この輸出規制の影響を大きく受けるのが半導体産業です。例えば、韓国の半導体メーカーがEUVレジストを使用できなくなるということは、世界の次世代半導体プロセスの開発がストップすることを意味します。次世代半導体市場の形成が遅れれば、その分、EUVレジストの売り上げも先送りされることになり、日本のEUVレジストメーカーにとっても損失となります。フッ化水素についても、仮に他国からの調達を検討する場合には、基準を満たすかどうかをテストするだけで半年から１年はかかるとされ、テストの結果、不適合となるケースも考えられます。基準に適合する場合には、その国の原料メーカーと長期契約を結ぶ必要があり、それだけ信頼関係が重要です。

　これまで半導体産業では、日本が素材を提供し、韓国が最先端の半導体を製造するという関係が約半世紀にわたり続いてきました。企業としてはそれぞれの政府の方針に従わざるを得ませんが、これまで築き上げてきた信頼関係を崩さぬよう、企業間での話し合いが進められているようです。

第 **4** 部

化学産業の
情報収集

◎法令、統計、化学物質、学術論文などの検索データベース情報

名　　　　　　称	所　　　管
【法　令】	
電子政府の総合窓口（法令検索等）	総務省
日本法令外国語訳データベース	法務省
官　報（法律、政省令等）	(独法)国立印刷局
【統　計】	
薬事工業生産動態統計 医薬品・医療機器産業実態　など	厚生労働省
日本標準産業分類	総務省
生産動態統計 　化学工業統計編／資源・窯業・建材統計編／紙・印刷・ 　プラスチック製品・ゴム製品統計編／鉄鋼・非鉄金属・ 　金属製品統計編／繊維・生活用品統計編／機械統計編	経済産業省
工業統計	経済産業省
商業統計	経済産業省
貿易統計	財務省
農林水産統計	農林水産省
【データベース、役立つ検索サイト】	
〔化学物質等〕	
化審法データベース（J-CHECK）	(独法)製品評価技術基盤機構《NITE》 化学 物質管理センター［厚生労働省、経済産業省、 環境省の共同］
化学物質総合情報提供システム（CHRIP）	(独法)製品評価技術基盤機構《NITE》 化学物 質管理センター
化学物質データベース　WebKis-Plus	国立環境研究所 環境リスク・健康研究セン ター
職場のあんぜんサイト　化学物質情報	厚生労働省
国際化学物質安全性カード（ICSC）日本語版	国立医薬品食品衛生研究所《NIHS》
ケミココ　chemi COCO　化学物質情報検索支援システム	環境省

内　容	U R L
法令(憲法・法律・政令・勅令・府令・省令)の検索	http://elaws.e-gov.go.jp/search/elawsSearch/elaws_search/lsg0100
法令(日本語、英訳)の検索	http://www.japaneselawtranslation.go.jp/?re=01
直近1カ月の官報の閲覧	https://kanpou.npb.go.jp/

内　容	U R L
生産金額、経営実態等の把握など	https://www.mhlw.go.jp/toukei/itiran
日本の産業を分類 (大分類、中分類、小分類、細分類)	http://www.soumu.go.jp/toukei_toukatsu/index/seido/sangyo
生産、出荷、在庫等の統計など	https://www.meti.go.jp/statistics/tyo/seidou/result/ichiran/08_seidou.html
工業実態	https://www.meti.go.jp/statistics/tyo/kougyoresult-2.html
商業実態	https://www.meti.go.jp/statistics/tyo/syougyoresult-2.html
輸出入の数量、金額	http://www.customs.go.jp/toukei/info
経営、生産、流通等の統計	http://www.maff.go.jp/j/tokei

内　容	U R L
化審法化学物質の検索、対象物質リスト	https://www.nite.go.jp/jcheck/top.action?request_locale=ja
化学物質の番号や名称等から、有害性情報、法規制情報等を検索、法規制等の対象物質リスト	https://www.nite.go.jp/chem/chrip/chrip_search/systemTop
物質名、CAS番号で化学物質情報等を検索(化審法、PRTR法、農薬取締法等)	https://www.nies.go.jp/kisplus
安衛法名称公表化学物質等、GHS対応モデルラベル・モデルSDS情報等の検索、災害事例等	http://anzeninfo.mhlw.go.jp/user/anzen/kag/kagaku_index.html
日本語版ICSC情報の検索	https://www.nihs.go.jp/ICSC
物質名、法律名・用語などから関連情報を外部データベースにて検索	http://chemicoco.go.jp

名　　　　　称	所　　　管
〔労働災害等〕	
職場のあんぜんサイト　災害事例	厚生労働省
職場のあんぜんサイト　労働災害統計	厚生労働省
危険物総合情報システム	危険物保安技術協会
化学物質リスク評価支援ポータルサイト JCIA BIGDr	(一社)日本化学工業協会
失敗知識データベース	(特非)失敗学会
事故情報	高圧ガス保安協会
製油所の安全安定運転の支援―国内/海外の事故事例	(一財)石油エネルギー技術センター
廃棄物および循環資源における安全情報データベース	京都大学大学院工学研究科都市環境工学専攻　大下和徹　准教授
〔研究論文、研究者等〕	
CiNii Articles	国立情報学研究所《NII》
データベース・コンテンツサービス	(国研)科学技術振興機構《JST》
科学技術情報発信・流通総合システム（J-STAGE）	(国研)科学技術振興機構《JST》
researchmap	(国研)科学技術振興機構《JST》、国立情報学研究所《NII》
科学研究費助成事業データベース（KAKEN）	国立情報学研究所《NII》
J-GLOBAL	(国研)科学技術振興機構《JST》
〔その他〕	
特許情報プラットフォーム（J-Plat Pat）	(独法)工業所有権情報・研修館
日本産業規格（JIS）検索	日本産業標準調査会《JISC》
全国自治体マップ検索	地方公共団体情報システム機構《J-LIS》
J-Net21 支援情報ヘッドライン	(独法)中小企業基盤整備機構
国立国会図書館サーチ	国立国会図書館
日本製薬工業協会（製薬協：JPMA）刊行物（資料室）	日本製薬工業協会
産業技術史資料データベース	国立科学博物館

内　　容	U R L
死亡災害、労働災害（死傷）、ヒヤリ・ハット事例、機械災害などのデータベース	https://anzeninfo.mhlw.go.jp/anzen/sai/saigai_index.html
死亡災害件数、死傷災害件数、度数率、強度率、災害原因要素の分析など	https://anzeninfo.mhlw.go.jp/user/anzen/tok/toukei_index.html
事故事例集、用語集など（要登録。有料）	http://www.khk-syoubou.or.jp/hazardinfo/guide.html
有害性データ・曝露情報の収集、作業者リスクの評価など（一部有料）	https://www.jcia-bigdr.jp
機械、化学、石油などのカテゴリー別に事故事例がまとめられている	http://www.shippai.org/fkd/index.php
高圧ガス事故情報（事例データベース、統計資料など）、ＬＰガス事故情報（統計資料など）	https://www.khk.or.jp/public_information/incident_investigation
国内/海外の製油所における事故事例	http://www.pecj.or.jp/japanese/safer/safer.html
事故事例、危険物性等の検索	http://epsehost.env.kyoto-u.ac.jp/safety/

内　　容	U R L
日本の学術論文情報の検索	https://ci.nii.ac.jp
文献、特許・技術、産学官連携、研究者、研究機関等の検索	https://www.jst.go.jp/data
日本の科学技術情報関係の電子ジャーナル等の検索	https://www.jstage.jst.go.jp/browse/-char/ja
国内の大学・公的研究機関等に関する研究機関、研究者、研究課題、研究資源の検索	https://researchmap.jp
研究者情報の検索	https://nrid.nii.ac.jp/
研究者、文献、特許、研究課題、機関、科学技術用語、化学物質、遺伝子、研究資源等の検索	https://jglobal.jst.go.jp

内　　容	U R L
特許・実用新案、意匠、商標の検索	https://www.j-platpat.inpit.go.jp
JIS（規格番号、規格名称、単語で）検索	https://www.jisc.go.jp/app/jis/general/GnrJISSearch.html
地方公共団体ホームページへのリンク一覧	https://www.j-lis.go.jp/spd/map-search/cms_1069.html
イベント・セミナー等の情報検索	https://j-net21.smrj.go.jp/snavi/event
国会図書館をはじめ、全国の公共図書館、公文書館、美術館や学術研究機関などの情報を検索	https://iss.ndl.go.jp
てきすとぶっく、DATA BOOKなど、製薬協発行の刊行物を閲覧可能	http://www.jpma.or.jp/about/issue
日本の産業技術の発展を示す資料の所蔵場所を、分野ごとに検索できる	http://sts.kahaku.go.jp/sts/index.php

◎ 図　書　館 （開館日時などについては、ウェブサイトなどでご確認ください）

【官公庁】

名　称・連　絡　先	分　野
国立国会図書館（東京本館） 〒100-8924　東京都千代田区永田町１−10−１ 電話　03-3506-3300（自動音声案内）	全般
国立国会図書館（関西館） 〒619-0287　京都府相楽郡精華町精華台８−１−３ 電話　0774-98-1200（自動音声案内）	全般（科学技術関係資料の収集に注力）
経済産業省図書館 〒100-8901　東京都千代田区霞が関１−３−１　経済産業省別館１階 電話　03-3501-5864（ダイヤルイン）	経済産業、対外経済、ものづくり、エネルギーなどの政策
厚生労働省図書館 〒100-8916　東京都千代田区霞が関１−２−２　中央合同庁舎第５号館19階 電話　03-5253-1111（内線7687、7688）	社会福祉、社会保険、公衆衛生および社会・労働関係
農林水産省図書館 〒100-8950　東京都千代田区霞が関１−２−１　農林水産省本館１階 電話　03-3591-7091（ダイヤルイン）	農林水産業および農林水産行政。林野図書資料館（森林、林業、木材産業関係）を併設。同資料館は各種イベントに力を入れており、web上で「お山ん画」などの漫画を公開中
総務省統計図書館（国立国会図書館支部） 〒162-8668　東京都新宿区若松町19−１　総務省第２庁舎（統計局）１階 電話　03-5273-1132	国内・海外の統計関係資料など。なお、第２庁舎敷地内には統計資料館がある
環境省図書館 〒100-8975　東京都千代田区霞が関１−２−２　中央合同庁舎５号館19階 電話　03-3581-3351（内線6200、7200）	環境省の報告書、調査書など
国土交通省図書館 〒100-8918　東京都千代田区霞が関２−１−２　合同庁舎第２号館14階 電話　03-5253-8332	国土交通省の報告書、関連する図書など
文部科学省図書館 〒100-8959　東京都千代田区霞が関３−２−２　旧文部省庁舎３階 電話　03-5253-4111	文部科学省発行物や、教育、科学技術などの図書・資料
物質・材料研究機構図書館 〒305-0047　茨城県つくば市千現１−２−１ 〒305-0044　茨城県つくば市並木１−１ 電話　029-859-2053	材料分野を中心に、物理・化学・生物・工学分野の図書資料やデータベース、データシート、データブック

名　称・連絡先	分　野
食品総合研究所図書室 〒305-8642　茨城県つくば市観音台 2 - 1 - 12 電話　029-838-7994	食品科学・農学・化学・生物学・医学・薬学の専門分野を中心とした図書・雑誌
JAEA図書館（原子力専門図書館） 〒319-1195 茨城県那珂郡東海村大字白方 2 - 4 電話　029-282-5376	原子力関連の専門図書・雑誌、研究レポート
宇宙航空研究開発機構図書館 〒182-8522 東京都調布市深大寺東町 7 - 44 - 1　調布航空宇宙センター内 電話　0422-40-3938 筑波宇宙センター、相模原キャンパス、角田宇宙センターにも図書室あり	宇宙航空分野に関する、基礎的研究から開発に至るまでの、資料や専門書
農業環境技術研究所図書館 〒305-8604　茨城県つくば市観音台 3 - 1 - 3 電話　029-838-8192	農業環境に関した多岐にわたる図書、明治26年からの旧農事試験場・農林水産省農環研時代の貴重な資料も数多く所蔵

【公　立】

名　称・連絡先	分　野
東京都立中央図書館 〒106-8575 東京都港区南麻布 5 - 7 - 13（有栖川宮記念公園内） 電話　03-3442-8451（代表）	ビジネス・法律・医療情報、工業技術、環境、（専門）新聞閲覧など
神奈川県立産業技術総合研究所図書室 〒243-0435 神奈川県海老名市下今泉705- 1 電話　046-236-1500（代表，内線2310）	理工系の一般図書、科学技術関係の雑誌や図書など
神奈川県立川崎図書館 〒213-0012 神奈川県川崎市高津区坂戸 3 - 2 - 1 電話　044-299-7825（代表）	自然科学、工学、産業技術系の資料、国内外の工業規格、会社史、団体史など
品川区立大崎図書館 〒141-0001 東京都品川区北品川 5 - 2 - 1 電話　03-3440-5600	ものづくりの産業情報を中心にした新聞・雑誌・データベースなど
大阪府立中之島図書館 〒530-0005 大阪市北区中之島 1 - 2 - 10 電話　06-6203-0474（代表）	ビジネス支援、会社史、古典籍

【関係団体等】

名　称・連絡先	分　野
自動車図書館 〒105-0012 東京都港区芝大門 1 - 1 - 30　日本自動車会館 1 階 電話　03-5405-6139	自動車に関する国内外の図書や文献、自動車雑誌

名　称・連絡先	分　野
ＢＩＣライブラリー 　〒105-0011　東京都港区芝公園３−５−８　機械振興会 　　館Ｂ１階 　電話　03-3434-8255	機械産業を中心としたビジネス情報
ジェトロビジネスライブラリー 　〒541-0052　大阪市中央区安土町２−３−13　大阪国際 　　ビルディング29階 　電話　06-4705-8604	世界各国の統計、会社・団体情報、貿易・投 資制度、関税率表などの資料など
ジェトロ アジア経済研究所図書館 　〒261-8545　千葉市美浜区若葉３−２−２ 　電話　043-299-9716	開発途上地域の経済、政治、社会等を中心と する諸分野の学術的文献、資料など
食の文化ライブラリー 　（東京）〒108-0074　東京都港区高輪３−13−65　味の 　　素グループ高輪研修センター内 　電話　03-5488-7319 　【食のライブラリー】 　（大阪）〒530-0005　大阪市北区中之島６−２−57　味 　　の素グループ大阪ビル２階 　電話　06-6449-5842	食文化やその周辺分野の書籍、雑誌、ＤＶＤ など
紙博図書室 　〒114-0002　東京都北区王子１−１−３　紙の博物館1階 　電話　03-3916-2320	紙・パルプ・製紙業・和紙およびその周辺分 野の図書・雑誌を所蔵
印刷博物館ライブラリー 　〒112-8531　東京都文京区水道１−３−３　トッパン小 　　石川ビル 　電話　03-5840-2300	印刷および関連分野（出版、広告、文字、イ ンキ、紙など）
日本医薬情報センター附属図書館 　〒150-0002　東京都渋谷区渋谷２−12−15　長井記念館 　　４階 　電話　03-5466-1827	医薬関連の書籍のほか、世界の医薬品集・価 格表、世界の公定書、医薬品安全性関連情報 誌など
日本鉄鋼会館ライブラリー 　〒103-0025　東京都中央区日本橋茅場町３−２−10 　電話　03-3669-4821	内外の鉄鋼業や鉄鋼需要に関する図書・資料、 DVDなど
石油天然ガス・金属鉱物資源機構　金属資源情報センター （図書館） 　〒105-0001　東京都港区虎ノ門２−10−1　虎ノ門ツイ 　　ンビルディング西棟15階 　電話　03-6758-8080	国内唯一の金属資源に関する専門図書館
全国市有物件災害共済会　防災専門図書館 　〒102-0093　東京都千代田区平河町２−４−１　日本都 　　市センター会館内 　電話　03-5216-8716	災害・防災・減災等に関する資料を所蔵する専 門図書館

名　称・連絡先	分　野
海事図書館 　〒102-0093　東京都千代田区平河町2-6-4　海運ビル9階 　電話　03-3263-9422	海運、港湾、造船および関連産業など、海事に関する国内外の図書・雑誌
名古屋市工業研究所　産業技術図書館 　〒456-0058　愛知県名古屋市熱田区6-3-4-41 　電話　052-661-3161	内外の技術図書・雑誌約3万冊や、特許情報、企業・人材など各種データベース
東京大学薬学図書館 　〒113-0033　東京都文京区本郷7-3-1 　電話　03-5841-4705、4745	薬学系の図書、新聞、和洋雑誌のほか、薬剤師試験参考書、大学院薬学系の過去入試問題など
慶応義塾大学　理工学メディアセンター　松下記念図書館 　〒223-8522　神奈川県横浜市港北区日吉3-14-1 　電話　045-566-1477	理工学分野の専門図書館

●ライブラリーを軸としたマッチングビジネス

　マテリアルコネクションとは、樹脂を中心に素材産業のマーケティング現場で注目が集まっている、ライブラリーを軸としたマッチングビジネスのことです。ライブラリーに展示されているのは素材で、形や質感などを実際に触れて確かめることができます。マッチングの成功例としては、靴の上面にポリエステル製のメッシュ（ゴムホースの耐寒材料として使われていた）を貼り付けることで、足の固持性を格段に高めたバスケットシューズ「エアジョーダン」が挙げられます。

　このライブラリーを展開しているのは米マテリアルコネクション（1997年創業）で、樹脂や繊維、セラミックスなどの素材データベースと、これらを求める会員をつなぎます。会員は各地の素材展示室を訪れたり、オンラインデータベースにアクセスすることで必要な素材を探すことができます。素材は、金属やカーボン、自然素材なども含めた幅広い領域にわたり、新規性、異業種への転用可能など4つの基準に基づ

く審査を経てデータベースに登録されます。利用実績としては、ＢＭＷ、フィアット、クライスラー、フォルクスワーゲンなどの自動車メーカーやアディダス、ナイキ、プーマなどのスポーツ用品メーカーのほか、家電、建材、ファッション、消費財分野など多岐にわたります。

　同社は世界規模の素材ライブラリー（米国をはじめ欧州、アジア）を展開しており、2013年10月には日本拠点「マテリアルコネクション東京」も開設されています。国内会員数も拡大してきており、自動車、家電、スポーツ関連などのデザイナーが会員に登録している一方で、素材提供側には大手化学メーカー、繊維メーカーなどが名を連ねています。また、マテリアルコネクションでは四半期に一度、企画展が開催されます。日本の素材・加工技術は高品質と評価されながら、用途の広がりに苦戦しているものも多いとみられます。同社が提供する、ユーザーの立場に立った製品開発コンサルティングのほか、素材の海外プロモーション、素材開発支援などの活動を通じた用途拡大が期待されます。

◎ 博 物 館 <small>（開館日時などについては、ウェブサイトなどでご確認ください）</small>

【官公庁、自治体、大学等】

名　称・連絡先	概　要
科学技術館 　〒102-0091　東京都千代田区北の丸公園 2 - 1 　電話　03-3212-8544	現代から近未来の科学技術や産業技術に関するものを展示
日本科学未来館 　〒135-0064　東京都江東区青海 2 - 3 - 6 　電話　03-3570-9151（代表）	素朴な疑問から最新テクノロジー、地球環境、宇宙、生命などさまざまなスケールで現在進行形の科学技術を体験できる
TEPIA 先端技術館 　〒107-0061　東京都港区北青山 2 - 8 - 44 　電話　03-5474-6128	機械・情報・新素材・バイオ・エネルギーなどの最新の先端技術を分かりやすく展示
埼玉県環境科学国際センター　展示館 　〒347-0115　埼玉県加須市上種足914 　電話　0480-73-8351	日常生活レベルの身近な環境問題から地球規模の問題まで楽しく学べる
千葉県立現代産業科学館 　〒272-0015　千葉県市川市鬼高 1 - 1 - 3 　電話　047-379-2000（代表）	現代の日本および千葉県の基幹産業である電力産業・石油産業・鉄鋼産業、先端技術などについて展示
神奈川県立生命の星・地球博物館 　〒250-0031　神奈川県小田原市入生田499 　電話　0465-21-1515	恐竜や隕石から昆虫など、実物標本を中心に、地球の歴史と生命の多様性を展示した自然博物館
大阪科学技術館 　〒550-0004　大阪市西区靱本町 1 - 8 - 4 　電話　06-6441-0915	エネルギー、エレクトロニクス、地球環境、情報通信など、最新の科学技術を体験型のクイズやゲームで楽しく学ぶ
四日市公害と環境未来館 　〒510-0075　三重県四日市市安島 1 - 3 - 16 　電話　059-354-8065	昭和30年代の四日市公害の経緯と被害、環境改善の取り組みなどを体系的に展示し、未来に向けて公害と環境問題について学ぶ
北九州イノベーションギャラリー（北九州産業技術保存継承センター） 　〒805-0071　福岡県北九州市八幡東区東田 2 - 2 - 11 　電話　093-663-5411	近代製鉄発祥の地において、常設展、企画展、ワークショップを展開。金属溶接などの工房で体験イベントもある
大牟田市　石炭産業科学館 　〒836-0037　福岡県大牟田市岬町 6 - 23 　電話　0944-53-2377	近代日本の発展をエネルギー面から支えた石炭産業の歴史を紹介
東京工業大学　博物館（百年記念館） 　〒152-8550　東京都目黒区大岡山 2 - 12 - 1 　電話　03-5734-3340 　すずかけ台分館：〒226-8503 神奈川県横浜市緑区長津田町4259 　電話　045-924-5991	様々な先端研究や社会への応用実績などを発信。すずかけ台分館では環境・バイオ・材料・情報・機能機械などの分野から生まれた、独自性の高い新技術やその技術移転成果を展示
東京農業大学　「食と農」の博物館 　〒158-0098　東京都世田谷区上用賀 2 - 4 - 28 　電話　03-5477-4033	食と農を通して、生産者と消費者、シニア世代と若い世代、農村と都市を結ぶ。多様なイベントや隣接する展示温室 "バイオリウム" で楽しい学びの場を提供

名　称・連絡先	概　要
東京農工大学　科学博物館 　〒184-8865　東京都小金井市中町 2－24－16 　電話　042-388-7163 　分館：〒183-8509　東京都府中市幸町 3－5－8 　電話　042-367-5655	養蚕・製糸・機織に関する資料、最新の化学繊維などのほか、農学・工学の研究成果を展示
日本工業大学　工業技術博物館 　〒345-8501　埼玉県南埼玉郡宮代町学園台 4－1 　電話　0480-33-7545	歴史的工作機械250点以上を実際に動かせる状態で展示。SLも定期的に運行
静岡大学　高柳記念未来技術創造館 　〒430-8011　静岡県浜松市中区城北 3－5－1 　電話　053-478-1402	初期のブラウン管テレビから最新の有機ELテレビまで、テレビの発展と歴史を直接目で見て体感できる

【民間（関係企業、団体等）】

名　称・連絡先	概　要
サッポロビール博物館 　〒065-8633　北海道札幌市東区北 7 条東 9－1－1 　電話　011-748-1876	明治初期に活躍した「開拓使」の紹介から、サッポロビールの誕生、近代日本ビール産業を牽引した「大日本麦酒」時代、そして現在までを歴史的資料を通して学べる
TDK歴史未来館 　〒018-0402　秋田県にかほ市平沢字画書面15 　電話　0184-35-6580	「磁性」技術を中心にした製品や技術の歴史とともに未来への取り組みを紹介する
がすてなーに　ガスの科学館 　〒135-0061　東京都江東区豊洲 6－1－1 　電話　03-3534-1111	「エネルギー」や「ガス」の役割や特長を分かりやすく学習できる
食とくらしの小さな博物館 　〒108-0074　東京都港区高輪 3－13－65 　味の素グループ　高輪研修センター内 2 階 　電話　03-5488-7305	味の素グループの100年にわたる歴史と、将来に向けた活動を紹介
Daiichi Sankyo　くすりミュージアム 　〒103-8426　東京都中央区日本橋本町 3－5－1 　電話　03-6225-1133	くすりの働きや仕組み、くすりづくり、くすりと日本橋の関係などに関して、楽しく、分かりやすく、学ぶことができる体験型施設
花王ミュージアム 　〒131-8501　東京都墨田区文花 2－1－3　花王すみだ 　事業場内　電話　03-5630-9004（事前予約制）	花王がこれまで収集した数々の史料を展示・公開、清浄文化の移り変わりについて紹介
紙の博物館 　〒114-0002　東京都北区王子 1－1－3 　電話　03-3916-2320	和紙・洋紙を問わず、古今東西の紙に関する資料を幅広く収集・保存・展示する世界有数の紙の総合博物館
印刷博物館 　〒112-8531　東京都文京区水道 1－3－3　トッパン小石川ビル 　電話　03-5840-2300	古いポスター、チラシ、書籍から最近の印刷物まで、バラエティ豊かな資料を収蔵

名　称・連絡先	概　要
容器文化ミュージアム 　〒141-8627 東京都品川区東五反田２−18−１　大崎 　　フォレストビルディング１階 　電話　03-4531-4446	文明の誕生と容器の関わりから、最新の容器包装まで、その歴史や技術、工夫を紹介する
ブリヂストンTODAY 　〒187-8531 東京都小平市小川東町３−１−１ 　電話　042-342-6363	ゴムやタイヤについての情報を実物やパネル、実験装置で分かりやすく紹介
三菱みなとみらい技術館 　〒220-8401 神奈川県横浜市西区みなとみらい３−３− 　　１　三菱重工横浜ビル 　電話　045-200-7351	航空宇宙、海洋、交通・輸送、環境・エネルギーなどのゾーンに分け最先端の技術を展示
トヨタ産業技術記念館 　〒451-0051 愛知県名古屋市西区則武新町４−１−35 　電話　052-551-6115	産業遺産の赤レンガの豊田自動織機工場を利用し、繊維機械、自動車、蒸気機関など、実物や装置を幅広く展示
大阪ガス　ガス科学館 　〒592-0001 大阪府高石市高砂３−１ 　電話　072-268-0071	「地球環境の保全とエネルギーの有効利用」をテーマに、天然ガスや、地球環境について学べる
塩業資料館 　〒762-0015 香川県坂出市大屋冨町1777-12 　電話　0877-47-4040	古代から現代までの塩づくりの歴史、文献などを展示。

◎ 取得しておきたい資格

◉衛生管理者

国家資格
【所管：厚生労働省】

労働者の健康障害を防止するための作業環境管理、作業管理、健康管理、労働衛生教育の実施、健康の保持増進措置などを行う。
- **第1種**：すべての業種の事業場
- **第2種**：有害業務と関連の薄い業種－情報通信業、金融・保険業、卸売・小売業など一定の業種の事業場のみ

[問い合わせ]
公益財団法人　安全衛生技術試験協会
〒101-0065　東京都千代田区西神田3-8-1　千代田ファーストビル東館9階
電話　03-5275-1088
URL　https://www.exam.or.jp

◉エネルギー管理士

国家資格
【所管：経済産業省】

エネルギーの使用の合理化に関して、エネルギーを消費する設備の維持、エネルギーの使用の方法の改善、監視、その他経済産業省令で定めるエネルギー管理の業務を行う。
第1種エネルギー管理指定工場（製造業、鉱業、電気供給業、ガス供給業、熱供給業の5業種）事業者は、エネルギーの使用量に応じて1～4名のエネルギー管理者を選任しなければならない。

[問い合わせ]
一般財団法人　省エネルギーセンター
〒108-0023　東京都港区芝浦2-11-5　五十嵐ビルディング
電話　03-5439-4970（エネルギー管理試験・講習センター試験部）
URL　https://www.eccj.or.jp

◉火薬類関係

国家資格
【所管：経済産業省】

危険度の高い火薬類の貯蔵・消費・製造に関して、安全性の確保を最優先として取り扱い状況（火薬庫の構造、保安教育の実施など）や製造状況（製造施設・方法・危険予防規程の遵守など）のチェックを行う。
- **火薬類取扱保安責任者**：火薬庫、火薬類の消費場所。甲種、乙種がある
- **火薬類製造保安責任者**：火薬類の製造工場。甲種、乙種、丙種がある

[問い合わせ]
公益社団法人　全国火薬類保安協会
〒104-0032　東京都中央区八丁堀4-13-5　幸ビル8階
電話　03-3553-8762
URL　http://www.zenkakyo-ex.or.jp

◉危険物取扱者

一定数量以上の危険物を貯蔵し、取り扱う化学工場、ガソリンスタンド、石油貯蔵タンク、タンクローリー等には、危険物を取り扱うために必ず危険物取扱者を置かなければならない。
甲種：全類の危険物の取り扱いと定期点検、保安の監督
乙種：指定の類の危険物について、取り扱いと定期点検、保安の監督
丙種：特定の危険物（ガソリン、灯油、軽油、重油など）に限り、取り扱いと定期点検

［問い合わせ］
一般財団法人　消防試験研究センター
〒100-0013 東京都千代田区霞が関 1 - 4 - 2　大同生命霞が関ビル19階
電話　03-3597-0220
URL https://www.shoubo-shiken.or.jp

◉技術士・技術士補

科学技術の高度な専門的応用能力を必要とする事項について、計画、研究、設計、分析、試験、評価、またはこれらに関する指導業務を行う。二次試験の技術部門には、機械、船舶・海洋、航空・宇宙、電気電子、化学、繊維、金属、資源工学、建設、上下水道、衛生工学、農業、森林、水産、経営工学、情報工学、応用理学、生物工学、環境、原子力・放射線、総合技術監理がある。

［問い合わせ］
公益社団法人　日本技術士会（技術士試験センター）
〒150-0043 東京都渋谷区道玄坂 2 -10- 7　新大宗ビル 9 階
電話　03-3461-8827
URL https://www.engineer.or.jp

◉高圧ガス関係

それぞれの資格に定められた職務経験を有している場合に限り、保安、安全管理、監視、販売等の職務を行うことができる。
・**高圧ガス販売主任者**（第 1 種、第 2 種）　・**高圧ガス製造保安責任者**〔甲種・乙種化学、丙種化学（液化石油ガス、特別試験科目）、甲種・乙種機械など〕
・**液化石油ガス設備士**　・**特定高圧ガス取扱主任者**　・**高圧ガス移動監視者**

［問い合わせ］
高圧ガス保安協会
〒105-8447 東京都港区虎ノ門 4 - 3 -13　ヒューリック神谷町ビル
電話　03-3436-6100（代表）
URL https://www.khk.or.jp

◉公害防止管理者

国家資格
【所管：経済産業省】

大気汚染、水質汚濁、騒音、振動等を防止するため、公害発生施設または公害防止施設の運転、維持、管理、燃料、原材料の検査等を行う。
- ・**大気関係：第1種～第4種**
- ・**騒音・振動関係**
- ・**一般粉じん関係**
- ・**ダイオキシン類関係**
- ・**水質関係：第1種～第4種**
- ・**特定粉じん関係**
- ・**公害防止主任管理者**

[問い合わせ]
一般社団法人　産業環境管理協会
〒101-0044 東京都千代田区鍛冶町2-2-1　三井住友銀行神田駅前ビル
電話　03-5209-7713(試験部門　公害防止管理者試験センター)　　　URL http://www.jemai.or.jp

◉作業主任者

国家資格
【所管：厚生労働省】

労働災害を防止するための管理を必要とする一定の作業について、その作業区分に応じて選任が義務付けられている。
（主な作業主任者）
- ・**石綿作業主任者**：人体に有害な石綿が使用されている建築物、工作物の解体等の作業に係る業務を安全に行うための作業主任者
- ・**ガス溶接作業主任者**：アセチレン溶接装置、ガス集合溶接装置を用いて行う金属の溶接、溶断、加熱の作業を行う場合にて、その作業全般の責任者

[問い合わせ]（石綿作業主任者など）
一般財団法人　労働安全衛生管理協会
〒336-0017 埼玉県さいたま市南区南浦和2-27-15　信庄ビル3階
電話　048-885-7773　　URL http://www.roudouanzen.com

◉電気主任技術者

国家資格
【所管：経済産業省】

電気工作物(電気事業用および自家用電気工作物)の工事、維持、運用に関する保安の監督を行う。
- ・**第1種電気主任技術者**：すべての事業用電気工作物
- ・**第2種電気主任技術者**：電圧17万V未満の事業用電気工作物
- ・**第3種電気主任技術者**：電圧5万V未満の事業用電気工作物
  （出力5,000kW以上の発電所を除く）

[問い合わせ]
一般財団法人　電気技術者試験センター
〒104-8584 東京都中央区八丁堀2-9-1　RBM東八重洲ビル8階
電話　03-3552-7691　　URL https://www.shiken.or.jp

◉毒物劇物取扱責任者

国家資格
【所管：厚生労働省】

毒劇物の製造業・輸入業・販売業を行う場合に必要な管理・監督をする専任の責任者。
- **一般毒物劇物取扱者**：全品目
- **農業用品目毒物劇物取扱者**：農業上、必要なもの
- **特定品目毒物劇物取扱者**：限定されたもの

・欠格事項に該当せず、資格を有する者
  1. 薬剤師
  2. 厚生労働省令で定める学校で、応用化学に関する学課を修了した者
  3. 各都道府県が実施する毒物劇物取扱者試験に合格した者

［問い合わせ］　認定：各都道府県庁

◉ボイラー関係

国家資格
【所管：厚生労働省】

- **ボイラー技士**：建造物のボイラー安全運転を保つためにボイラーの監視・調整・検査などの業務を行う。特級（大規模な工場等）、1級（大規模な工場や事務所・病院等）、2級（一般に設置されている製造設備、暖冷房、給湯用など）
- **ボイラー整備士**：一定規模以上のボイラーや第1種圧力容器の整備など（清掃、点検、交換、運転の確認など）を行う。
- **ボイラー溶接士**：ボイラーや第1種圧力容器の溶接を行う。特別、普通がある。

［問い合わせ］
公益財団法人　安全衛生技術試験協会
〒101-0065 東京都千代田区西神田 3 - 8 - 1　千代田ファーストビル東館 9 階
電話　03-5275-1088　　　URL https://www.exam.or.jp

◉環境カウンセラー

登録資格
【所管：環境省】

市民活動や事業活動の中での環境保全に関する取り組みについて豊富な実績や経験を有し、環境保全に取り組む市民団体や事業者等に対してきめ細かな助言を行うことのできる人材として登録。
登録期間：3 年
- **事業者部門**：環境マネジメントシステム監査、環境専門分野の講師等
- **市民部門**：環境教育セミナーの講師や環境関連ワークショップの進行役、地域環境活動へのアドバイス、企画等

［問い合わせ］
公益財団法人　日本環境協会
〒103-0002 東京都中央区日本橋馬喰町 1 - 4 - 16　馬喰町第一ビル 9 階
電話　03-5643-6251　　　URL https://www.jeas.or.jp

参考資料

◎ノーベル化学賞　受賞者一覧

年度	受　賞　者	国　籍	受　賞　理　由
1901	J. H. ファント・ホフ	オランダ	化学動力学と溶液の浸透圧の法則の発見
1902	H. E. フィッシャー	ドイツ	糖類およびプリンの合成
1903	S. A. アレニウス	スウェーデン	電離の電極理論による化学の進歩への貢献
1904	W. ラムゼー	イギリス	空気中の不活性気体元素の発見と、周期律におけるその位置の確定
1905	J. F. W. A. v. バイヤー	ドイツ	有機染料とヒドロ芳香族化合物の研究による有機化学と化学工業への貢献
1906	H. モワサン	フランス	フッ素の研究と分離、モワサン電気炉の科学での利用
1907	E. ブフナー	ドイツ	生化学の研究と無細胞発酵の発見
1908	E. ラザフォード	イギリス	元素の崩壊と放射性物質の化学の研究
1909	W. オストヴァルト	ドイツ	触媒の研究、化学平衡と反応速度の基礎原理の研究
1910	O. ヴァラッハ	ドイツ	脂環式化合物の分野での先駆的研究による有機化学および化学工業への貢献
1911	M. S. キュリー	フランス	ラジウムとポロニウムの発見、ラジウムの分離とその性質および化合物の研究
1912	V. グリニャール	フランス	グリニャール試薬の発見
	P. サバティエ	フランス	微細な金属粒子を用いる有機化合物水素化法
1913	A. ウェルナー	スイス	分子内の原子の結合に関する研究
1914	T. W. リチャーズ	アメリカ	多くの元素の原子量の正確な決定
1915	R. M. ウィルシュテッター	ドイツ	植物の色素、特にクロロフィルの研究
受賞者なし（1916 ～ 1917）			
1918	F. ハーバー	ドイツ	元素からのアンモニアの合成
受賞者なし（1919）			
1920	W. ネルンスト	ドイツ	熱化学における業績
1921	F. ソディー	イギリス	放射性物質の化学への貢献、同位体の起源と性質の研究
1922	F. W. アストン	イギリス	質量分析による多くの非放射性元素の同位体の発見、整数法則の発見
1923	F. プレーグル	オーストリア	有機物の微量分析法の発明
受賞者なし（1924）			
1925	R. A. ジグモンディ	ドイツ	コロイド溶液の不均一性の証明、コロイド化学の研究法の開発
1926	T. スヴェドベリ	スウェーデン	分散系の研究
1927	H. O. ビーランド	ドイツ	胆汁酸と関連物質の構造の研究
1928	A. O. R. ウィンダウス	ドイツ	ステロール類の構造とそのビタミン類との関係の研究
1929	A. ハーデン	イギリス	糖類の発酵と発酵酵素の研究
	H. K. A. S. v. オイラー－フェルピン	スウェーデン	
1930	H. フィッシャー	ドイツ	ヘミンとクロロフィルの構造の研究、ヘミンの合成
1931	C. ボッシュ F. ベルギウス	ドイツ	化学における高圧法の発明と発展
1932	I. ラングミュア	アメリカ	界面化学における発見と研究
受賞者なし（1933）			
1934	H. C. ユーリー	アメリカ	重水素の発見
1935	F. ジョリオ I. ジョリオ－キュリー	フランス	新種の放射性元素の合成
1936	P. J. W. デバイ	オランダ	双極子モーメントおよびX線の回折、気体中の電子の回折による分子構造の決定
1937	W. N. ハース	イギリス	炭水化物とビタミンCの研究
	P. カーラー	スイス	カロテノイド、フラビン、ビタミンAおよびB2の研究
1938	R. クーン	ドイツ	カロテノイドとビタミンの研究

年度	受賞者	国籍	受賞理由
1939	A. F. J. ブーテナント	ドイツ	性ホルモンの研究
	L. ルジチカ	スイス	ポリメチレンおよび高位テルペンの研究
受賞者なし（1941～1943）			
1943	G. ド・ヘヴェシー	ハンガリー	化学反応の研究に同位体をトレーサーとして用いる方法
1944	O. ハーン	ドイツ	重い原子核の分裂の発見
1945	A. I. ヴィルタネン	フィンランド	農業化学と栄養化学における研究と発明、特に飼い葉の保存法
1946	J. B. サムナー	アメリカ	酵素が結晶化されることの発見
	J. H. ノースロップ W. M. スタンリー	アメリカ	酵素とウイルスのタンパク質を純粋な形で調製
1947	R. ロビンソン	イギリス	生物学的に重要な植物の生成物、特にアルカロイドの研究
1948	A. W. K. ティセーリウス	スウェーデン	電気泳動と吸着分析、特に血清タンパク質の複雑な性質に関する発見
1949	W. F. ジオーク	アメリカ	化学熱力学への貢献、特に極低温での物質の振る舞いについての研究
1950	O. P. H. ディールス K. アルダー	ドイツ	ジエン合成の発見と発展
1951	E. M. マクミラン G. T. シーボーグ	アメリカ	超ウラン元素の化学での発見
1952	A. J. P. マーティン R. L. M. シンジ	イギリス	分配クロマトグラフィーの発明
1953	H. シュタウディンガー	ドイツ	高分子化学での発見
1954	L. ポーリング	アメリカ	化学結合の性質の研究、複雑な物質の構造の解明
1955	V. デュ・ヴィニョー	アメリカ	生化学的に重要なイオウ化合物の研究、特にポリペプチド・ホルモンの合成
1956	C. N. ヒンシェルウッド	イギリス	化学反応の機構の研究
	N. N. セミョーノフ	ソ連	
1957	A. R. トッド	イギリス	ヌクレオチドとヌクレオチド補酵素の研究
1958	F. サンガー	イギリス	タンパク質、特にインシュリンの構造決定
1959	J. ヘイロフスキー	チェコスロヴァキア	ポーラログラフィーの発見と発展
1960	W. F. リビー	アメリカ	考古学、地質学、地球物理学およびその他の関連する科学において、年代決定に炭素14を用いた方法
1961	M. カルヴィン	アメリカ	植物における二酸化炭素の同化の研究
1962	M. F. ペルーツ J. C. ケンドリュー	イギリス	球状タンパク質の構造に関する研究
1963	K. ツィーグラー	ドイツ	高分子ポリマーの科学と技術における発見
	G. ナッタ	イタリア	
1964	D. C. ホジキン	イギリス	X線回折による重要な生化学物質の構造決定
1965	R. B. ウッドワード	アメリカ	有機合成における業績
1966	R. S. マリケン	アメリカ	化学結合と分子の電子構造の分子軌道法による基礎研究
1967	M. アイゲン	西ドイツ	超短時間エネルギーパルスでの超高速化学反応の研究
	R. G. W. ノーリッシュ	イギリス	
	G. ポーター	イギリス	
1968	L. オンサーガー	アメリカ	オーサンガーの相反定理の発見、不可逆過程の熱力学の基礎の確立
1969	D. H. R. バートン	イギリス	立体配座の概念の展開と化学への応用
	O. ハッセル	ノルウェー	
1970	L. F. レロアール	アルゼンチン	糖ヌクレオチドと炭水化物の生合成におけるその役割の発見
1971	G. ヘルツベルグ	カナダ	分子、特に遊離基の電子構造と幾何的構造の研究

年度	受 賞 者	国 籍	受 賞 理 由
1972	C. B. アンフィンゼン	アメリカ	リボヌクレアーゼの研究、特にアミノ酸配列と生物学的に活性な構造の関係
	S. ムーア W. H. スタイン	アメリカ	リボヌクレアーゼ分子の活性中心の化学構造と触媒作用との関係
1973	E. O. フィッシャー	西ドイツ	サンドウィッチ構造の有機金属化学
	G. ウィルキンソン	イギリス	
1974	P. J. フローリー	アメリカ	高分子物理化学の理論と実験における基礎的研究
1975	J. W. コーンフォース	イギリス	酵素触媒反応の立体化学の研究
	V. プレローグ	スイス	有機分子と有機反応の立体化学
1976	W. N. リプスコム	アメリカ	ボランの構造と化学結合の研究
1977	I. プリゴジン	ベルギー	非平衡熱力学、特に散逸構造の理論
1978	P. ミッチェル	イギリス	化学浸透説による生物学的エネルギー輸送の研究
1979	H. C. ブラウン	アメリカ	ホウ素およびリンを含む化合物の試薬の有機合成における利用
	G. ヴィティッヒ	西ドイツ	
1980	P. バーグ	アメリカ	核酸の生化学、DNA組換えの研究
	W. ギルバート	アメリカ	核酸の塩基配列の決定
	F. サンガー	イギリス	
1981	**福井謙一**	**日 本**	化学反応過程の理論
	R. ホフマン	アメリカ	
1982	A. クルーグ	イギリス	結晶学的電子分光法の開発、核酸・タンパク質複合体の構造の解明
1983	H. タウビー	アメリカ	特に金属錯体における電子遷移反応の機構
1984	R. B. メリフィールド	アメリカ	固相反応による化学合成法の発展
1985	H. A. ハウプトマン J. カール	アメリカ	結晶構造を直接決定する方法の確立
1986	D. R. ハーシュバック Y. T. リー	アメリカ	化学反応の素過程の動力学
	J. C. ポラニー	カナダ	
1987	D. J. クラム	アメリカ	高い選択性のある構造特異的な相互作用を起こす分子の開発と利用
	J－M. レーン	フランス	
	C. J. ビーダーセン	アメリカ	
1988	J. ダイゼンホーファー R. フーバー H. ミヘル	西ドイツ	光合成の反応中心の三次元構造の決定
1989	S. アルトマン	カナダ、 アメリカ	RNAの触媒としての性質の発見
	T. R. チェック	アメリカ	
1990	E. J. コーリー	アメリカ	有機合成の理論と方法
1991	R. R. エルンスト	スイス	高分解能の核磁気共鳴（NMR）分光法
1992	R. A. マーカス	アメリカ	化学系における電子遷移反応の理論
1993	K. B. マリス	アメリカ	ポリメラーゼ連鎖反応（PCR）法の発明
	M. スミス	カナダ	オリゴヌクレオチドを用いた位置特異的突然変異法
1994	G. A. オラー	アメリカ	炭素陽イオンの化学への貢献
1995	P. J. クルツェン	オランダ	大気化学、特にオゾンの形成と分解
	M. J. モリーナ F. S. ローランド	アメリカ	
1996	R. F. カール	アメリカ	フラーレンの発見
	H. W. クロート	イギリス	
	R. E. スモーリー	アメリカ	
1997	P. D. ボイヤー	アメリカ	ATP合成の酵素的機構の解明
	J. E. ウォーカー	イギリス	
	J. C. スコー	デンマーク	イオン輸送酵素の発見

年度	受　賞　者	国　籍	受　賞　理　由
1998	W. コーン	アメリカ	密度関数理論の展開
	J. A. ポープル	イギリス	量子化学における計算機利用法
1999	A. H. ズヴェイル	エジプト	フェムト秒分光学を用いた化学反応における遷移状態の研究
2000	A. J. ヒーガー A. G. マクダイアミド	アメリカ	**導電性ポリマーの発見と展開**
	白川英樹	**日　本**	
2001	W. S. ノールズ	アメリカ	**キラルな触媒による水素化反応**
	野依良治	**日　本**	
	K. B. シャープレス	アメリカ	キラルな触媒による酸化反応
2002	J. B. フェン	アメリカ	**生体高分子の質量分析法のための穏和な脱着イオン化法の開発**
	田中耕一	**日　本**	
	K. ビュートリヒ	スイス	溶液中の生体高分子の立体構造決定のための核磁気共鳴分光法の開発
2003	P. アグレ	アメリカ	細胞膜の水チャンネルの発見
	R. マキノン	アメリカ	細胞膜のイオンチャンネルの研究
2004	A. チカノーバー A. ハーシュコ	イスラエル	ユビキチンを介したタンパク質の分解の発見
	I. ローズ	アメリカ	
2005	Y. ショーバン	フランス	有機合成におけるメタセシス法の開発
	R. H. グラッブス R. R. シュロック	アメリカ	
2006	R. D. コーンバーグ	アメリカ	真核生物における転写の研究
2007	G. エルトゥル	ドイツ	固体表面の化学反応過程の研究
2008	**下村　脩**	**日　本**	**緑色蛍光タンパク質（GFP）の発見とその応用**
	M. チャルフィー R. Y. チエン	アメリカ	
2009	V. ラマクリシュナン T. A. スタイツ	アメリカ	リボソームの構造と機能の研究
	A. E. ヨナス	イスラエル	
2010	R. F. ヘック	アメリカ	**有機合成におけるパラジウム触媒クロスカップリング**
	根岸英一 鈴木　章	**日　本**	
2011	D. シェヒトマン	イスラエル	準結晶の発見
2012	R. レフコウィッツ B. コビルカ	アメリカ	Gタンパク共役型受容体の研究
2013	M. カープラス	アメリカ	複雑な化学反応に関するマルチスケールモデルの開発
	M. レヴィット	アメリカ、イギリス、イスラエル	
	A. ウォーシェル	アメリカ、イスラエル	
2014	E. ベツィグ	アメリカ	超高解像度蛍光顕微鏡の開発
	S. ヘル	ドイツ	
	W. E. モーナー	アメリカ	
2015	T. リンダール	スウェーデン	DNA修復の仕組みの研究
	P. モドリッチ	アメリカ	
	A. サンジャル	アメリカ、トルコ	
2016	J. - P. ソヴァージュ	フランス	分子機械の設計と合成
	J. F. ストッダード	イギリス	
	B. L. フェリンハ	オランダ	
2017	J. フランク	アメリカ	溶液中の生体分子を高分解能で構造決定できるクライオ電子顕微鏡法の開発
	J. ドゥボシエ	スイス	
	R. ヘンダーソン	イギリス	

年度	受　賞　者	国　籍	受　賞　理　由
2018	F. H. アーノルド	アメリカ	酵素の指向性進化法の開発
	G. P. スミス	アメリカ	ペプチドおよび抗体のファージディスプレイの開発
	G. P. ウィンター	イギリス	
2019	J.B. グッドイナフ	アメリカ	リチウムイオン二次電池の開発
	M.S. ウィッティンガム	イギリス、アメリカ	
	吉野　彰	日本	
2020	E. シャルパンティエ	フランス	ゲノム編集の新手法開発
	J. ダウドナ	アメリカ	

●日本の素材開発力

　2019年のノーベル化学賞は、吉野彰氏（旭化成名誉フェロー）を含む3名が受賞しました。スマートフォンや電気自動車など幅広い用途に使われ、再生可能エネルギーの貯蔵を可能にするリチウムイオン二次電池（LiB）の基本原理を確立し、軽量、小型で繰り返し使える二次電池の実用化に道を開いたことが評価されました。

　電動化や自動運転などで技術革新が進む自動車、次世代通信5G、AI、IoTなど、社会は大きな変革期に直面しています。これらの実現に欠かせないのが先端部材です。吉野氏は記者会見で、「もし私が電池メーカーに入って新型二次電池を研究していたら、間違いなくリチウムイオン二次電池は発明できなかった」「素材を開発しないと乗り越えられない壁が随所にあり、素材を自ら開発できるところから技術ができあがっている」と語り、素材メーカーに所属する研究者としての自負をのぞかせました。今回の受賞は、日本の素材開発力を改めて世界に認識させることになったともいえます。

　一方でLiBや主要部材を巡っては、中国・韓国勢との競争も激しくなっています。吉野氏は「（サプライチェーンの川上にある）材料や基幹部品は日本が優位性を持つが、それが未来永劫続くとは限らない。製品の開発や改良と平行し、顧客の立場で自社製品の評価能力を身に付けることが競争優位性を確保するために必要」「日本は川上は強いが、理想的には川下が欲しい。"GAFA"に"J（日本の頭文字）"が入れば日本は強くなる。システムづくりを主導する独創的なアイデアを持ったベンチャーが育つ風土をつくってもらいたい」と、日本の将来への期待を語っています。

　日本では化学賞をはじめ、幅広い分野でノーベル賞受賞者が生まれていますが、昨今では論文数が減るなど、研究開発力の低下も指摘されています。吉野氏は日本のアカデミアを取り巻く現状について「大学の状況は危惧している」と指摘し、そのうえで「私が考える理想の研究は、完全に目標に向かって進める《役に立つ研究》と、大学の先生が好奇心や真理の探究で取り組む《基礎研究》の両輪がバランスしていくこと。基礎研究も役割があり、とんでもない成果が見つかる可能性がある。今の日本は、きつい言い方をすれば2つの真ん中当たりをうろうろしている」と鼓舞しました。

元素の周期表

族／周期	1	2	3	4	5	6	7	8	9	10	11	12	13	14	15	16	17	18
1	1 H 水素 1.008																	2 He ヘリウム 4.003
2	3 Li リチウム 6.941	4 Be ベリリウム 9.012											5 B ホウ素 10.81	6 C 炭素 12.01	7 N 窒素 14.01	8 O 酸素 16.00	9 F フッ素 19.00	10 Ne ネオン 20.18
3	11 Na ナトリウム 22.99	12 Mg マグネシウム 24.31											13 Al アルミニウム 26.98	14 Si ケイ素 28.09	15 P リン 30.97	16 S 硫黄 32.07	17 Cl 塩素 35.45	18 Ar アルゴン 39.95
4	19 K カリウム 39.10	20 Ca カルシウム 40.08	21 Sc スカンジウム 44.96	22 Ti チタン 47.88	23 V バナジウム 50.94	24 Cr クロム 52.00	25 Mn マンガン 54.94	26 Fe 鉄 55.85	27 Co コバルト 58.93	28 Ni ニッケル 58.69	29 Cu 銅 63.55	30 Zn 亜鉛 65.39	31 Ga ガリウム 69.72	32 Ge ゲルマニウム 72.61	33 As ヒ素 74.92	34 Se セレン 78.95	35 Br 臭素 79.90	36 Kr クリプトン 83.80
5	37 Rb ルビジウム 85.47	38 Sr ストロンチウム 87.62	39 Y イットリウム 88.91	40 Zr ジルコニウム 91.22	41 Nb ニオブ 92.91	42 Mo モリブデン 95.94	43 Tc テクネチウム (99)	44 Ru ルテニウム 101.1	45 Rh ロジウム 102.9	46 Pd パラジウム 106.4	47 Ag 銀 107.9	48 Cd カドミウム 112.4	49 In インジウム 114.8	50 Sn スズ 118.7	51 Sb アンチモン 121.8	52 Te テルル 127.6	53 I ヨウ素 126.9	54 Xe キセノン 131.3
6	55 Cs セシウム 132.9	56 Ba バリウム 137.3	57〜71 L ランタノイド	72 Hf ハフニウム 178.5	73 Ta タンタル 180.9	74 W タングステン 183.8	75 Re レニウム 186.2	76 Os オスミウム 190.2	77 Ir イリジウム 192.2	78 Pt 白金 195.1	79 Au 金 197.0	80 Hg 水銀 200.6	81 Tl タリウム 204.4	82 Pb 鉛 207.2	83 Bi ビスマス 209.0	84 Po ポロニウム (210)	85 At アスタチン (210)	86 Rn ラドン (222)
7	87 Fr フランシウム (223)	88 Ra ラジウム (226)	89〜103 A アクチノイド	104 Rf ラザホージウム (267)	105 Db ドブニウム (268)	106 Sg シーボーギウム (271)	107 Bh ボーリウム (272)	108 Hs ハッシウム (277)	109 Mt マイトネリウム (276)	110 Ds ダームスタチウム (281)	111 Rg レントゲニウム (280)	112 Cn コペルニシウム (285)	113 Nh ニホニウム (278)	114 Fl フレロビウム (289)	115 Mc モスコビウム (289)	116 Lv リバモリウム (293)	117 Ts テネシン (293)	118 Og オガネソン (294)

セル記載順：原子番号／元素記号／元素名／原子量

ランタノイド 57〜71 (L)

57 La ランタン 138.9	58 Ce セリウム 140.1	59 Pr プラセオジム 140.9	60 Nd ネオジム 144.2	61 Pm プロメチウム (145)	62 Sm サマリウム 150.4	63 Eu ユーロピウム 152.0	64 Gd ガドリニウム 157.3	65 Tb テルビウム 158.9	66 Dy ジスプロシウム 162.5	67 Ho ホルミウム 164.9	68 Er エルビウム 167.3	69 Tm ツリウム 168.9	70 Yb イッテルビウム 173.0	71 Lu ルテチウム 175.0

アクチノイド 89〜103 (A)

89 Ac アクチニウム (227)	90 Th トリウム 232.0	91 Pa プロトアクチニウム 231.0	92 U ウラン 238.0	93 Np ネプツニウム (237)	94 Pu プルトニウム (244)	95 Am アメリシウム (243)	96 Cm キュリウム (247)	97 Bk バークリウム (247)	98 Cf カリホルニウム (252)	99 Es アインスタイニウム (252)	100 Fm フェルミウム (257)	101 Md メンデレビウム (258)	102 No ノーベリウム (259)	103 Lr ローレンシウム (260)

凡例：□ 典型非金属元素　□ 典型金属元素　■ 遷移金属元素

●求められる日本のシーズ開拓

2018年のノーベル医学・生理学賞は本庶佑氏（京都大学特別教授）とジェームズ・アリソン氏（米テキサス大学教授）が受賞しました。免疫を抑える仕組みを阻害するがん治療法を発見し、放射線、手術、化学療法に続く新たな治療選択肢を生み出したことが評価されました。

本庶氏は1992年に、免疫細胞の表面に発現するPD－1が免疫（体内の異物を攻撃する作用）を抑制する役割を持つことを解明しました。その後、小野薬品工業などとがん免疫療法の開発を進め、2014年の抗PD－1抗体「オプジーボ」の製品化につながりました。

オプジーボは、がん細胞自体を直接攻撃する従来の治療薬と異なり、患者自身の免疫系を強化してがん細胞を消滅させる新しいアプローチの治療法で、「免疫チェックポイント阻害剤」や「がん免疫療法」と呼ばれます。オプジーボと同じ抗PD－1／PD－L1抗体などが続々と他社からも創製され、がん免疫療法の開発競争は加速しており、抗PD－1抗体は世界で1兆円を超える一大市場に拡大しています。

オプジーボは久々に出てきた日本発の大型バイオ医薬品ですが、「国産抗体」とは言い切れない背景もあります。じつは本庶氏は抗PD－1抗体の実用化を目指した当初、小野薬品工業に共同研究提案を持ちかけたのですが、自社創薬の経験が浅く、抗がん剤の開発ノウハウがないことを理由に破談となってしまいました。他の日系製薬企業の中からも手を挙げる企業は現れず、最終的に、別の免疫チェックポイント阻害剤を研究していた米メダレックス社をパートナーとして開発が始まり、その後に小野薬品工業との共同研究が始まったという経緯があります。

本庶氏は今回の受賞の意義を「基礎研究から臨床につながる発見で受賞できたこと」と強調し、応用だけでなく基礎研究を含めた若手研究者へのさらなる支援を切望する一方、「共同研究相手となる企業がなかなか見つからなかったことが大きな壁だった」と振り返りました。日本の創薬産業では、アカデミアの研究成果が企業による製品化に結びつかずに消えていく「死の谷」が長い間の課題とされています。本庶氏は会見で「国内のアカデミアに優れたシーズがあるにも関わらず、外国にばかり目がいっている」と話し、日系企業に対して日本のシーズ開拓を呼びかけています。

■ SI基本単位

量	単位の名称	単位記号
長　　　さ	メートル	m
質　　　量	キログラム	kg
時　　　間	秒	s
電　　　流	アンペア	A
温　　　度	ケルビン	K
物　質　量	モ　ル	mol
光　　　度	カンデラ	cd

■ 固有の名称とその独自の記号によるSI組立単位

量	単位の名称	単位記号	基本単位による表現
平　面　角	ラジアン	rad	$m \cdot m^{-1} = 1$
立　体　角	ステラジアン	sr	$m^2 \cdot m^{-2} = 1$
周　波　数	ヘルツ	Hz	s^{-1}
力	ニュートン	N	$m \cdot kg \cdot s^{-2}$
圧力、応力	パスカル	Pa	$m^{-1} \cdot kg \cdot s^{-2}$
エネルギー、仕事、熱量	ジュール	J	$m^2 \cdot kg \cdot s^{-2}$
工率、放射束	ワット	W	$m^2 \cdot kg \cdot s^{-3}$
電荷、電気量	クーロン	C	$s \cdot A$
電位差（電圧）、起電力	ボルト	V	$m^2 \cdot kg \cdot s^{-3} \cdot A^{-1}$
静　電　容　量	ファラド	F	$m^{-2} \cdot kg^{-1} \cdot s^4 \cdot A^2$
電　気　抵　抗	オーム	Ω	$m^2 \cdot kg \cdot s^{-3} \cdot A^{-2}$
コンダクタンス	ジーメンス	S	$m^{-2} \cdot kg^{-1} \cdot s^3 \cdot A^2$
磁　　　束	ウェーバ	Wb	$m^2 \cdot kg \cdot s^{-2} \cdot A^{-1}$
磁　束　密　度	テスラ	T	$kg \cdot s^{-2} \cdot A^{-1}$
インダクタンス	ヘンリー	H	$m^2 \cdot kg \cdot s^{-2} \cdot A^{-2}$
セルシウス温度	セルシウス度	℃	K
光　　　束	ルーメン	lm	$m^2 \cdot m^{-2} \cdot cd = cd \cdot sr$
照　　　度	ルクス	lx	$m^2 \cdot m^{-4} \cdot cd = m^{-2} \cdot cd$
（放射性核種の）放射能	ベクレル	Bq	s^{-1}
吸収線量・カーマ	グレイ	Gy	$m^2 \cdot s^{-2} (= J/kg)$
（各種の）線量当量	シーベルト	Sv	$m^2 \cdot s^{-2} (= J/kg)$
酵　素　活　性	カタール	kat	$s^{-1} \cdot mol$

■ SI接頭語

乗数	接頭語	記号	乗数	接頭語	記号
10^{24}	ヨタ	Y	10^{-1}	デシ	d
10^{21}	ゼタ	Z	10^{-2}	センチ	c
10^{18}	エクサ	E	10^{-3}	ミリ	m
10^{15}	ペタ	P	10^{-6}	マイクロ	μ
10^{12}	テラ	T	10^{-9}	ナノ	n
10^{9}	ギガ	G	10^{-12}	ピコ	p
10^{6}	メガ	M	10^{-15}	フェムト	f
10^{3}	キロ	k	10^{-18}	アト	a
10^{2}	ヘクト	h	10^{-21}	ゼプト	z
10^{1}	デカ	da	10^{-24}	ヨクト	y

広 告 索 引

ケミカルビジネス情報MAP 2021

2020年11月24日　初版1刷発行

発行者　　織田島　修
発行所　　㈱化学工業日報社
☎ 103-8485　東京都中央区日本橋浜町3−16−8
電話　　　03(3663)7935(編集)
　　　　　03(3663)7932(販売)
Fax.　　　03(3663)7929(編集)
　　　　　03(3663)7275(販売)
振替　　　00190-2-93916
支社　大阪　　**支局**　名古屋　シンガポール　上海　バンコク
URL　https://www.chemicaldaily.co.jp

印刷・製本：平河工業社
DTP：創基
カバーデザイン：田原佳子

ISBN978-4-87326-730-2　C3043